U0342416

煤炭深部开采中的岩石力学问题及动力灾害防治基础研究学术丛书

# 采矿地球物理理论与技术

窦林名　牟宗龙　陆菜平　曹安业　巩思园　著

科学出版社

北　京

# 内 容 简 介

采矿地球物理学是采矿科学中的一个新的分支,是利用岩体中自然的或人工激发的物理场来监测岩体的动态变化和揭露已有的地质构造的一门学科。本书从介绍地球物理学的基本内容及采矿地球物理学的基本任务出发,分析煤岩体弹性动力学及受载煤岩体冲击破坏机理,提出煤岩动静载叠加诱冲原理、煤岩冲击破坏危险的判别准则及监测预警技术,研究矿山开采诱发的震动及其机理、矿震震动波传播衰减规律、矿山开采诱发矿震的活动规律、煤岩变形破裂的声发射、矿震与冲击的监测预警,介绍煤岩变形破裂的声波探测理论与弹性波 CT 技术、煤岩变形破裂的电磁辐射规律及其监测预警技术、煤岩变形破裂的红外温度场、地电变化规律以及开采引起重力场的基本原理及其在采矿生产实践中的应用。

本书可供从事采矿地球物理、煤岩动力灾害、矿山震动、冲击矿压等研究领域的科技工作者、研究生、本科生、工程技术人员参考使用。

**图书在版编目(CIP)数据**

采矿地球物理理论与技术/窦林名等著. —北京:科学出版社,2014.9
(煤炭深部开采中的岩石力学问题及动力灾害防治基础研究学术丛书)
ISBN 978-7-03-041871-5

Ⅰ.①采… Ⅱ.①窦… Ⅲ.①矿山开采-地球物理学 Ⅳ.①TD8

中国版本图书馆 CIP 数据核字(2014)第 210296 号

责任编辑:李 雪 / 责任校对:张小霞
责任印制:肖 兴 / 封面设计:蓝正设计

**科 学 出 版 社** 出版
北京东黄城根北街 16 号
邮政编码:100717
http://www.sciencep.com

**中国科学院印刷厂** 印刷
科学出版社发行 各地新华书店经销

\*

2014 年 9 月第 一 版 开本:720×1000 1/16
2014 年 9 月第一次印刷 印张:21 3/4 插页:4
字数:438 000
**定价:95.00 元**
(如有印装质量问题,我社负责调换)

# 本书的研究得到了以下基金资助

国家重点基础研究发展计划(973 计划)(2010CB226805)

国家科技支撑计划项目(2006BAK04B02,2012BAK09B01)

国家自然科学基金和神华集团有限公司联合资助项目(51174285)

国家自然科学基金项目(50474068,51204165,51104150)

中波政府间合作项目(31-07A)

江苏高校优势学科建设工程资助项目

# 前　　言

采矿地球物理学是采矿科学中的一个新的分支,是利用岩体中自然的或人工激发的物理场来监测岩体的动态变化和揭露已有的地质构造的一门学科。采矿地球物理的范畴,包括采用所有的地球物理方法来研究与矿山开采有关的岩体物理活动过程和现象,特别是研究矿产资源的高效、安全开采。

要安全、高效地开采矿物,首先必须要详细了解矿床的赋存状况,如煤层的厚度、倾角等;其次要揭露和确定矿床周围的地质构造,以便进行矿床开采和解决与之有关的灾害问题,如冲击矿压、煤和瓦斯突出等矿山动力现象等。

一些特殊的采矿地质问题可用采矿地球物理方法来解决,如与大地震动相类似的矿山震动现象的研究;岩体中弹性波传播过程的研究,可采用采矿地球物理学中的微震方法、振动方法和声发射方法;岩体内重力变化的研究,可采用重力方法;地电现象的研究和电磁辐射的研究,可采用地电方法、电磁辐射方法等;还有热法、原子能法等。

从历史来看,采矿地球物理方法最早的应用是在世界上最深的矿井中用来观测矿山震动现象。1908 年,南非在 Bochum 建立了世界上第一台微震观测仪器,其任务是观测和记录矿山震动。结果表明,震动与矿山开采、岩柱的破裂、损坏有关。至今,世界各采矿国家均在不同程度地使用采矿地球物理方法研究和预测岩体的震动和破坏、地质构造的变化等问题。

目前,矿震冲击矿压常用的监测预警方法可归结为以下三类:第一类是经验类比法,主要有综合指数法、计算机数值模拟法和多因素耦合法等;第二类是煤岩应力状态监测法,包括钻屑法、煤岩体变形观察法(顶板动态、围岩变形)、煤岩体应力测量法(相对应力和绝对应力测量);第三类是采矿地球物理监测法,包括微震监测法、电磁辐射法、声发射法、声波探测法等方法。它们都是根据连续记录煤岩体内出现的动力现象,预测煤矿动力现象危险状态。

前两类方法在我国应用广泛,对冲击矿压的监测预报发挥了重要作用,但也暴露了很多问题,例如,经验类比法主要应用于矿井设计和开拓准备阶段的早期评估,在实际生产阶段适用性不强;传统煤体应力状态监测法则劳动量大,难以实现连续、大范围监测,精度不高。随着科技进步,各学科不断融合,采矿地球物理方法发展迅速。该方法具有不损伤煤体、劳动强度小、实时、连续、动态、非接触监测等优点,在国内外煤岩动力灾害监测、预测预报中具有很大的应用前景。因此,本书的主要内容为采矿地球物理方法在冲击矿压监测预警中的应用。

　　本书是在广泛参阅前人研究成果的基础上,根据笔者在采矿地球物理方面的研究成果与工程实践完成的。本书从弹性动力学出发,分析岩体震动、冲击矿压等动力灾害发生的机理;在实验室试验、现场实测的基础上,研究煤岩体冲击、变形破坏的弹塑脆性模型,分析煤岩变形破坏过程以及其中产生的声电效应及其耦合规律,介绍矿山震动、声发射、电磁辐射、振动、微重力、红外热辐射等地球物理学研究的方向。

　　全书共分 14 章。第 1 章简要介绍地球物理学的基本内容、地球物理学的发展、采矿地球物理学的基本任务及其应用前景等;第 2 章介绍煤岩体弹性动力学;第 3 章主要介绍受载煤岩体冲击破坏机理,其中包括煤矿矿震冲击动力现象、煤岩动静载叠加诱冲原理、受载煤岩体动力破坏机理模型、煤岩冲击破坏危险的判别准则及监测预警技术等;第 4～7 章分别介绍矿山开采诱发的震动及其机理、矿震震动波传播衰减规律、矿山开采诱发矿震的活动规律、矿震与冲击的监测预警技术等;第 8 章介绍煤岩变形破裂的声发射规律及其监测预警技术;第 9 章主要介绍煤岩变形破裂的声波探测理论与弹性波 CT 技术;第 10 章和第 11 章主要介绍煤岩变形破裂的电磁辐射规律、煤岩变形破裂的力电耦合原理及动力灾害的电磁辐射监测预警技术;第 12 章主要介绍煤岩变形破裂的红外温度场及其变化规律;第 13章主要介绍煤岩变形破裂的地电变化规律及其应用;第 14 章主要介绍采矿地球物理学中开采引起重力场的基本原理及其在采矿生产实践中的应用。

　　本书是作者负责和承担的国家重点基础研究发展计划(973 计划)深部煤岩动力灾害的前兆信息特征与监测预警理论"(项目编号:2010CB226805),国家科技支撑计划项目"采动动力灾害监测、预警与控制关键技术"(项目编号:2006BAK04B02)、"岩爆与突出动力灾害监测预警关键技术研究"(项目编号:2012BAK09B01),国家自然科学基金和神华集团有限公司联合资助项目"采动动载对煤巷锚网支护结构稳定性损伤机理研究"(项目编号:51174285),国家自然科学基金项目"坚硬顶板诱发冲击矿压机制及其预测研究"(项目编号:50474068)、"煤岩应力、破坏与电磁辐射耦合规律及应用研究"(项目编号:50074030)、"深部动压扰动下煤体致裂诱冲机制的试验研究"(项目编号:51204165)、"基于动静载荷综合作用下的诱冲关键层机理研究"(项目编号:51104150),中波政府间合作项目"采动覆岩运动型冲击矿压机理及防治研究"(项目编号:31-07A),波兰国家科学基金"采用应力,应变分析法和模糊数学法发展冲击矿压危险性评价综合方法的研究"(项目编号:9T12A05519),教育部博士点专项基金"煤岩冲击破坏预警区电磁辐射特性及预测研究"(项目编号:20030290017),博士后基金"煤岩破坏与电磁辐射关系及应用研究",江苏高校优势学科建设等课题研究成果的整理和总结。

　　本书的编写,参阅了大量的国内外有关采矿地球物理方面的专业文献,谨向文献的作者表示感谢。衷心感谢 Bernard Drzezla 教授、Jozef Bubinski 教授、Wladyslaw Konopko 教授、Jozef Kabiesz 教授、Adam Lurka 教授、Grzegorz Mutke 教授的指导和帮助。衷心感谢钱鸣高院士、周世宁院士、谢和平院士、彭苏萍院士、袁亮院士、何满潮院士、蔡美峰院士、岑传鸿教授、何学秋教授、姜耀东教授、潘一山教授、鞠杨教授、周宏伟教授、王金安教授、纪洪广教授、姜福兴教授、刘长武教授、王恩元教授、齐庆新研究员、李世海研究员等老师、朋友的关心和指导。同时感谢中国矿业大学矿业工程学院、煤炭资源与安全开采国家重点实验室、四川大学水力学与山区河流开发保护国家重点实验室、华亭煤业集团、兖州煤业集团、徐州矿务集团、义马煤业集团、鹤岗煤业集团、大同煤业集团、淮北煤业集团、大同煤电公司、抚顺煤业集团等单位的大力支持,本书中的许多实验室试验、现场试验和测试内容都是在这些单位完成。感谢冲击矿压课题组的同学们,由于他们在书稿的文字录入、绘图排版和校对等方面的辛勤劳动,使得本书得以尽快出版。

本书中有许多关于采矿地球物理方面的新思想和新观念,其中某些有待于进行更深入细致的研究。由于作者水平有限,不妥之处敬请读者不吝指正。

著　者

2014 年 5 月

# 目　　录

# 1 地球物理学简介

地球物理学,是一门以地球为研究对象的应用物理学。其中,对固体地球的研究,在20世纪60年代以来获得极大发展。它已成为地学,即地球科学的重要组成部分,并且渗透到地学中的许多分支。

采矿地球物理学是采矿科学中的一个新的分支,是利用岩体中自然的或人工激发的物理场来监测岩体的动态变化和揭露已有的地质构造的一门学科。采矿地球物理学的最大特点是在更深层次上认识地下岩层的特点及运动规律。

目前世界采矿业正广泛应用地球物理方法来解决采矿生产实际中的问题,而且应用范围将越来越广泛。可以预计,在21世纪,采矿地球物理方法将是采矿安全技术以及有益矿物的经济、高效开采方面应用的最基本的测量工具。就像其他测量方法一样,采矿地球物理方法也有自身的优点和局限性,良好的效果取决于正确的应用。

## 1.1 地球科学与地球物理学

地球是宇宙中正在运动和演变的一颗星体,它独特的圈层结构和地表环境成为人类赖以生存和发展的唯一家园。因此,了解和研究地球历来是人类的共同愿望。在六大基础自然科学(数、理、化、天、地、生)之中,地学是不可缺少的重要环节。

地球科学以整体的地球作为研究对象,包括自地心至地球外层空间十分广阔的范围,是由固体地圈、大气圈、水圈和生物圈(包括人类本身)组成的一个开放的复杂巨系统,称为地球系统。地球系统内部存在不同圈层(子系统)之间的相互作用,物理、化学和生物三大基本过程之间的相互作用,以及人与地球系统之间的相互作用。因此,地球科学是一个庞大的超级学科体系群,根据实际研究的不同圈层范围、内容特色和服务目的,传统上划分出众多的一级和二级学科分类体系(表1-1-1)(祝萍,2009)。

表1-1-1的第一列中,大气科学研究大气圈的组成、结构和气候过程;海洋科学研究水圈海洋部分的物理、化学、生物现象的运动过程;地理科学研究地球表层的地理环境;地质科学研究地球的物质成分、内部结构、外部特征、各圈层间的相互作用和演变历史。其中,后两者都涉及地球的物理、化学、生物作用过程和不同圈层之间相互关系,具有更高的综合性。第二列反映地学与其他基础科学之间的交

又渗透关系,第三列列出了为人类直接服务的地球科学分支学科。应当说明,不同列中列出的学科内容是互相有关或重叠包容的,例如,第三列中的许多实用性分支学科也是地理科学和地质科学的研究范畴,第二列中的地球化学与第一列中的所有科学都有密切关系。

表 1-1-1　地球科学的学科分类体系

| 按圈层范围 | | 按学科交叉 | | 按服务目的 |
|---|---|---|---|---|
| 大气科学 | 大气物理学 | 地球物理学 | 固体地球物理学 | 环境地学 |
| | 气象学 | | 地磁与高空物理学 | 经济地学 |
| | 天气动力学等 | | 地震学等 | 工程地学 |
| 海洋科学 | 物理海洋学 | 地球化学 | 元素地球化学 | 水文地学 |
| | 生物海洋学 | | 同位素地球化学 | 遥感地学 |
| | 环境海洋学等 | | 生物地球化学等 | 航空科学 |
| 地理科学 | 自然地理学 | 地生物学 | 生态学 | 城市地学 |
| | 经济地理学 | | 生物地理学 | 农业地学 |
| | 人文地理学 | | 古生物学等 | 旅游地学 |
| | 区域地理学等 | | | 军事地学 |
| 地质科学 | 地球物质成分学 | 天文地学 | 天文地球动力学 | 火山学 |
| | 动力地质学 | | 行星地理学 | 天气预报 |
| | 历史地质学 | | 天文地质学等 | 地震预报 |
| | 区域地质学等 | 数学地学 | 数学地质 | 灾害学等 |
| | | | 数字地球等 | |

　　地球物理学(geophysics)是以地球为研究对象的一门应用物理学。它是天文学、物理学与地质学之间的边缘科学,它和地质学、地理学、地球化学一样在地球科学中占据重要地位。

　　地球物理学的研究范围甚广,包括从地球最深部的地核到大气圈的边界。它是由地震学(seismology)、地磁学(geomagnetics)、地电学(geoelectricity)、重力学(gravity)、地热学(geothermics)、大地测量学(geodesy)、大地构造物理学(tectonophysics)、地球动力学(geodynamics)等基础科学组成。地球物理学用物理学的原理和方法研究地球的形状、内部构造、物质组成及其运动规律,探讨地球起源、形成以及演化过程,为维护生态环境、预测和减轻地球自然灾害、勘探与开发能源和资源做出贡献。图 1-1-1 为地球物理学的形成和发展示意图。

　　按照研究的对象——地球的大气圈、水圈和岩石圈,可把地球物理学分为大气

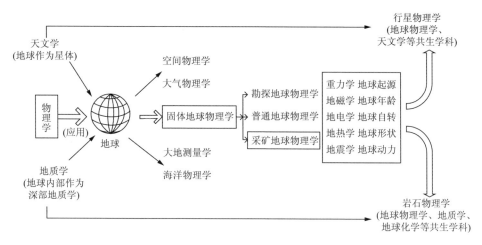

图 1-1-1　地球物理学的形成和发展示意图

物理学、流体物理学(或称海洋物理学)与固体地球物理学。习惯上人们常说的地球物理学是指固体地球物理学,即狭义地球物理学。按照应用范围,狭义地球物理学又可分为几类:研究宏观现象和基本理论的叫做理论地球物理学(theoretical geophysics)或"纯"地球物理学(pure geophysics);利用由此产生的方法来勘探有用矿藏的叫做勘探地球物理学(exploration geophysics)或应用地球物理学(applied geophysics);研究岩层运动以及煤岩动力现象的则称为采矿地球物理学(mining geophysics)(Parasnis,1984;Gibowicz et al.,1994)。本书所涉及的内容均属于固体地球物理学的范围。

　　人类观察和研究地球物理现象已经有几千年的历史,早在公元前 1177 年的商朝,我国就有关于地震的记载。实际上,现代物理学是从研究地球物理问题开始的。例如,牛顿(Newton)通过研究地球和月球的运动发现了万有引力定律,克莱罗(Clairaut)研究地球的形状,拉普拉斯(Laplace)研究地球的起源,高斯(Gauss)研究地球磁场,开尔文(Kelvin)研究地球的弹性、热传导和许多其他地球物理问题。18~19 世纪,地球物理学成为物理学中的一门重要分支。到了 20 世纪初,它就自成体系。科学的发展是由生产的需要所决定的,进入 20 世纪 30 年代,地球物理学方法成功地应用于矿产资源勘探中,并得以迅猛发展。最近形成的采矿地球物理学,发展更是迅速,同时地球内部的研究也取得稳步前进。现在,地球物理学已经成为国内外研究进展十分迅速的学科之一。

　　地球物理学发展的总趋势有两种:一是多学科的综合,二是科学的国际合作。从 20 世纪 50 年代末期起,在各国地球物理学家的倡导和努力下,制定了一系列国际性研究计划。他们先后组织了 4 次多学科的国际性大协作。第一个国际间的协作计划是 1957~1958 年的地球物理年。60 年代初,近 50 个国家参加了上地幔计划,主要研究内容包括:①全球性的地壳断裂系统;②大陆边缘地带及岛弧的构造;③地幔的物质组成及地球化学过程;④地壳及地幔的结构及其横向不均匀性。这个计划延续了 10 年,于 1970 年结束,其最重要的成果就是建立了"板块大地构造假说"。这个假说的出现是地学发展史上的一个里程碑,其重要性及影响可与近代科学的任何重大发现相媲美。70 年代以后,国际间围绕着地球动力学、岩石圈结构等问题开展了一系列的多学科综合研究。1974~1979 年,国际地球动力学计划作为上地幔计划的延续,主要解决板块构造假说所遗留下来的问题,特别是板块运动的驱动力问题。国际岩石圈计划(1980~2000 年)也正在实施中,这个计划的四个研究领域是:①全球变化的地球科学;②现代动力学和深部作用过程;③大陆岩石圈(层);④大洋岩石圈(层)。

地球物理学的研究方向,从总体上说,不是朝着对个别事件和单学科的观测与研究发展,而是朝着全球性多学科的综合探测与研究发展。这是因为各国学者一般只能在本国进行观测与研究,各国间的资料往往不能相互利用,这就需要开展广泛的国际合作。另外,人类认识自然现象是不受国界限制的,联合行动也就成为必然。国际间按照统一规划和统一的工作方法来进行工作,使研究成果成为人类的公共财富,正是这些国际合作才大大推动了地球物理学的发展。

# 1.2　地球物理场

## 1.2.1　地球的演化

地球从诞生到今天已有 46 亿年,在这样一个漫长的历史时期内,地球有其自身的演化过程。

原始的地球被一层浓厚的气体(主要是氢、氦)包围着。由于陨石物质的冲击、放射性物质的衰变生热及原始地球的重力收缩,地球的温度升高,加上来自太阳的辐射能量,气体分子的动力增大,地球的引力不足以吸引它们。因此,这些质轻的气体分子很快地逃离地球的引力场,散逸到宇宙空间去了。所以地球的幼年时代,它的表面是光秃秃的,没有山脉也没有海洋,这个时期持续了约十亿年。地质学家把地球的这次脱气称为第一次脱气。

由于地球温度升高,致使物质发生熔化,熔化后的物质呈液态,易于对流。在地球重力的作用下,密度大的铁镍物质下沉形成地核,密度小的硅酸盐物质上升成为地表。早期形成的放射性元素,使得地球内部的温度越来越高,靠近地核的固态物质熔解为液体,这样地球就有了一个液态核。由于硅酸盐的熔点高于铁镍的熔点,而硅酸盐的密度又低于铁镍的密度,所以当地球内部的温度足以使铁镍熔化时,硅酸盐仍为固体,它们浮到液态核的上面形成地幔。随后,地幔和地壳分化,以镁铁为主的硅酸盐构成地幔,以铝铁为主的硅酸盐构成地壳。

当地幔获得足够的热量后,开始发生对流。初始的海底扩张使散热作用加速,地幔固结了,但外核仍为液态。外核的对流是产生现今地球磁场的原因。

地球内部的气体在高温高压的作用下被挤压到上层有空隙或是密度小的地方,从地壳的裂隙处喷出,这就是地球的二次脱气。在距今 30 亿年前,地球上出现了大规模的火山喷发,大量气体随火山岩浆喷出地面,从而形成了大气圈和水圈。

原始大气圈的成分与现代大气圈不同,其主要成分是水蒸气与含有强还原的化合物(如氢、甲烷和氨)。在大气圈的上部,太阳紫外线辐射使水分解成氧和氢,氢逸散到太空中,氧常用于氧化地面岩石或与其他气体结合。氨分解成氮和氢,其中氢逸散;甲烷分解成碳和氢,碳与氧结合成二氧化碳,大多数二氧化碳溶于海水或结合到植物与动物的组织中。

大气圈上部水蒸气的分解所产生的氧不足以形成今天的富氧大气圈,现在的富氧大气圈是由植物的光合作用造成的。植物的光合作用发生在约 20 亿年前,到前寒武纪末期(约 6 亿年前),氧的含量为今天的 1/100;到志留纪末期,氧的含量达到今天的 1/10。

水圈也有它自己的形成和演化过程。早期的海水是大气圈中水蒸气的凝结物,因此原始的水圈基本上是淡水。但是,由于大气圈中富含二氧化碳,使海水具有较大的酸性。从原始的淡海水变成今天的咸海水,有一个逐渐的咸化过程。

## 1.2.2 地震

地震是地球内部具有能量的最直接的证据。地球内部能量于瞬间释放时引起地球快速颤动,从而引发大小不等、形式多样的地震活动。按照震源深度 $h$ 的不同,可以将地震分为浅源地震($h<70km$)、中源地震($70km<h<300km$)和深源地震($h>300km$)。破坏性巨大的浅源地震往往发生于板块内部,特别是发生在陆壳板块的内部,被认为是各种断层突发性活动的产物。中国境内发生的地震多数属于浅源地震,而中源地震和深源地震多被认为主要与板块作用过程有关,尤其是与板块边缘的俯冲、碰撞过程密不可分。

岩石圈板块的运动有两种类型(万天丰,2004),一种是陆-陆碰撞,即碰撞发生于两个大陆板块之间;另一种是洋-陆俯冲,即在大陆板块和大洋板块之间进行的运动。在陆-陆碰撞的情况下,地震主要沿着碰撞板块的结合带边缘分布,发生于碰撞形成的断层带内(图 1-21(a))。由此引发的地震多数为浅源地震,也可有少量的中源地震发生。在洋-陆俯冲的情况下,洋壳板块沿着海沟带往大陆板块下部俯冲,并一直下插到地幔深度。在俯冲板块的不同部位,应力分布的状态是不相同的:俯冲板块的后缘处于相对拉张的构造环境,中、前部受到强烈的挤压。在这种情况中,前部受到强烈的挤压。在这种情况下,全部三种震源深度的地震都有可能发生(图 1-2-1(b))。

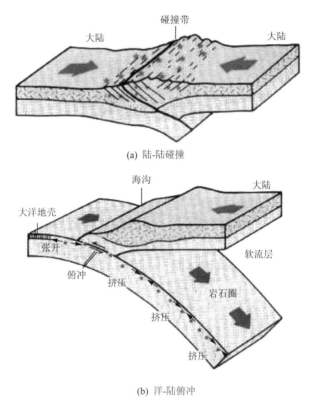

(a) 陆-陆碰撞

(b) 洋-陆俯冲

图 1-2-1 岩石圈板块运动类型

此外,无论是陆-陆碰撞还是洋-陆俯冲,在陆壳板块的内部都会因为构造应力的局部集中而产生板内地震,这类地震一般多为浅源型。

由断层活动诱发地震发生的具体过程可以用断层的弹性回跳模型来解释。20世纪初 Reid(1911)提出:

(1)引起构造地震的岩石破裂是由于周围地壳的相对位移产生了大于岩石强度的弹性应变的结果;

(2)断层的相对位移一般是在一个比较长的时期内逐渐达到其最大值的;

(3)地震时发生的唯一物质运动是破裂面两边的物质向没有弹性应变的地方突然发生弹性回跳。这种移动随着离破裂面的距离增大而逐渐变小,延伸距离可以达到几千米到十几千米;

(4)地震引起的振动源于断层破裂面。破裂的初始表面很小,但一旦断层发生滑动,破裂面将迅速变得很大;

（5）地震时释放的能量在岩石破裂前是以弹性应变能的形式储存在岩石中的。

总之，由于断层在孕育过程中积累了大量能量，一旦断层发生整体断裂和滑移，被积累的能量就会因为断层的运动和变形而迅速释放，从而导致地震。但后来的研究发现，地震并非在整个断层的所有段落上都是同时发生的。因此，有人提出了断层闭锁段（the locked section）的概念（Brace and Byerlee，1970），认为在断层内部往往存在着一到多处闭锁段，它（们）在断层开始做整体变形和运移时，只发生剪切应变而不发生宏观滑移，即处于闭锁状态（图 1-2-2）。

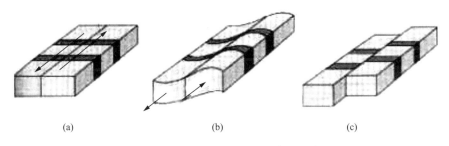

(a)        (b)        (c)

图 1-2-2　有断层闭锁段的地震断裂示意图

地震的弹性回跳假说：

（1）地层受到剪切作用而开始剪切变形；

（2）除闭锁段（由虚线椭圆围限部分）外，断层其他部分均发生显著滑移；

（3）断层闭锁段被彻底剪断而发生瞬时滑移，地震因断层闭锁段的弹性回跳而产生，闭锁段也随之消失。

从图 1-2-2 中我们可以看到，断层闭锁段大致上呈一椭圆形区域，其范围随着断层的活动演化而变化。在开始阶段，由于断层在整体上还没有发生宏观滑移，断层闭锁段的范围也不明显（图 1-2-2(a)）；此后，随着断层整体滑移量的增加，断层闭锁段的椭圆形区域也随之增大（图 1-2-2(b)）。但当断层内剪切应力的积聚超过闭锁段的强度极限后，断层闭锁段即因其自身发生了宏观尺度的快速滑移而消失（图 1-2-2(c)）。由于除断层闭锁段外的其他部位在断层运动的全过程中都是大致做相对均匀的滑移的，故在这些段落，剪切应力也随着断层的滑移而做相对匀速的释放。这样就难以在短期内积聚起大量的应力而导致骤发性地震。但是在断层活动的多数时间内，闭锁段并不随同滑移，因此其剪切应变和应力的增长就显著地高于断层的其他部位。而一旦闭锁段被剪断，它又势必于瞬间产生突然的位置回跳，以调整与断层其他部分的空间关系，并因此快速地释放出其积累的弹性应变能。这样，以断层闭锁段为中心的地震就成为必然。

按照这种修正的断层回跳假说，研究得最详细的例子是北美圣安德列斯断层。距今 150 百万年以来，圣安德列斯断层在整体上一直保持左行剪切的趋势。断层两盘在这期间已相对滑移了约 560km,具有大约每年 5cm 的平均滑移速率。关于断层活动的记录表明,只是在 1906 年弗兰西斯科地震和 1994 年加利福尼亚地震等几次强震期间,断层闭锁段有明显加强的活动迹象外,在其间的 80 年左右的时间内,两个断层闭锁段并未随着断层的整体滑移而活动,这成为上述修正模式的有力证据。

对地震而言,著名的 Gutenberg-Richter 公式和大森公式都揭示出在地震频度与震级等参量之间存在着统计分形分布的规律(Gutenberg et al.,1944),因此地震还可能是一种自组织临界现象。Bak 等也进一步指出,大小地震产生于同样的机械过程,Gutenberg-Richter 定律正是地震被锁定于永久的自组织临界态的证据。这种解释为研究地震的机制和预报问题提供了新的思路和判据。但要真正做到准确地预报地震,在相当长的时期内仍将是一件任重而道远的事。

### 1.2.2.1　地震波

在地球内部,由人工激发或天然原因产生的地震,其能量以波动形式向周围传播,这就是地震波。在讨论地震波的传播问题时,需要应用弹性力学的原理。弹性力学中,通常将介质视为均匀、各向同性及完全弹性的连续介质,尽管这些假设具有很大的近似性,但使许多基本理论问题的讨论简单化了。

提到地球介质的均匀和连续时,人们会想到各种复杂的地质构造以及岩石性质的剧烈变化。从微观上看,这种假设显然不成立。但是我们所讨论的地震波,其波长一般大于数百米甚至数千米。因此,从宏观上看,完全可以将地球视为均匀和连续的介质。

任何一种物体受外力作用后,其体积和形状将产生变化,统称为形变。当外力消失后,如果这种物体立刻恢复到原来的状态,则称该物体为完全弹性体;反之,如果该物体仍保持其受外力作用时的状态,则称其为塑性体。

在外力作用下,自然界中的大部分物体既可以显示为弹性也可以显示为塑性,主要决定于物体本身的性质、外力的大小及作用时间长短、温度、压力等外界因素。当外力很小且作用时间很短时,大部分物体接近于完全弹性体。地震观测大都在远离震源的地方进行,除了在震源附近,介质所受的力一般都是很小的,而且作用时间也极为短促。因此,可以将震源以外的介质视为完全弹性体。

在弹性理论研究中,通常把物体的性质分为各向同性和各向异性两种。凡弹性与空间方向无关的介质,称为各向同性介质;否则,称为各向异性介质。构成地球介质的岩石是由矿物组成的,矿物晶体的排列方向是任意的,没有一个主要方向,因而可将地球介质视为各向同性介质。

综上所述,在地震波理论中将地球介质当成均匀、各向同性和完全弹性介质来处理,只是一种简化的假定。实践证明,这种假定可以简化分析过程,而且在多数情况下可以得到与观测数据近似的结果。严格地说,实际地层并不是完全弹性体而是黏弹体。但这并不影响我们引用弹性力学的基本理论。

地震波主要有两种类型:一类是能在整个地球介质内传播的体波;另一类是只能沿地球表面或分界面传播的面波(崔若飞等,1994)。

### 1) 体波

弹性波的传播,实际上是弹性介质中质点间应变的传递。弹性介质中只有两种基本的应变——体应变和切应变。与体应变相对应的称纵波(P波),与切应变相对应的称横波(S波)。

纵波是在胀缩力的作用下,周围介质只产生体积变化而无旋转运动,质点交替发生膨胀和压缩,质点的振动方向与波的传播方向一致,如图 1-2-3(a)所示。

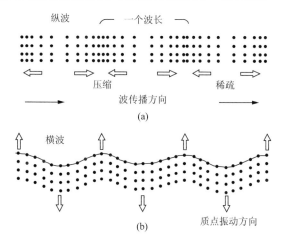

图 1-2-3　地震纵波和横波引起的质点振动

横波是在旋转力的作用下,周围介质只产生转动而体积不发生任何变化,质点间依次发生横向位移,质点的振动方向与波的传播方向垂直,如图 1-2-3(b)所示。只有在固体中才能传播横波,横波又可分为两种形式:质点的横向位移发生在波传播方向垂直面内的称为垂直横波,记作 SV 波;质点的横向位移发生在波传播方向水平面内的称为水平横波,记作 SH 波。

在各向同性介质中,地震波的传播速度仅与本身的物理性质有关,则

$$v_P = \sqrt{\frac{(1-\sigma)E}{(1+\sigma)(1-2\sigma)\rho}} \qquad (1\text{-}2\text{-}1)$$

$$v_S = \sqrt{\frac{E}{\rho} \times \frac{1}{2(1+\sigma)}} \qquad (1\text{-}2\text{-}2)$$

式中,$v_P$、$v_S$ 分别为纵、横波的传播速度;$E$ 为杨氏模量;$\sigma$ 为泊松比;$\rho$ 为介质密度。

由式(1-2-1)与式(1-2-2)可求得纵、横波的速度比为

$$\frac{v_P}{v_S} = \sqrt{\frac{2(1-\sigma)}{1-2\sigma}} \tag{1-2-3}$$

对于大多数岩石来说,$\sigma \approx 0.25$,$v_P \approx 1.73 v_S$,可见 P 波比 S 波的传播速度要快得多。

2）面波

面波是体波在地球表面或界面因干涉而产生的,常见的面波有瑞利（Rayleigh）波和拉夫（Love）波两种。

瑞利波是一种沿空气与介质分界面（即地球表面或自由界面）传播的波。如图 1-2-4 所示,其质点振动有水平和垂直两个方向,运动轨迹为一个逆进椭圆,椭圆轨道的长轴垂直于地面,短轴与波的前进方向一致,长轴大致为短轴的 1.5 倍。瑞利波的能量主要集中在地表,水平振幅随距离的衰减比体波慢,而垂直振幅随距离的增加迅速衰减。瑞利波的传播速度 $v_R$ 较低,约为同一介质中横波速度 $v_S$ 的 0.92 倍。此外,它的传播速度随频率升高而降低,即

$$v_R = v_{R\infty}(1 + a/f) \tag{1-2-4}$$

式中,$a$ 为随频率而改变的某一常数;$v_{R\infty}$ 为频率趋于无穷大时的速度,这种速度随频率而异的现象叫做频散。

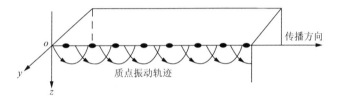

图 1-2-4　瑞利波的传播方向和质点振动方向

拉夫波是在低速层（横波速度为 $v_{S_1}$）覆盖于波速较高的半无限空间（横波速度为 $v_{S_2}$）情况下产生的。如图 1-2-5 所示,拉夫波沿界面传播时,其质点的振动方向与波的传播方向垂直,而振动平面与界面平行,所以拉夫波本质上是一种 SH 波。同瑞利波一样,拉夫波也存在频散现象,它的传播速度 $v_L$ 介于 $v_{S_1}$ 和 $v_{S_2}$ 之间。

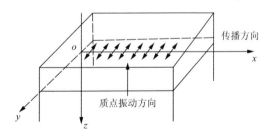

图 1-2-5　拉夫波的传播方向和质点振动方向

在爆炸地震学中（主要是进行地质普查和勘探）,P 波是最重要的波,S 波的作

用也在提高。在天然地震学中，P波和S波对于研究地球的内部都很重要。近来，面波波散的研究在了解地球表层及内部的速度结构方面，已成为一种有效的手段。

### 1.2.2.2　天然地震

地震是一种自然现象，就其成因可分为构造地震、火山地震和崩塌地震三类，地震是地下某处在极短时间内释放大量能量的结果。地下岩石受到长期的构造作用积累了应变能，岩石断裂时，应变能全部或部分地释放出来，便产生地震，这就是构造地震。无论从规模还是数量上讲，构造地震都占了地震的绝大多数。

地下发生地震的地点叫做震源，震源在地面上的投影叫做震中。震源其实不是一个点，而是一个区域，所以震中也不是一个点而是一个区域，叫做震中区。

地震在全球的分布是不均匀的，有的地方地震多，有的地方地震少。地震多的地区叫做地震区，地震区的震中常呈带状分布，所以也叫做地震带。全球性的地震带有三个：环太平洋地震带、海岭地震带和欧亚地震带。

环太平洋地震带环绕太平洋周围，是地球上地震活动最强烈的地带。它集中了全球80%以上的浅震和几乎所有的深震，所释放的地震能量约占全部能量的80%，但其面积仅占世界地震区总面积的1/2。

海岭地震带分布在环球海岭的轴部和两海岭之间的破碎带上，加利福尼亚和东非地震带可能是海岭地震带的延伸，海岭地震带的特点是宽度很小，一般只有数十公里。海岭地震的强度不大，且皆为浅震，但由于这里的地壳很厚，因此与大陆浅震不同，其多发生在地幔顶部，而不是在地壳里。

欧亚地震带包括地中海、土耳其、伊朗以及喜马拉雅弧的地震带，它与新近阿尔卑斯褶皱带基本一致，所以也称阿尔卑斯地震带。欧亚地震带的地震活动性仅次于环太平洋地震带，常造成很大的灾害，释放的地震能量约占全部能量的15%。

我国也是地震多发区，破坏性地震大都聚集在一些狭窄地带内，而且地震发生的时间、强度和空间分布也都有一定的规律，并与地质构造有关。按照地震活动性和地质构造特征，可把我国分成23个地震活动带，如图1-2-6所示（崔若飞等，1994；张少泉，1988）。

地震在时间上的分布也是不均匀的，全球每年释放的地震波能量起伏很大。在有些地区，较大地震会在原地点附近重复发生，但时间间隔并不均匀。地震活动是有间歇性的，但并无固定的周期。

表示地震的强弱有两种方法，一种是表示地震本身的大小，它的量度叫做震级；另一种是表示地震影响或破坏的大小，它的量度叫做烈度。震级和烈度都是表示地震的强弱的。

震级是地震固有的属性，它仅与地震释放的能量有关，而与观测点的远近或地面土质情况无关，所以可利用地震波的最大振幅、平均周期和震中距来计算震级。

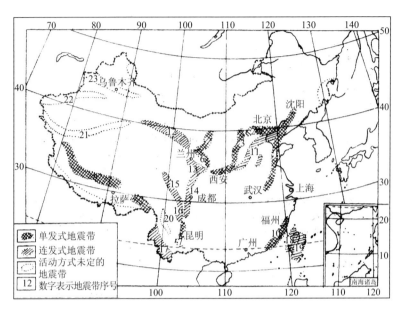

图 1-2-6    我国的地震活动带

震级既可以用体波也可以用面波来计算,但对同一地震,计算出的体波震级和面波震级是不同的。

对于震中距大于 20km 的浅源地震,面波水平振幅最大值的周期一般都在 20s 左右。因此,面波的震级为

$$M = \lg A + B \tag{1-2-5}$$

式中,$A$ 为以 $\mu m$ 为单位的面波振幅;$B$ 为与震中距和测点地质条件有关的常数。式(1-2-5)中未出现周期,但实际限制了周期必须在 20s 左右,对于其他周期的面波,用下式计算震级

$$M = \lg(A/T) + 1.66\lg\Delta + 3.3 \tag{1-2-6}$$

式中,$T$ 为最大振幅的周期;$\Delta$ 为震中距。

对于深源地震,面波的能量很弱,因而必须用体波来计算震级。体波的震级为

$$m = \lg(A/T) + B \tag{1-2-7}$$

式中,$A$ 为体波振幅;$T$ 为最大振幅的周期;常数 $B$ 为由经验确定的。

面波震级 $M$ 和体波震级 $m$ 之间的关系为

$$m = 2.9 + 0.56M \tag{1-2-8}$$

由于震级是由地震波振幅所确定的,故震级与地震波能量 $E$ 之间应有一定量关系。假设地震波是简谐波,则 $E$ 正比于 $A^2$,于是得 $\lg E = a + 2M$,式中 $a$ 是常数。不过这个关系并不准确,因为地震波并非简谐波,即 $M$ 的系数 2 是靠不住的,但是可以采取上述的函数形式,令

$$\lg E = A + BM \tag{1-2-9}$$

式中,$A$ 和 $B$ 为两个待定系数,可以由许多地震记录图来确定最佳的 $A$ 和 $B$ 值。现在最通用的数值是 $A=4.8$,$B=1.5$,即

$$\lg E = 4.8 + 1.5M \tag{1-2-10}$$

式中,能量 $E$ 的单位为 J。

不同震级的地震所释放的能量如表 1-2-1 所示。

**表 1-2-1  地震释放的能量**

| 震级 | 能量/J | 震级 | 能量/J |
|---|---|---|---|
| 1 | $2\times10^5$ | 7 | $2\times10^{15}$ |
| 2.5 | $4\times10^8$ | 8 | $2\times10^{16}$ |
| 5 | $2\times10^{12}$ | 8.5 | $4\times10^{17}$ |
| 6 | $6\times10^{13}$ | 8.9 | $1\times10^{18}$ |

需要强调的是,震级的概念并不是很准确的,以上含有 $M$ 的关系式均是经验公式。

地震烈度是地面某点观测的地震效应的量度,它不但与地震的震级有关,而且与震中距离、震区地质条件、建筑物的类型等都有关系。人们根据地震所产生的自然现象、对建筑物的破坏及人的感觉将地震烈度分为十二个等级,烈度主要是反映地震所造成的破坏情况,对于采取抗震措施是很有用的。

### 1.2.2.3  震源机制

地震是地下岩石中积累的应力突然释放的一种表现,震源机制则是研究这一深部构造运动的力学过程。

全世界 90% 以上的地震属于构造地震,关于构造地震的成因有各种学说,其中断层学说已经成为一种被普遍接受的学说,与断层成因相应的机制理论称为弹性回跳理论。其基本观点是:当地壳变形时,能量以弹性应变能的形式储存在岩石中,直到某一点积累的形变超过了极限,岩石就发生破裂,或者说产生了断层。断层两盘回跳到平衡位置,储存在岩石中的应变能便释放出来,一部分应变能转化为热,一部分用于使岩石破碎,还有一部分转化为使大地震动的弹性波能量。这个理论是雷德(Reid)在 1906 年圣弗朗西斯科地震后分析了震前和震后观测到的中加利福尼亚跨圣安德烈斯断层两侧的三角测量网的变化后于 1910 年提出的。在断裂前,断层附近的剪切应变(图 1-2-7(a)~(c)),经历了正常状态、应力集中、岩层破裂等阶段,地震时岩层发生弹性回跳恢复正常,如图 1-2-7(d)所示。

震源机制的研究是以断层学说为基础的。在此前提下,震源错动的方式(震源模型)、断层的产状、错动力的大小和方向等与地震直接成因有关的问题均属震源机制研究的范畴。

震源机制的研究方法很多,但主要是应用地震波动力学特征的方法,即利用 P 波初动方向求震源机制解(称 P 波初动解)。这种方法简便易行,可利用的资料比较丰富,较之其他方法很严格。其他研究震源机制的途径包括利用 S 波、体波的频谱、面波及地面形变等。

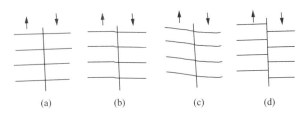

图 1-2-7　弹性回跳理论示意图

1) 震源模型

从地震记录中可以看到,有的台站的 P 波初动方向是指向震中的(对接收点来说是膨胀);有的台站的 P 波初动方向是背离震中的(对接收点来说是压缩)。通过分析和研究,人们认识到上述现象是与震源运动过程中断裂的产状及力的作用形式有直接关系。为求 P 波初动解,可以引入模拟断层错动的震源力学模型。

图 1-2-8(a)为单力偶模型,力偶在 $XOY$ 平面内沿 $Y$ 轴作用,$YOZ$ 平面相当于直立的震源断层面。如图 1-2-8(b)所示,当 P 波到达时,箭头前方介质受到压缩,而后方介质受到拉伸,位移的垂直分量分别是向上和向下(常用"+"号和"-"号表示)。震源周围的空间被两个互相正交的平面(称节面)分隔成初动压缩和膨胀交替排列的四个区域。随后,两节面扩展后与地面的交线(称节线)把 P 波初动符号分成正负相间的四个象限。

双力偶模型是在 $XOY$ 平面内沿 $X$ 轴和 $Y$ 轴同时作用着一对大小相等、方向相反的力。显然,双力偶模型所引起的 P 波初动符号分布与单力偶模型相同,并且两个模型均等效于图 1-2-8(c)中的主压应力 $P$ 和主张应力 $T$,即由两个模型模拟产生的地震波相当于由上述主应力释放产生的地震波。

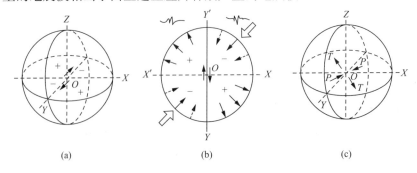

图 1-2-8　震源力学模型

理论和实践均表明,用双力偶模型模拟震源运动较为合理。

根据 P 波初动方向可求得断层面的走向、倾角及断层错动方向等断面参数。

2) 海洋地震的震源机制

海洋地震的 P 波初动已有很详细的研究。海洋地震的活动性及其震源机制是板块构造理论的主要依据。

在海沟附近及其稍外侧发生的浅震,多半是与岛弧走向相平行的正断层型。这可能是由于大洋板块产生弯曲,上面的张力作用引起的。海沟内侧的浅震,其地震断层多半是属于小倾角逆断层,这些地震被认为是板块边界地震。

大多数的中源地震发生在岛弧和海沟地区,它们的震源机制比较复杂。多数中源地震的断层为倾滑断层,只有少数为走滑断层。倾滑断层的滑动方向基本上与断层面一致,并且与走向垂直;而走滑断层的滑动方向则与断层走向一致。

大西洋中央海岭的错动部分由转换断层连接着。中央海岭的地震是正断层型,在与海岭垂直的方向上为张力;转换断层上的地震是直立的走向滑动型。

3) 大陆地震的震源机制

在大陆内部发生的地震中,有像非洲裂谷带的地震那样,其机制类似于中央海岭的;也有像北美东部和中国的地震那样,在远离岛弧和中央海岭的地区发生的。迄今为止,大陆地震的震源机制还没有找到统一的规律,这可能与大陆地震的成因还未确定有关。

### 1.2.3　地磁场

#### 1.2.3.1　地球磁场的基本特征

固体地球是一个磁性球体,有自身的磁场。根据地磁力线的特征来看,地球外磁场类似于偶极子磁场,即无限小基本磁铁的特征。但其磁轴与地球自转轴并不重合,而是呈 11.5° 的偏离(如图 1-2-9 所示)。地磁极的位置也不是固定的,它逐年发生一定的变化。例如磁北极的位置,1961 年在 74°54′N,101°W,位于北格陵兰附近地区,1975 年已漂移到了 76.06°N,100°W 的位置。

地磁力线分布的空间称为地磁场,磁力线的分布情况可由磁针的理想空间状态表现出来。由磁针指示的磁南、北极,为磁子午线方向,其与地理子午线之间的夹角称为磁偏角($D$)。磁针在地磁赤道上呈水平状态,由此向南或向北移动时,磁针都会发生倾斜,其与水平面之间的夹角称为磁倾角($I$)。磁倾角的大小随纬度增加,到磁南极和磁北极时,磁针都会竖立起来。地磁场以代号 $F$ 表示,它的强度单位为 A/m。地磁场强度是一个矢量,可以分解为水平分量 $H$ 和垂直分量 $Z$。地磁场的状态则可用磁场强度 $F$、磁偏角 $D$ 和磁倾角 $I$ 这三个要素来确定。

　　地磁场的偶极特征也取决于磁力线从一个磁极到另一个磁极的闭合特征。在地球表层,这一闭合结构形成了一个磁捕获系统,捕获了大气圈上层形成的带电粒子而构成一个环绕地球的宇宙射线带,称为范艾伦带。范艾伦带的影响范围可达离地面65000km以上。由大气层上部100～150km处气体发光而形成的极光,就是范艾伦带中的气体分子受电磁扰动的产物。沿着范艾伦带,极光可以在不到1s的时间内从一个受扰动的极区于瞬间传到另一个扰动极区,因此极光的爆发在北极区和南极区几乎是同时发生的。

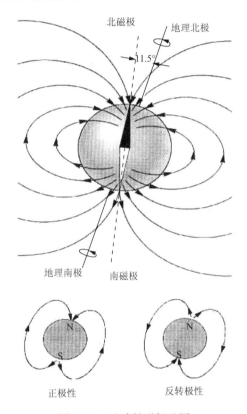

图 1-2-9　地球的磁场地图

　　将地磁场比作偶极子磁场的说法中,隐含着地磁场是永久不变的这一假定。但实际上不仅磁极在不断发生摆动,从发现地磁场以来,人们还逐渐发现了磁偏角在几十到几百年的时间内,大致沿着纬线方向平稳地向西移动,这一性质被称为地磁场的向西漂移。地磁场漂移速率可以达到约每年0.18°,绕地球一圈大致需要1800年的时间。除了地磁场的这种较长期的变化外,地磁场还有时间尺度更短的昼夜变化,取决于地球表面相对于太阳位置的昼夜变化。在一天之内,地球表面的磁极所发生的位移因此可达其平均位置的100km。由于地磁场的这种昼夜变化,磁极在图上往往不是用点来表示,而是用一个圆圈来代表其所在的空间范围。

在世界范围内选择若干个地磁测站,测量该处的地磁要素数据,然后推算出世界各地的基本地磁场数据,并以此作为地磁场的正常理论值。在实际工作中,会发现某地区实测地磁场要素的数据与正常值有显著的差别,这种现象称为地磁异常。和重力异常类似,如果差值为正,称正异常;差值为负时称负异常。一般情况下,正异常多是由于地下赋存着高磁场性的矿物或岩石(如磁铁矿、镍铁矿和超基性岩类等)引起的;负异常则多由地下赋存的石油、盐矿、铜矿和花岗岩等低磁性或反磁性矿物或岩石引起。根据这种认识,利用地磁异常来寻找地下矿产和了解深部地质构造等情况的方法,称为磁法勘探。这种方法不仅可以在地面上操作,还可以利用飞机和卫星等各种不同的飞行器在高空进行。

磁暴是一种急剧的地磁场变化现象,也是一种危害性很大的灾害性自然现象。在发生磁暴时,不仅地磁场要素会发生激烈的跳跃式变化,还会使电力线受到破坏、通信线路和信号中断、变压设备发生故障、绝缘电缆被击穿等。一般认为,磁暴是由太阳活动所引起。但在发生磁暴时,感应的环形电流不仅出现在电离层中,也会出现在地球内部。在磁暴的影响下,地球内部出现的这种深部电流称为大地电流。大地电流可以被用于研究地球内部的各种相关物理特征,如岩石圈各层的导电率及地内的压力和温度等。

### 1.2.3.2　地磁场起源的成因假说

地球磁场的成因至今还没有最终的定论。在地球科学上,产生过各种猜测和假说,其中较重要的有三种:铁磁体假说、热电假说和双圆盘发电机假说。

关于铁磁体假说,由于地核基本上是由铁磁体(铁和镍)所组成的,地核的这种特有成分及其球状对称的形态是该假说的基本依据。按照这一假说,地核因其组成而自然成为一个磁化体,由此也就决定了地球具有偶极特征的磁场。但这一假说面临着一个无法解释的困难,即地核内的平均温度远超过了任意一种铁磁性物体的居里点,所有的铁磁性体都将在这一温度下转变成顺磁性体,从而丧失其磁性。因此,由于地核的金属成分而自然形成地磁场的可能性是不成立的。

热电假说(图1-2-10)首先考虑到地磁要素具有快速变化的特点(如向西漂移的周期不超过2000年),肯定了地磁场与地壳和地幔无关的推断。这是因为,地壳和地幔主要呈固态的特征决定了其中的各种过程具有漫长的地质时间尺度,不可能出现几十或几百年尺度的明显变化。但外地核处于液态,它所具有的流动特征使之能够快速反映外部的激励和变化,从而能够和地磁场的短尺度变化相吻合。从这一点出发,热电假说提出地磁场具有电性。但要形成今天的地磁场,需要约

$10^9$ A 的电流强度。而要在地核中形成电流,必须借助于热电效应,即由于外核物质的热对流而在边界处产生电流,并进而产生磁场。这样,热电假说虽然克服了居里点造成的困难,却产生了新的问题,即这种机制难以形成具有偶极特征的磁场,并且也未能确切地证实这种机制是否能产生足够强大的电流以形成地磁场。

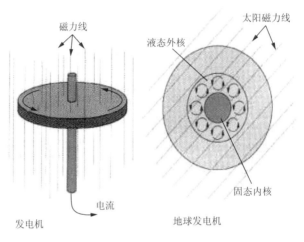

图 1-2-10　热电假说模型

双圆盘发电机假说是目前获得最多支持的假说。当两个圆盘在弱的外部磁场中旋转时,与轴和外缘相交的两根导线的回路中产生方向相反的两种电流 $I_1$ 和 $I_2$。这两种电流形成磁场而极性相反,其强度会明显地超过外部附加的初始磁场的强度。圆盘旋转频率的差异造成具有一种极性的场占优势;当频率比值改变时,便出现磁场反转。根据这种双圆盘发电机假说,在地核中这两种方向相反的电流可由液态的外核物质的热对流(混合作用)产生,这种对流可以引起液态地核表层旋转出现某种减慢(相对于地幔底面而言),引起外核表层减慢的层位中产生的磁场异常向西位移。这为地磁场的西向漂移提供了动力学解释。

发电机模式的作用原理是以自激为前提的,即液态外核表面上的对流流动,导致封闭的螺旋式环形电场的形成。尽管它可以一般地解释至今所知的地球磁场的各种特点,但这并不意味着地磁场的成因问题已经彻底解决了。问题出在发电机假说是以假设外地核中有热对流存在为基础的,后者又基于地核对地震横波的屏蔽能力(外核呈液态)的推断。但无论是外核的液态还是其中的热对流,至今都不是科学上经过证实的事实。此外,问题不仅涉及地磁场的成因,也涉及磁铁相互作用的理论。因此,严格地说,最后解决地磁场的起因问题还需要进一步的努力。

### 1.2.3.3 地磁场反转与大陆漂移

现在地球磁场的强度约为 $M = 8 \times 10^{25}$ cgs 电磁单位。这一磁矩的大小每 100 年间约减少 5%。按此趋势,在 2000 年后,地球的磁矩应变为零。在地球的磁场中,像这样存在着以数千年时间为周期的变化称为长期变化。向西漂移就是一种长期变化。与此相反,前述地球的昼夜变化和磁暴等现象,都是短期变化。磁场的存在会导致岩石发生磁化,而磁场的变化会在磁化的岩石中留下记录(图 1-2-11)。岩石磁化的方式则随岩浆岩、变质岩和沉积岩等岩石类型的不同而异。比如,熔岩从地下喷出时的温度是在磁性物质的居里点以上,然后在熔岩冷却的过程中,磁性矿物沿着当时当地的磁场方向被磁化。这种当岩石冷却时所获得的磁性称为热剩磁。一般情况下,热剩磁是稳定的,此后即使岩石所在地的外部磁场发生变化,也不会使热剩磁发生变化。沉积岩中的颗粒在已经磁化的情况下,在沉积过程中,也会沿着当地存在的磁场方向平行排列,形成沉积岩中的剩磁。此外,如砂岩中的磁性矿物以化学方式析出,后者的磁性也会具有和当地磁场平行的性质。

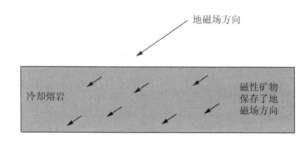

图 1-2-11　岩石中保留了地球磁极记录

由于具有不同的剩磁特征,岩石成为研究古磁场的特殊化石。从对岩石的磁性、特别是对它们剩磁方向的研究,可以弄清楚岩石磁化时在地球上的位置,所以将依据岩石磁性研究地史时期地磁场的状态、磁极变化和大陆漂移的学科称为古地磁学。在古地磁学中假定,无论在什么地质时代,地球的磁场都是偶极子型磁场,并且磁偶极子的轴与地球自转轴向一致(虽然现代的地磁场不完全是磁偶极子型磁场,地磁极与地理极的位置也有所偏移,但从最近几十万年间的古地磁学资料所确定的各时代的磁极位置来看,它们均散布在现代地球自转极的周围,这表明地磁极与自转极之间在很大程度上应当是一致的)。

古地磁研究在板块构造理论的兴起和确定过程中起了十分关键的佐证作用。在地磁极与地球自转极性一致的前提下,某地的磁倾角 $I$ 可以由该点的纬度角来确定。两者之间的关系为

$$\tan I = 2\tan\theta \tag{1-2-11}$$

如果大陆是固定不动的,从各大陆的古地磁学资料中就可以确定地球自转极随着时间流逝而发生的移动。理论上自转极移动曲线只可能有一条,因此无论在哪个大陆上所确定的地球自转极移动的曲线都应该一致。但实际上,不仅每个现代大陆计算的结果大不相同,同一大陆内部的不同地区也有明显的差异,这只能是由于各大陆曾发生过不同程度、不同方向的聚散和漂移所致。

地磁极不仅曾发生过漂移,还出现过反转,即南、北极互相颠倒的现象。在距今大约 100 万年前的第四纪,地磁场的方向和现在完全相同。与之相应,这一时期称为地磁场的正向期。但比第四纪更早的时代,通过对岩石磁法研究的结果,其磁化方向多数与现代地磁场的方向相反,因此也称其为反向期。正向期和反向期在地球历史上交替出现,表明地史时期中曾有过多次地磁场反转事件。对距今 8000万年以来的古地磁学研究发现,地磁场的反转大约平均每 40 万年就要发生一次,但并不存在严格的固定周期。

地磁场反转的机制也可以用双盘发电机产生的偶极子型磁场进行解释。在由磁场产生电流的过程中,偶极子场一面保持同一方向,一面慢慢地减弱,直到偶极子的磁矩减少为零,随之产生反向的偶极子磁场。理论计算表明,地球磁场由一个方向变为另一种方向所需的时间大约为 1 万年。并且,可以用 $J/J_0$ 值,即岩浆岩的天然剩余磁化强度 $J$ 与岩石在现代地磁场中的热剩余磁化强度 $J_0$ 比值来推算过去地磁场的强度。研究结果表明,2000 年前的古地磁场强度约为现代的 1.5倍,此后磁场强度以每 100 年 5% 的比率单调减小,并且还将在今后一段时间内持续下去。

### 1.2.4　密度重力场

地球是一个椭球体。根据大地测量的结果,地球的赤道半径为 6378km,极向半径为 6357km,扁率为 1/298.3,平均半径 6371km,体积为 $1.083 \times 10^{21} \mathrm{m}^3$。

地球的质量可以根据万有引力定律及牛顿第二定律求得。牛顿第二定律指出,物体的重力加速度与作用于物体的力 $F$ 成正比,与其质量 $m$ 成反比,则

$$a = F/m \tag{1-2-12}$$

就自由落体来说,$a$ 是由于重力 $g$ 而产生的重力加速度,从而

$$F = mg \tag{1-2-13}$$

与万有引力定律合并,得出

$$F = mg = G(mM/R^2) \tag{1-2-14}$$

消项并改写得出

$$M = gR^2/G \tag{1-2-15}$$

式中,$M$ 代表地球的质量;$g$ 为重力加速度(9.8m/s$^2$);$R$ 为地球的平均半径;$G=$ 6.67×10$^{-11}$N·m$^2$/kg$^2$ 为引力常数。据上式得出地球的质量为 5.975×10$^{27}$g,除以地球体积后,所获得地球的平均密度为 5.52×10$^3$kg/m$^3$。

地球的平均密度远高于地壳的平均密度,因此地球内部物质的密度必定比地表物质大得多。图 1-2-12 为地球密度分布图。

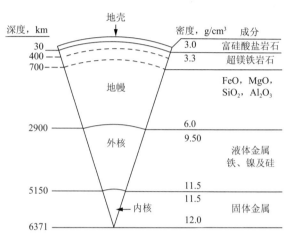

图 1-2-12　地球密度分布图

### 1.2.4.1　地球上的重力

地球上某处的重力是该处所受到的地心引力与地球自转离心力的合力。

根据牛顿定律 $G=fM/r^2$,如图 1-2-13 所示,重力加速度与地球的质量成正比,而与半径的平方成反比。因此地表的重力随着纬度值的增大而增加。测量的结果也表明,在赤道海平面上的重力加速度为 9.780318m/s$^2$,在两极地区的海平面上为 9.832177m/s$^2$。后者比前者确实增加了 0.53%。同理,地表的重力加速度还随着海拔的增大而减小,两者之间呈反比关系。海拔每升高 1km,重力加速度就减少 0.31m/s$^2$。而在地球内部,由于要同时考虑质量(密度)和半径两方面的变化,情况与地表相比不尽一致。一方面,深度增加使半径减小,使重力加速度增大;另一方面,随着深度增加,地球内的质量也在减少(因为上部物质产生的附加引力向上),这导致重力加速度随之变小。因此在地球内部,重力究竟是变大或变小,取决于谁的影响占主导地位。在地球的上部层位,由于地球物质的密度较小,引起的质量变化要小于半径变化造成的影响,故重力随着深度的增加而缓慢增大,到 2891km 即古登堡面附近达到极大值 10.68m/s$^2$;在越过 2891km 界面后,地球物质的密度变化造成的影响开始大于半径引起的变化,地球的重力也随之急剧减小;

最后,根据球体公式 $V=4\pi r^3/3$ 和密度公式 $\rho=M/V$,通过简单的数学变换,可以将由牛顿定律所求出的地心处重力表示为

$$G = \frac{4}{3}\pi f\rho r \qquad\qquad (1\text{-}2\text{-}16)$$

从式中可以看出:因为地心处的半径 $r=0$,所以尽管在地心处的物质密度增加到最大值,地心处的重力仍递变为零。

图 1-2-13　两物体间的引力公式

进行重力研究时,将地球视为一个圆滑的均匀球体,以其大地水准面为基准,计算得出的重力值称为理论重力值。对均匀球体而言,地表的理论重力值应该只与地理纬度有关。但实际上,不仅地球的地面起伏很大,内部的物质密度分布也极不均匀,在结构上还存在着显著差异。这些都使得实测的重力值与理论值之间有明显的偏离,在地学上称之为重力异常。对某地的实测重力值,通过高程及地形校正后,再减去理论重力值,差值称为重力异常值。该值如为正值,则称正异常;如为负值,则称为负异常,如图 1-2-14 和图 1-2-15 所示。前者反映该区地下的物质密度偏大,后者则说明该区地下物质密度偏小。地球物理勘探中的重力勘探方法,就是利用这一原理,通过发现各地的局部重力异常来进行找矿和勘查地下地质构造的,如图 1-2-16 所示。

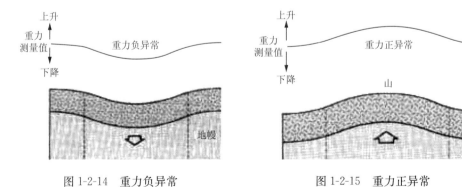

图 1-2-14　重力负异常　　　　　　　　图 1-2-15　重力正异常

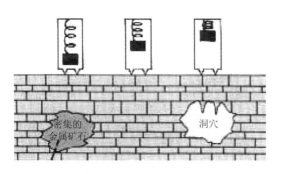

图 1-2-16　重力异常在找矿中的应用

## 1.2.4.2　重力均衡

100 多年以前,在横穿北印度的大地测量中发现,喜马拉雅山引起的垂线偏差比假定它只是一个均质地球上的凸起要小得多。这一发现导致了对地壳均衡补偿理论的探索。按照重力均衡原理,在单位截面上,任一个垂直柱体中(无论其高低)的岩石总质量应该是一个常数。这个柱体以一个特殊的"补偿"面为基底,补偿面以下的物质处于均质状态。这样,地壳的高度变化将以流体静力平衡的方式支撑着。问题在于:补偿面自身的形态又是怎样的呢? 英国人普拉特(Pratt,1854)和艾利(Airy,1855)分别提出了两种截然不同的模型。普拉特认为,地壳较高部分是由它们具有较低的密度而受到抬升的结果。也就是,在补偿面以上各地的岩石密度是不同的。与这一认识对应,地下的补偿面应该近于处在同一高程上,故以这种补偿方式为基础的普拉特模型可以称为密度补偿模型。与此相反,艾利认为地球表层各处的物质组成是相同的,地壳和其下伏地幔的关系如同木块浮在水面上的关系那样:如果地表某处的高程比其他地区高出越多,它往下插的深度就会比其他地区大得越多;一般而言,如果某个地区的岩石块体显示出较高的地表高程,其地下的"根"也会比其他块体要向下扎得更深一些。因此,艾利提出的这种补偿模式被称为深部补偿模式,如图 1-2-17 所示。深部补偿模式预言的结果与许多地区的地震测深结果是一致的,即大陆地壳与大洋地壳的下插深度相比,要远大于大陆与洋底之间的高程差。但现代研究表明,实际地壳均衡补偿过程比这两种理想模型都要复杂,应该是这两者按一定比例结合的结果。这意味着地壳确实存在着(如普拉特模型所指出的)横向物质分布的不均一性,但地表显示的陆洋地形高差,则一部分是由密度补偿(约占37%)、另一部分是由深部补偿(约占 63%)的结果。

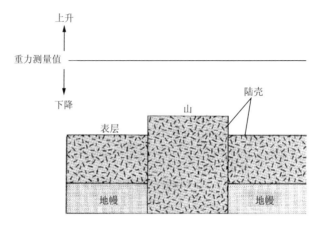

图 1-2-17　重力均衡的深部补偿模式

### 1.2.4.3　地球的压力

地球的压力是与重力直接相关的地球物理性质。地球某处的压力是由上覆地球物质的重量产生的静压力。静压力的大小与所处的深度、上覆物质的平均密度及重力加速度成正相关关系。但由于物质的密度随深度的增加是一种非线性递增的关系,压力-深度图也不是一条直线而是一条曲线,在地球表层、地壳和接近地心附近时压力增长较平稳,在下地幔和外核部分增长得较快。利用密度分布的规律来估算地球内部的压力状况,以截面为 $1cm^2$ 的岩石柱作为压力的计算表示法,可得到

$$p = h\rho/100 \tag{1-2-17}$$

式中,$p$ 为压力;$h$ 为深度;$\rho$ 为密度。

利用此式,可以算出从地表到地下 24km 内,压力从 $1\times10^5$ Pa 增加到 $0.6\times10^9$ Pa;到 670km 处,压力增大到 $24\times10^9$ Pa;到 2891km 时,压力增大到约 $136\times10^9$ Pa;最后在 6371km 即地心处,压力会上升到最大值 $364\times10^9$ Pa。

## 1.2.5　温度场

### 1.2.5.1　地球内部的温度

火山喷发、温泉以及矿井随深度而增温的现象表明地球内部储存有很大的热能,可以说地球是一个巨大的热库。但从地面向地下深处,地热增温的现象随着深度的改变是不均匀的。地面以下按温度变化的特征可以划分为三层:

(1)外热层(变温层)。该层地温主要是受太阳光辐射热的影响,其温度随季节、昼夜的变化而变化,故也称为变温层。日变化造成的影响深度较小,一般仅为

1~1.5m。

（2）常温层：该层地温与当地的年平均温度大致相当，且常年基本保持不变，其深度为 20~40m。一般情况下，在中纬度地区较深，在两极和赤道地区较浅；在内陆地区较深，在滨海地区较浅。

（3）增温层：在常温层以下，地下温度开始随深度增大而逐渐增加。大陆地区常温层以下至约 30km 深处，大致每往下 30m，温度会增加 1°；大洋底到 15km 深处，大致每加深 15m，地温增高 1°。为规范计算地下温度变化的规律，将深度每增加 100m 时所增高的温度称为地温梯度，其单位是℃/100m。由于地下的地质结构和组成物质不同，地温梯度在各地是有差异的。例如，在我国华北平原，当地的地温梯度一般为 2~3℃/100m，在靠近郯庐大断裂的安徽庐江则为 4℃/100m。

在地下更深处，由于受到压力和密度增大等因素的影响，地温的增加逐渐趋于缓慢。通过多种间接方法测算的结果表明，在地表以下 100km 处的温度约为1300℃；1000km 处的温度约为 2000℃；2900km 处地温约 2700℃；地心的温度则高于 3200℃，据推测最高可达到 4000~5000℃。图 1-2-18 为地球内部的温度、压力分布。

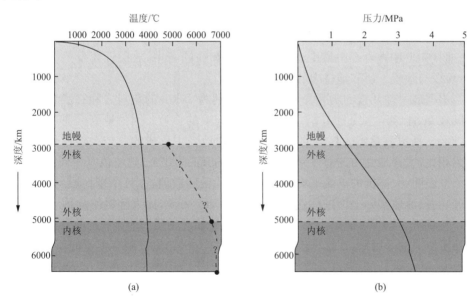

图 1-2-18　地球内部的温度、压力分布

### 1.2.5.2　地球的能量

地球是由内、外两部发动机驱动的，这两部发动机提供了地球的全部能量来源。其中热能是地球最主要的能源。

地球从太阳吸收的能量每年大约为 $4.2 \times 10^{24}$ J,超过地球上全部煤炭储量完全燃烧后所能够获得热能的 300 倍。但在地球吸收的太阳能中,有 1/3 左右的能量被大气圈和地球表面反射掉,并直接分散到宇宙空间中去,剩下的 2/3 被地球表层系统吸收,再以各种方式转化为地球演化所需的能源。

地球内部热能的来源问题尚无定论。一般认为,由岩石中放射性元素衰变释放的热是地热的主要来源,这种热能据估算可以达到每年 $2.14 \times 10^{21}$ J。其次,因地球本身的重力作用过程也可以转化出大量热能,其总热量可能十分接近于放射性热能。此外,地球自转的动能和地球物质不断进行的化学作用等都可以产生大量的热能。

从地球内部传导出来的热流量平均每平方厘米每秒为 $1.5 \times 10^{-6}$ J,根据一年中有 $3.2 \times 10^{7}$ s 和地球的总表面积为 $5.1 \times 10^{13}$ km$^2$,可以计算出在一年时间内,由热传导从地球内部传出的热量应为 $1.0 \times 10^{21}$ J。

地内热场的其他分量,受到地球内部或深部的多种作用所控制,不同区域的能量变化相差很大,但这种热源一般是相当稳定的,并且维持从深部到地表的热流约为 $6.3 \times 10^{-6}$ J/(cm·s)。这也意味着在一年内每平方厘米的热流约为 1989J。

铀、钍和钾的放射性同位素是衰变热源的主要供给者。构成地壳上部的花岗岩和沉积岩层具有放射性元素含量最高的特点。在玄武岩中,它们的含量低好几倍,而且在上地幔岩石中最少。在球粒陨石和铁陨石中,放射性含量是微不足道的,可以与地幔下层和地核中的含量相对应。

根据放射性元素的实际含量,由厚度分别为 15km 的花岗岩和玄武岩组成的大陆地壳,能够产生约为 $4.2 \times 10^{-6}$ J/(cm$^2$·s)的热流。因为地壳的厚度通常超过 30km,所以测量到的热流的主要部分是在地壳中形成的。与大陆地壳的产热能力相比,大洋地壳由放射性元素含量较低的玄武岩组成,热流值应相当低。但测量结果表明,大洋区的热流平均值接近于大陆区的数值,而且个别地段(如大洋中脊处)的热流值实际上可以高达 $34 \times 10^{-6}$ J/(cm$^2$·s),比大陆区平均值几乎高出一个数量级。这有可能是由于大洋下面的地幔活动物质和地幔中的热对流所补充的热所造成的。因此,在结构不同的大陆和大洋中,热流机制有本质的不同(图 1-2-19)。在大陆上,热能的主要部分产生在地壳中,而且主要是在花岗岩中,大陆玄武岩和来自地幔的热是不大的;但大洋中的热主要来自地幔,只有很小部分的热流产生于厚度和产热率都较小的玄武岩中。

深部热的其他来源是地核物质的分异作用。这种来源比起放射性物质的衰变热要小得多。根据地球的“冷起源假说”,原始的陨石物质分异伴随着地幔中的重金属的熔融,使铁镍地核独立出去。在这种情况下可以释放出大约 $9.6 \times 10^{32}$ J 的热量。除以上所说的热源外,深部补充来源还包括地球重力绝热压缩所形成的热和化学反应释放的热。后者如成矿过程中的地球化学反应和某些矿物的深部结晶

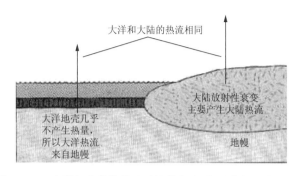

图 1-2-19　大洋与大陆的热流平均值相当,但是他们的成因不同

过程等,都在不同程度上伴随有热的释放。但它们比起前面的几种热源来说,除了在影响局部地区的热过程和热状态方面有一定作用外,对于深部热场总的平衡所起的作用则很小。

岩石因放射性衰变产生热量的能力并不相同。花岗岩产热能力最大,数值却很小,如果用 1cm³ 花岗岩中释放的热来烧开一杯水,大约需要 1 亿年时间。但是从全球规模上看,放射性热对形成和维持地球热场的作用仍相当大。研究表明,如果地球中的放射性元素含量和它们在地壳中的含量相当,那么地球所释放的热量不仅足够使整个地球熔化,而且能够使地球全部被气化且蒸发掉。

### 1.2.5.3　地幔熔融

如前所述,地幔基本上是固态的,但其中仍有部分层位处于熔融状态。地幔部分熔融是指在地幔的上部层位,有部分岩石因受到复杂的地质作用而发生部分熔解,从而显示为高度可塑甚至液态的现象。地幔是否部分熔融,直接影响到大洋中脊的形成、海底扩张、大陆板内伸展作用和裂谷型玄武岩喷发的动力学机制,故一直在地球科学的前沿研究中占有一席之地。但在过去对壳幔部分熔融过程的模拟中,基本上是在静态即无差异应力的条件下进行的,结果所得到的熔融结构有较高的强度,使矿物颗粒产生滑移变形的可能性大为减少,这对壳幔物质运动是一种不利的限制。金振民等(1994)通过模拟动态条件下的高温高压实验,发现实际上由于低差异应力的加入,岩石流变强度产生了强烈的弱化现象,使流动应力减少到 2～10MPa,岩石的有效黏度随之也降低了几个数量级。这些改变大大降低了对地幔物质的运动限制。同时,这种熔融流体的分布特征对岩石圈物质的物理性质,如弹性与非弹性、岩石导电性、蠕变活化能和化学元素的分配等,也产生了直接的约束作用,为阐明壳幔物质的分布规律、合理解释上地幔中的低速高导层的形成机制、地壳大尺度增厚的原因和板块运动的动力学等提供了有力的实验证据。

# 1.3　采矿地球物理的任务及前景

采矿地球物理学是地球物理学的分支之一,是用地球物理的方法来解决采矿现场的实际问题,如矿床的勘探问题、矿山动力现象、采矿工程问题等。采矿地球物理学感兴趣的是与矿物的开采有关的采矿与地质问题,特别是井下的开采与地质问题。

一些特殊的采矿问题可用采矿地球物理方法来解决。例如,与大地震动相类似的矿山震动现象的研究;岩体中弹性波传播过程的研究,称为振动法,包括微震法、振动法和地音法;岩体内重力变化的研究,称为重力法;地电现象的研究,称为地电法;以及热法、原子能法等。这些研究方法都需要特殊的测量仪器和理论指导。

总的来说,采矿地球物理方法有如下优点:

(1) 对于打钻孔、掘巷道探测来说,观察、测量成本低。

(2) 采矿中的许多现象和过程只能用采矿地球物理方法才能进行测量、记录和分析,如岩体震动、冲击矿压、煤和瓦斯突出等矿山动力现象,而采用其他测量方法则不可能做到。

(3) 获得的信息量大。

(4) 研究测量具有非破坏性。这对采面的安全性及巷道维护的稳定性等都具有重要意义。

采矿地球物理学的基本任务是解决采矿作业的安全性和保证矿井生产的连续性,主要解决关于开采引起的地质动力现象和瓦斯动力现象(震动、冲击矿压、突出),对煤层及周围岩层物理力学参数认识的矿山压力问题,以及关于煤层连续性的地质问题,如冲刷、侵蚀、尖灭、断层等。

## 1.3.1　矿山压力

采用采矿地球物理方法可连续或即刻记录采矿作业引发的振动现象,以此可连续评价,并在一定程度上预测研究区域的震动性及危险性,如冲击矿压、煤和瓦斯突出等,并可以评价灾害防治措施的有效性。

采用采矿地球物理方法还可以提前认识岩体的结构及物理力学特性,如弹性模量、泊松比等。这是矿山压力研究中最基本的参数,而其只要测量弹性波的传播速度即可获得。同时,可提前消除采掘面前方冲击矿压的危险地段和不安全地段。

对于采矿活动引发的地质动力现象的研究:

(1) 地质动力现象的连续记录、评价、分析和诊断,采用微震法和地音法;

(2) 提前认识潜在的危险区域,如应力升高的地点,采用振动法、地质电法、重力法和热法；

（3）评价灾害防治措施的效果，采用振动法、地音法和地质电法；

（4）岩石物理力学参数的确定，采用振动法就可以完成。

其基础是测量两种不同类型的地震波（纵波和横波）在介质中的传播速度。这种方式得到的参数称为动态参数，与实验室获得的静态参数有明显的区别，动态参数更接近于岩体的实际特性。

## 1.3.2 地质探测

采矿地球物理方法可以对煤层的构造区进行探测和定位，如煤层中特别容易出现的断层、侵蚀、煤层分叉等。在集中化生产的今天，这对保证煤层开采的节奏性和连续性具有重大的意义。

对于提前确定工作面前方煤层的构造问题，主要采用震动法来完成。震动法可根据煤层中地震波传播的连续性、振幅的变化，或者利用煤层非连续表面（断层面、侵蚀面）出现的反射波信息等来确定工作面煤层的构造问题。还可采用其他方法（如电磁波法）对其进行研究。目前进行的雷达法研究就属于这类。另外，采用重力法也可获得一些地质方面的信息。

## 1.3.3 其他探测与评价

采掘面区域内水的诊断，其灾害危险性评价，主要采用地质电法。

井壁状况的评价，主要采用地质电法、振动法、重力法和雷达法。这些方法有时也用来确定支架后方的空洞。

放炮作业等振动效果的评价，以及震动对井下和地表建筑物影响的评价，可采用地震几何法。

## 1.3.4 采矿地球物理的前景

以上介绍了采矿地球物理方法在解决地质、采矿技术、采矿安全技术等问题时的多样性和有效性，以及解决这些问题的先进性和优越性，表明采矿地球物理方法在解决采矿生产安全技术问题方面具有巨大潜力（窦林名等，1999a）。

采矿地球物理学中所采用的方法，如微震法、地音法、振动法等，观测记录的信息多，分析处理的信息量也大。而电子计算机的飞速发展，正好促进了地球物理方法的大力发展。高速、大容量计算机的应用，不仅可以大量存储数据，进行信号的转换和数据的传输，而且可以进行复杂的分析和处理，对处理后的信息能进行及时反馈，用来指导实践，并且以此为基础可建立一些新的地球物理模型，进一步解决一些采矿、地质、安全等方面的复杂问题。可以预计，21 世纪采矿中应用的测量、观测方法主要将是地球物理方法。

# 2 煤岩体弹性动力学

## 2.1 应 力

物体所受的力有外力和应力。根据外力的作用方式,外力可分为体力和面力。体力是一种场力,分布于弹性体的体积内,如重力、惯性力等。体力可用体力集度来表示。若单位体积 $\Delta V$ 上作用有总体力为 $\Delta Q$,则体力集度为

$$F = \lim_{\Delta V \to 0} \frac{\Delta Q}{\Delta V} \tag{2-1-1}$$

面力是分布在弹性体表面上的力。面力可用面力集度来表示。若单位面积 $\Delta S$ 上作用有总面力 $\Delta \bar{Q}$,则该面积上的集度为

$$F = \lim_{\Delta S \to 0} \frac{\Delta \bar{Q}}{\Delta S} \tag{2-1-2}$$

受力弹性体内单位面积上内力的大小,称该点的应力。如图 2-1-1 所示,应力是小面积 $\Delta S$ 上作用的力 $\Delta F$,当 $\Delta S$ 趋向于零时的极限,则

$$\boldsymbol{\sigma} = \lim_{\Delta S \to 0} \frac{\Delta \boldsymbol{F}}{\Delta \boldsymbol{S}} \tag{2-1-3}$$

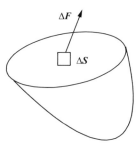

图 2-1-1  应力

由此可见,应力不仅与力的方向和大小有关,而且与力作用的面积矢量有关。因此,应力是一个矢量。应力可以分为作用在与该平面垂直的方向上的力(称为正应力)和作用在与该平面平行的方向上的力(称为剪应力)。

若用 $\sigma_n$ 表示正应力,用 $\tau_i$ 表示剪应力,则应力矢量可以写成

$$[\boldsymbol{\sigma}_{ij}] = \begin{bmatrix} \sigma_{11} & \tau_{12} & \tau_{13} \\ \tau_{21} & \sigma_{22} & \tau_{23} \\ \tau_{31} & \tau_{32} & \sigma_{33} \end{bmatrix} \tag{2-1-4}$$

这里，$1=x,2=y,3=z$。

应力矢量的各分量可以由图 2-1-2 来表示。考虑到 $x,y,z$ 轴相互垂直，根据平衡条件，则有

$$\tau_{12} = \tau_{21}, \tau_{23} = \tau_{32}, \tau_{31} = \tau_{13} \tag{2-1-5}$$

因此，给定点的应力可用六个数值来表示。如果处于直角坐标系中的某个平面法向 $n(\alpha, \beta, \gamma)$ 作用有应力 $\sigma_i$，那么该应力可由某方向上的正应力矢量 $\sigma_n$ 和剪应力矢量 $\tau_i$ 来表示，如图 2-1-3 所示，或者用平行于 $x,y,z$ 轴方向上的应力来表示，即

$$\boldsymbol{\sigma}_i^2 = \boldsymbol{\sigma}_n^2 + \boldsymbol{\tau}_i^2 \tag{2-1-6}$$

此时，根据平衡条件可得

$$\boldsymbol{\sigma}_i^2 = \boldsymbol{\sigma}_1^2 + \boldsymbol{\sigma}_2^2 + \boldsymbol{\sigma}_3^2 \tag{2-1-7}$$

$$\sigma_i = a_j \sigma_{ij} \tag{2-1-8}$$

式中

$$\cos\alpha = a_1, \quad \cos\beta = a_2, \quad \cos\gamma = a_3 \tag{2-1-9}$$

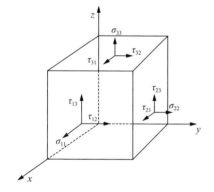

图 2-1-2　六面体上的应力分量

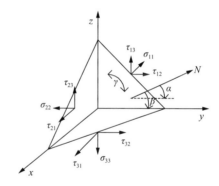

图 2-1-3　四面体上的应力分量

或者

$$\begin{aligned}
\sigma_1 &= a_1 \sigma_{11} + a_2 \tau_{12} + a_3 \tau_{13} \\
\sigma_2 &= a_1 \tau_{21} + a_2 \sigma_{22} + a_3 \tau_{23} \\
\sigma_3 &= a_1 \tau_{31} + a_2 \tau_{32} + a_3 \sigma_{33}
\end{aligned} \tag{2-1-10}$$

因为

$$|\boldsymbol{\sigma}_n| = a_1 \sigma_1 + a_2 \sigma_2 + a_3 \sigma_3 = \boldsymbol{a}_j \boldsymbol{\sigma}_j \tag{2-1-11}$$

因此，根据上两式可得

$$|\boldsymbol{\sigma}_n^2| = a_1^2 \sigma_{11} + a_2^2 \sigma_{22} + a_3^2 \sigma_{33} + 2a_2 a_3 \tau_{23} + 2a_1 a_2 \tau_{12} + 2a_1 a_3 \tau_{13} \tag{2-1-12}$$

以及

$$\tau_1^2 = \sigma_1^2 + \sigma_2^2 + \sigma_3^2 - |\boldsymbol{\sigma}_n^2| \tag{2-1-13}$$

应力 $\sigma_{ij}$ 取决于坐标系及其变化,而应力方向则与坐标系无关。因此应当找出应力作用的条件。如果满足条件 $\tau_i = 0$,此时

$$a_1 \mid \boldsymbol{\sigma}_n \mid = \sigma_1 a_2 \mid \boldsymbol{\sigma}_n \mid = \sigma_2 a_3 \mid \boldsymbol{\sigma}_n \mid = \sigma_3 \tag{2-1-14}$$

或者

$$\begin{aligned}
a_1 (\sigma_{11} - \mid \boldsymbol{\sigma}_n \mid) + a_2 \tau_{12} + a_3 \tau_{13} &= 0 \\
a_1 \tau_{21} + a_2 (\sigma_{22} - \mid \boldsymbol{\sigma}_n \mid) + a_3 \tau_{23} &= 0 \\
a_1 \tau_{31} + a_2 \tau_{23} + a_3 (\sigma_{33} - \mid \boldsymbol{\sigma}_n \mid) &= 0
\end{aligned} \tag{2-1-15}$$

这样根据上述条件,可以构成如下方程式

$$\mid \boldsymbol{\sigma}_n^3 \mid + I_1 \mid \boldsymbol{\sigma}_n^2 \mid + I_2 \mid \boldsymbol{\sigma}_n \mid + I_3 = 0 \tag{2-1-16}$$

式中

$$\begin{aligned}
I_1 &= \sigma_{11} + \sigma_{22} + \sigma_{33} \\
I_2 &= \sigma_{11}\sigma_{22} + \sigma_{22}\sigma_{33} + \sigma_{33}\sigma_{11} - \tau_{12}^2 - \tau_{23}^2 - \tau_{31}^2 \\
I_3 &= \sigma_{11}\sigma_{22}\sigma_{33} + 2\tau_{23}\tau_{31}\tau_{12} - \sigma_{11}\tau_{23}^2 - \sigma_{22}\tau_{31}^2 - \sigma_{33}\tau_{12}^2
\end{aligned} \tag{2-1-17}$$

式(2-1-16)中,有三个与坐标系无关的应力不变量,对于每个初始量 $\sigma_n^{(1)}, \sigma_n^{(2)}, \sigma_n^{(3)}$,求余弦 $a_1, a_2, a_3$ 即可得主方向上的应力 $\sigma_i^{(1)}, \sigma_i^{(2)}, \sigma_i^{(3)}$。

应力不变量的形式为

$$\begin{aligned}
I_1 &= \sigma_i^{(1)} + \sigma_i^{(2)} + \sigma_i^{(3)} \\
I_2 &= \sigma_i^{(1)}\sigma_i^{(2)} + \sigma_i^{(2)}\sigma_i^{(3)} + \sigma_i^{(3)}\sigma_i^{(1)} \\
I_3 &= \sigma_i^{(1)}\sigma_i^{(2)}\sigma_i^{(3)}
\end{aligned} \tag{2-1-18}$$

许多采矿问题的应力状态可以简化为两维的。下面介绍两维应力状态。其应力矢量为

$$\begin{bmatrix} \boldsymbol{\sigma}_{ij} \end{bmatrix} = \begin{bmatrix} \sigma_{11} & \tau_{12} \\ \sigma_{21} & \sigma_{22} \end{bmatrix} \tag{2-1-19}$$

根据平衡条件可得

$$\tau_{21} = \tau_{12} \tag{2-1-20}$$

类似于三维条件,正应力和剪应力可以写成

$$\begin{cases}
\mid \boldsymbol{\sigma}_n \mid = \sigma_{11} a_1^2 + 2\tau_{12} a_1 a_2 + \sigma_{22} a_2^2 \\
\mid \boldsymbol{\tau}_i \mid = \sigma_{11}^2 + \sigma_{22}^2 - \mid \sigma_n^2 \mid
\end{cases} \tag{2-1-21}$$

式中

$$a_1 = \sin\alpha, \quad a_2 = \cos\alpha \tag{2-1-22}$$

这样,式(2-1-21)可以写成

$$\begin{cases}
\mid \boldsymbol{\sigma}_n \mid = \sigma_{11} \sin^2\alpha + 2\tau_{12} \sin\alpha\cos\alpha + \sigma_{22} \cos^2\alpha \\
\mid \boldsymbol{\tau}_i \mid = \dfrac{1}{2}(\sigma_{22} - \sigma_{11})\sin2\alpha + \tau_{12}\cos2\alpha
\end{cases} \tag{2-1-23}$$

对于满足下式的角度,剪应力为零,

$$\tan 2\alpha_0 = \frac{2\tau_{12}}{\sigma_{22} - \sigma_{11}} \qquad (2\text{-}1\text{-}24)$$

故角度 $\alpha_0$ 为主方向,第二个主方向与其垂直。在这两个主方向上,主应力值为

$$\begin{cases} \sigma_i^{(1)} = \dfrac{\sigma_{11} + \sigma_{22}}{2} + \sqrt{\left(\dfrac{\sigma_{11} - \sigma_{22}}{2}\right)^2 + \tau_{12}^2} \\ \sigma_i^{(2)} = \dfrac{\sigma_{11} + \sigma_{22}}{2} - \sqrt{\left(\dfrac{\sigma_{11} - \sigma_{22}}{2}\right)^2 + \tau_{12}^2} \end{cases} \qquad (2\text{-}1\text{-}25)$$

若直角坐标的轴与应力方向一致,则

$$\begin{cases} |\boldsymbol{\sigma}_n| = \dfrac{\sigma_i^{(1)} + \sigma_i^{(2)}}{2} + \dfrac{\sigma_i^{(1)} - \sigma_i^{(2)}}{2} \cos 2\alpha \\ |\boldsymbol{\tau}_i| = \dfrac{\sigma_i^{(1)} - \sigma_i^{(2)}}{2} \sin 2\alpha \end{cases} \qquad (2\text{-}1\text{-}26)$$

主应力与剪应力角度的关系如图 2-1-4 所示。

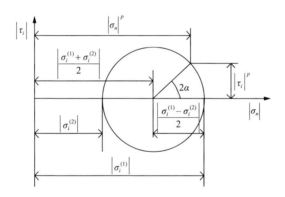

图 2-1-4 平面应力的 Mohr 圆结构

作用在任意平面上应力之间的关系可由莫尔(Mohr)圆来表示。在坐标系 $(|\boldsymbol{\sigma}_n|, |\boldsymbol{\tau}_i|)$ 中,其圆心为 $\left(\dfrac{\sigma_i^{(1)} + \sigma_i^{(2)}}{2}, 0\right)$,半径为 $\left|\dfrac{\sigma_i^{(1)} - \sigma_i^{(2)}}{2}\right|$。此时,在 $2\alpha$ 角的圆周上的点其坐标为 $|\boldsymbol{\sigma}_n|^p$ 和 $|\boldsymbol{\tau}_i|^p$,其值即为式(2-1-26)所得。

不同形状的物体作用着不同方向的应力。其中有一种状态的物体仅有形状变形,对于这种物体,仅作用有剪应力,在这种情况下,必须将应力分为两个部分

$$[\boldsymbol{\sigma}_{ij}] = [\boldsymbol{\sigma}_{ij}^{(0)}] + [\boldsymbol{\sigma}_{ij} - \sigma_{ij}^{(0)}] \qquad (2\text{-}1\text{-}27)$$

即

$$[\boldsymbol{\sigma}_{ij}] = \begin{bmatrix} \sigma^{(0)} & 0 & 0 \\ 0 & \sigma^{(0)} & 0 \\ 0 & 0 & \sigma^{(0)} \end{bmatrix} + \begin{bmatrix} \sigma_{11} - \sigma^{(0)} & \sigma_{12} & \sigma_{13} \\ \sigma_{21} & \sigma_{22} - \sigma^{(0)} & \sigma_{23} \\ \sigma_{31} & \sigma_{32} & \sigma_{33} - \sigma^{(0)} \end{bmatrix}$$

$$(2\text{-}1\text{-}28)$$

式中

$$\sigma^{(0)} = \frac{\sigma_{11} + \sigma_{22} + \sigma_{33}}{3}$$

　　式(2-1-27)中等号右边,第一项称为平均应力矢量(应力轴对称量),是静水压力形成的应力;第二项称为偏应力张量。

　　考虑岩体的受力情况,除双向受力外,还有单向应力状态

$$\sigma_i^{(1)} \neq 0, \quad \sigma_i^{(2)} = \sigma_i^{(3)} = 0 \tag{2-1-29}$$

和双向轴对称应力状态

$$\sigma_i^{(1)} \neq 0, \quad \sigma_i^{(2)} = \sigma_j^{(3)} \neq 0 \tag{2-1-30}$$

## 2.2　变　　形

　　岩体中应力作用的结果,使得岩体变形。下面就来描述变形的概念。

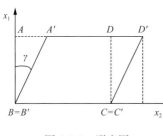

图 2-2-1　形变图

　　如图 2-2-1 所示,在直角坐标系$(x, y, z)$中的岩体,$AB$ 点作用有力,在该力的影响下,$AB$ 点移到了新的位置 $A'B'$,如果 $A'B'$ 之间的长度等于 $AB$ 间的长度,这种变形称为刚性位移或转动或刚性位移和转动。

　　下面我们不考虑这种位移,仅讨论物体两点间距离发生变化的位移。

　　我们用 $\boldsymbol{u}_i(u_1, u_2, u_3)$ 表示位移矢量,则在直角坐标系$(x, y, z)$中,变形定义为

$$\varepsilon_{11} = \frac{\partial u_1}{\partial x}, \varepsilon_{22} = \frac{\partial u_2}{\partial y}, \varepsilon_{33} = \frac{\partial u_3}{\partial z} \tag{2-2-1}$$

以及

$$\varepsilon_{21} = \varepsilon_{12} = \frac{\frac{\partial u_1}{\partial y} + \frac{\partial u_2}{\partial x}}{2}, \varepsilon_{32} = \varepsilon_{23} = \frac{\frac{\partial u_2}{\partial z} + \frac{\partial u_3}{\partial y}}{2}, \varepsilon_{31} = \varepsilon_{13} = \frac{\frac{\partial u_1}{\partial z} + \frac{\partial u_3}{\partial x}}{2}$$

$$\tag{2-2-2}$$

这样,应变矢量可表示为

$$[\boldsymbol{\varepsilon}_{ij}] = \begin{vmatrix} \varepsilon_{11} & \varepsilon_{12} & \varepsilon_{13} \\ \varepsilon_{21} & \varepsilon_{22} & \varepsilon_{23} \\ \varepsilon_{31} & \varepsilon_{32} & \varepsilon_{33} \end{vmatrix} \tag{2-2-3}$$

式中,$\varepsilon_{11}$、$\varepsilon_{22}$、$\varepsilon_{33}$ 为主应变;$\varepsilon_{12}$、$\varepsilon_{21}$、$\varepsilon_{13}$、$\varepsilon_{31}$、$\varepsilon_{23}$、$\varepsilon_{32}$ 为形变。

　　因此,就像应力一样,应变也存在三个相互垂直的主应变和三个应变不变量(在剪应变为零时构成的),同样可以采用莫尔圆来确定某方向上的应变。

应变矢量可以分为两个,平均应变或轴对称应变和偏应变张量。

$$[\boldsymbol{\varepsilon}_{ij}] = [\varepsilon^{(0)}\boldsymbol{\delta}_{ij}] + [\boldsymbol{\vartheta}_{ij}] \qquad (2\text{-}2\text{-}4)$$

式中

$$\varepsilon^{(0)} = \frac{\varepsilon_{11} + \varepsilon_{22} + \varepsilon_{33}}{3} \qquad (2\text{-}2\text{-}5)$$

$$\boldsymbol{\vartheta}_{ij} = \begin{bmatrix} \varepsilon_{11} - \varepsilon^{(0)} & \varepsilon_{12} & \varepsilon_{13} \\ \varepsilon_{21} & \varepsilon_{22} - \varepsilon^{(0)} & \varepsilon_{23} \\ \varepsilon_{31} & \varepsilon_{32} & \varepsilon_{33} - \varepsilon^{(0)} \end{bmatrix} \qquad (2\text{-}2\text{-}6)$$

$$\boldsymbol{\delta}_{ij} = \begin{bmatrix} 1 & 0 & 0 \\ 0 & 1 & 0 \\ 0 & 0 & 1 \end{bmatrix} \qquad (2\text{-}2\text{-}7)$$

平均应变矢量确定应力变化形成的岩体体积变形。

同样,应变也有单轴应变状态

$$\varepsilon_i^{(1)} \neq 0, \quad \varepsilon_i^{(2)} = \varepsilon_i^{(3)} = 0 \qquad (2\text{-}2\text{-}8)$$

和双向应变状态

$$\varepsilon_i^{(1)} \neq 0, \quad \varepsilon_i^{(2)} \neq 0, \quad \varepsilon_i^3 = 0 \qquad (2\text{-}2\text{-}9)$$

## 2.3 应力应变之间的关系

应力应变之间的关系取决于材料及实验情况,常用的为线弹性关系。该关系可以采用虎克定律来描述。

$$[\boldsymbol{\sigma}_{ij}] = [\boldsymbol{A}_{ijkl}][\boldsymbol{\varepsilon}_{kl}] \qquad (2\text{-}3\text{-}1)$$

式中,$[\boldsymbol{A}_{ijkl}]$ 为弹性常数矩阵。

因为 $[\boldsymbol{\sigma}_{ij}]$ 和 $[\boldsymbol{\varepsilon}_{ij}]$ 是对称的,故矩阵 $[\boldsymbol{A}_{ijkl}]$ 应包含 36 个弹性系数。但对于均质体,在弹性理论中,采用两个常数来描述应力应变之间的关系。其总的形式为

$$[\boldsymbol{\sigma}_{ik}] = 2\mu^*[\boldsymbol{\varepsilon}_{ik}] + \lambda^*[\boldsymbol{\varepsilon}_{kk}]\boldsymbol{\delta}_{ik} \qquad (2\text{-}3\text{-}2)$$

式中,$\lambda^*$ 和 $\mu^*$ 为弹性常数(Lame 常数);$\boldsymbol{\delta}_{ik}$ 为单位矩阵符号

还有一些弹性常数,如压缩模量 $K$ 和剪切模量 $G$(等于 Lame 常数 $\mu^*$),用来描述如下方程式

$$\sigma_{kk} = 3K\varepsilon_{kk}, \quad K = 1,2,3 \qquad (2\text{-}3\text{-}3)$$

$$\tau_{ij} = 2G\varepsilon_{ij} \qquad (2\text{-}3\text{-}4)$$

最常用的弹性常数,杨氏模量 $E$ 和泊松比 $\nu$ 是用下式来描述应力应变关系的

$$\varepsilon_{ik} = \frac{1+\nu}{E}\sigma_{ik} - \frac{\nu}{E}\sigma_{kk}\delta_{ik} \qquad (2\text{-}3\text{-}5)$$

这些弹性常数之间的相互关系如下:

$$K = \lambda^* + \frac{2}{3}G = \frac{E}{3(1-2\nu)}$$

$$\mu^* = G = \frac{E}{2(1+\nu)}$$

$$\lambda^* = K - \frac{2}{3}G = \frac{E\nu}{(1+\nu)(1-2\nu)}$$

$$E = \frac{9KG}{3K+G} = \frac{G(3\lambda^* + 2G)}{\lambda^* + G}$$

$$\nu = \frac{\lambda^*}{2(\lambda^* + G)} = \frac{3K-2G}{2(3K+G)}$$

这里,泊松比限制在 $0 < \nu < \dfrac{1}{2}$ 。

## 2.4  动力学方程

弹性动力学方程是由物体内的应力、体积力(外力)及运动加速度构成的约束条件,可以从微分角度考虑,也可以用积分方式建立,现从后一种方法考虑。

有体积为 $V$ 的物体,表面积为 $S$,运用动量定理,即 $V$ 内所有质点的总动量变化率等于作用在这些质点上的合力,为

$$\frac{\partial}{\partial t}\iiint_V \rho \frac{\partial u}{\partial t}\mathrm{d}V = \iiint_V f\mathrm{d}V + \iint_s F^{\langle n \rangle}\mathrm{d}S \tag{2-4-1}$$

式中,$\rho$ 为质点的密度;$f$ 为体积力;$F$ 为作用在表面上的面力。这里不考虑质点的质量 $\rho\mathrm{d}V$ 随时间变化的问题,则上式左边可以写成

$$\iiint_V \rho \frac{\partial^2 u}{\mathrm{d}t}\mathrm{d}V \tag{2-4-2}$$

边界上的面力应与物体内应力保持连续,即在边界上有

$$\sigma_{ij}n_j = T_i \tag{2-4-3}$$

式中,$n_j$ 为边界表面法线 $n$ 的分量。这样式(2-4-2)可写成

$$\iiint_V \rho \frac{\partial^2 u}{\partial t^2}\mathrm{d}V = \iiint_V f_i\mathrm{d}V + \iint_s \sigma_{ij}n_j\mathrm{d}S \tag{2-4-4}$$

应用高斯定理,则上式变为

$$\iiint_V \left(\rho \frac{\partial^2 u}{\partial t^2} - f_i - \frac{\partial \sigma_{ij}}{\partial x_j}\right)\mathrm{d}V = 0 \tag{2-4-5}$$

这里要求被积函数满足

$$\rho \frac{\partial^2 u}{\partial t^2} = f_i + \frac{\partial \sigma_{ij}}{\partial x_j} \tag{2-4-6}$$

这就是动力学方程。

## 2.5 岩体中的波动方程

从目前的研究结果来看,岩体的弹性特征决定着开采应力的动态变化。下面介绍这些特征参数如何与地球物理参数(如纵横波在岩石中的传播速度等)联系在一起。

考虑微小体积单元上 $\mathrm{d}v = \mathrm{d}x\mathrm{d}y\mathrm{d}z$ 作用的力,$u_i(u_1,u_2,u_3)$ 表示位移,我们引进标量 $\Phi^*$ 和矢量 $\Psi_i^*(\gamma,\chi,\varphi)$,则

$$\boldsymbol{u}_i(u_1,u_2,u_3) = \mathrm{grad}\Phi^* + \mathrm{rot}\psi_i^* \qquad (2\text{-}5\text{-}1)$$

在微单元上作用有体力

$$\overline{F}_i = F_i^{(a)}\rho\mathrm{d}v \qquad (2\text{-}5\text{-}2)$$

式中,$\overline{F}_i(F_1^{(a)},F_2^{(a)},F_3^{(a)})$ 为单位质量上的力;$\rho$ 为密度。

同时,在其上作用有面力。假设应力在 dV 单元的表面间按线性变化,对作用在 $z$ 轴方向上的力求和,这样可以写成

$$\left(\sigma_{33}+\frac{\partial\sigma_{33}}{\partial z}\mathrm{d}z\right)\mathrm{d}x\mathrm{d}y - \sigma_{33}\mathrm{d}x\mathrm{d}y + \left(\tau_{23}+\frac{\partial\tau_{23}}{\partial y}\mathrm{d}y\right)\mathrm{d}z\mathrm{d}x - \tau_{23}\mathrm{d}x\mathrm{d}z$$
$$+ \left(\tau_{13}+\frac{\partial\tau_{13}}{\partial x}\mathrm{d}x\right)\mathrm{d}z\mathrm{d}y - \tau_{13}\mathrm{d}z\mathrm{d}y = \left(\frac{\partial\sigma_{33}}{\partial z}+\frac{\partial\tau_{23}}{\partial y}+\frac{\partial\tau_{13}}{\partial x}\right)\mathrm{d}v \qquad (2\text{-}5\text{-}3)$$

同样,我们可以对其他两个方向上的力求和,动力学定律要求面力和体积力之和等于惯性力 $m\dfrac{\partial^2\boldsymbol{u}_i}{\partial t^2}$。

因此,根据动力学定律可得

$$\begin{cases} \rho\dfrac{\partial^2 u_1}{\partial t^2} = \rho F_1^{\langle a\rangle} + \dfrac{\partial\sigma_{11}}{\partial x} + \dfrac{\partial\tau_{21}}{\partial y} + \dfrac{\partial\tau_{31}}{\partial z} \\[2mm] \rho\dfrac{\partial^2 u_2}{\partial t^2} = \rho F_2^{\langle a\rangle} + \dfrac{\partial\tau_{12}}{\partial x} + \dfrac{\partial\sigma_{22}}{\partial y} + \dfrac{\partial\tau_{32}}{\partial z} \\[2mm] \rho\dfrac{\partial^2 u_3}{\partial t^2} = \rho F_3^{\langle a\rangle} + \dfrac{\partial\tau_{13}}{\partial x} + \dfrac{\partial\tau_{23}}{\partial y} + \dfrac{\partial\sigma_{33}}{\partial z} \end{cases} \qquad (2\text{-}5\text{-}4)$$

矢量的形式则为

$$\rho\frac{\partial^2\boldsymbol{u}_i}{\partial t^2} = \rho\boldsymbol{F}_i^{\langle a\rangle} + \frac{\partial\boldsymbol{\sigma}_{ik}}{\partial x_k} \qquad (2\text{-}5\text{-}5)$$

因对于均质材料,应力和应变之间满足胡克定律,即

$$\boldsymbol{\sigma}_{ik} = \lambda^*\boldsymbol{\varepsilon}_{kk}\boldsymbol{\delta}_{ik} + 2\mu^*\boldsymbol{\varepsilon}_{ik} = \lambda^*\theta + 2\mu^*\boldsymbol{\varepsilon}_{ik} \qquad (2\text{-}5\text{-}6)$$

式中,$\lambda^*$、$\mu^*$ 为 Lame 常数;$\theta$ 为弹性材料张量。

$$\theta = \frac{\partial u_1}{\partial x} + \frac{\partial u_2}{\partial y} + \frac{\partial u_3}{\partial z} = \mathrm{div}\boldsymbol{u}_i \qquad (2\text{-}5\text{-}7)$$

因此

$$\frac{\partial \boldsymbol{\sigma}_{ik}}{\partial x_k} = \lambda^* \frac{\partial \theta}{\partial x_k} + 2\mu \frac{\partial \boldsymbol{\varepsilon}_{ik}}{\partial x_k} \tag{2-5-8}$$

当外力 $\boldsymbol{F}_i = 0$ 时,式(2-5-5)可写为

$$\rho \frac{\partial^2 \boldsymbol{u}_i}{\partial t^2} = (\lambda^* + \mu^*) \frac{\partial \theta}{\partial x_k} + \mu^* \nabla^2 \boldsymbol{\mu}_i \tag{2-5-9}$$

这里 $\nabla^2$ 为拉普拉斯(laplace)算子。

$$\nabla^2 = \frac{\partial^2}{\partial x^2} + \frac{\partial^2}{\partial y^2} + \frac{\partial^2}{\partial z^2} \tag{2-5-10}$$

对式(2-5-9)的两边对 $x$ 求偏导,则得

$$\frac{\partial}{\partial x_i} \left[ (\lambda^* + \mu^*) \frac{\partial \theta}{\partial x_k} \right] + \mu^* \nabla^2 \frac{\partial \boldsymbol{u}_i}{\partial x_i} = \rho \frac{\partial^2}{\partial t^2} \left( \frac{\partial \boldsymbol{u}_i}{\partial x_i} \right) \tag{2-5-11}$$

或可以写成

$$(\lambda^* + 2\mu^*) \nabla^2 \theta = \rho \frac{\partial^2 \theta}{\partial t^2} \tag{2-5-12}$$

对式(2-5-9)两边采用转子操作,则得

$$\rho \frac{\partial^2 \mathrm{rot} \boldsymbol{u}_i}{\partial t^2} = \mu^* \nabla^2 (\mathrm{rot} \boldsymbol{u}_i) \tag{2-5-13}$$

方程(2-5-12)、(2-5-13)为采用张量形式或转子 $\mathrm{rot} \boldsymbol{u}_i$ 形式描述的波动方程。方程(2-5-12)与体积变形有关,而方程(2-5-13)则与形状变形紧密相连,通过变换,方程(2-5-12)可以写成如下形式

$$\frac{\partial^2 \Phi^*}{\partial t^2} = \frac{\lambda^* + 2\mu^*}{\rho} \nabla^2 \Phi^* \tag{2-5-14}$$

而方程(2-5-13)可以写成

$$\frac{\partial^2 \boldsymbol{\psi}_i^*}{\partial t^2} = \frac{\mu^*}{\rho} \nabla^2 \boldsymbol{\psi}_i^* \tag{2-5-15}$$

波动方程(2-5-14)、(2-5-15)描述了弹性波在岩体中以如下速度向空间传播

$$v_a = \sqrt{\frac{\lambda^* + 2\mu^*}{\rho}} \tag{2-5-16}$$

$$v_\beta = \sqrt{\frac{\mu^*}{\rho}} \tag{2-5-17}$$

这样就可得,在无限体中振动形成的波,因两种不同形式的变形而形成两种波——纵波 P 和横波 S,以不同的波速传播,如图 2-5-1 所示。

通过方程(2-5-16)、(2-5-17)可以得出 lame 常数

$$\lambda^* = \rho (v_a^2 - 2v_\beta^2) \tag{2-5-18}$$

$$\mu^* = \rho v_\beta^2 \tag{2-5-19}$$

方程(2-5-18)、(2-5-19)表示,采用测定纵横波波速的方法,可以测定岩体的弹性常数。

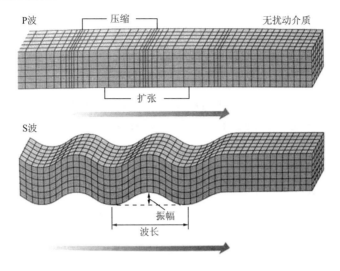

图 2-5-1　震动波传播过程示意图

# 2.6　平面和球面震动波

在三维空间里,平面波(图 2-6-1)是一种波动。其波前(相位为常数的平面)是相互平行的无限宽广的平面,其传播的方向垂直于波前。

球面波(图 2-6-1)是指波阵面为同心球面的波。设想在无限均匀介质中有一球状震源,其表面迅速地膨胀和收缩,且表面上的各点作同相位同振幅的振动,向周围介质辐射的波就是球面波。任何形状的震源,只要它的尺寸比波长小得多,都可以看成点源,辐射球面波。相关名词定义如下:

波线(waveline):沿波传播方向的射线;波面(wavesurface):波在同一时刻到达的各点组成的面,各点是同时开始振动的,具有相同的相位,波面又称同相面;波前(波阵面)(wavefront):最前沿的波面。在各向同性的介质中波线垂直于波面。

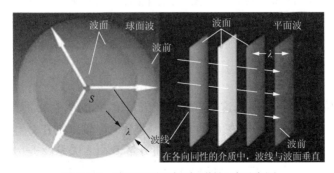

图 2-6-1　球面和平面振动(弹性)波示意图

### 2.6.1　平面震动波

波动方程(2-5-14)和方程(2-5-15)是二阶偏微分方程。它们的通解,已证明适应于均匀各向同性介质中波的传播的全部情况,但因实际情况相当复杂,我们首先考虑简单的情形。如果波距离有限的扰动源充分远,则可以认为是平面波,这种近似对一些地震学问题是很接近的,并且在这种情况中,与 P 波、S 波相联系的位移,称为远场位移。

可能最简单的情况是一维波动方程,如果采取沿着 $x_1$ 轴的方向,这是直角坐标系 $x_i$ 中三个坐标之一,此时位移分量 $u_i$ 不依赖于坐标 $x_2$ 和 $x_3$,得到

$$\theta = \frac{\partial u_1}{\partial x_1}, \nabla^2 u_1 = \frac{\partial^2 u_1}{\partial x_1^2}, \frac{\partial u_i}{\partial x_2} = \frac{\partial u_i}{\partial x_3} = 0 \qquad (2\text{-}6\text{-}1)$$

现在采取方程(2-5-9)的统一的形式

$$\frac{\partial^2 u_i}{\partial t^2} = c^2 \frac{\partial^2 u_i}{\partial x_1^2} \quad (i = 1,2,3) \qquad (2\text{-}6\text{-}2)$$

式中,$c$ 为受式(2-5-16)和式(2-5-17)限制的 $\alpha$ 或 $\beta$。方程(2-6-2)的一般解为

$$u_i = f_i(x_1 - ct) + F_i(x_1 + ct) \qquad (2\text{-}6\text{-}3)$$

或

$$u_i = f_i(t - x_1/c) + F_i(t + x_1/c) \qquad (2\text{-}6\text{-}4)$$

式中,$f_i$ 和 $F_i$ 为任意的二维微分函数,并且平面波以波速 $c$ 分别沿 $x_1$ 轴的正向和反向传播,进行叠加。如果 $x_1$ 轴与传播方向有个角度,方向余弦为 $\nu_j (j=1,2,3)$,则满足方程

$$u_i = f_i(v_j x_j - ct) + F_i(v_j x_j + ct) \qquad (2\text{-}6\text{-}5)$$

对方程(2-6-2)的解的另一近似,根据一个尝试的替代形式

$$u_i = A_i \exp\left[ \mathrm{i} \frac{2\pi}{l}(v_j x_j - ct) \right] \qquad (2\text{-}6\text{-}6)$$

式中,$v_j^2 = 1$,代表简单的调和(或正弦)前进平面波,波长为 $l$ 或波数为 $k = 2\pi/l$,周期 $T = l/c$。$v_j$ 可以认为是在线 $L$ 方向上的余弦。方程(2-6-6)代表一个沿着 $L$ 方向以波速 $c$ 传播的平面前进波系统。方程(2-6-6)替代方程(2-5-9),可导出关于 $A_i$ 的三个均匀线性方程

$$-\rho c^2 A_i + (\lambda + \mu) v_i (A_j v_j) + \mu A_i = 0 \qquad (2\text{-}6\text{-}7)$$

系数 $A_i$ 决定位移矢量的分量,这可以认为是矢量 **B**、**C** 和 **D** 互相垂直的结果,其中 **B** 是在 $L$ 的方向上。使 $x_i$ 轴在 $L$ 的方向上,$x_2$ 和 $x_3$ 轴分别在 **C** 和 **D** 的方向上,可导出条件 $v_1 = 1$ 和 $v_1 = v_3 = 0$。我们将分量 **B** 引入关系(2-6-6),有 $A_1 = B$ 和 $A_2 = A_3 = 0$;对于分量 **C**,有 $A_2 = C$ 和 $A_1 = A_3 = 0$;对于分量 **D**,有 $A_3 = D$ 和 $A_1 = A_2 = 0$,此时方程(2-6-7)采取的形式为

$$-\rho c^2 B + (\lambda + 2\mu)B = 0$$
$$-\rho c^2 C + \mu C = 0$$
$$-\rho c^2 D + \mu D = 0 \tag{2-6-8}$$

式中,波速 $c = a = [(\lambda + 2\mu)/\rho]^{1/2}$ 和平行于传播方向的位移分量有关;波速 $c = \beta = [\mu/\rho]^{1/2}$ 和相对于传播方向的两个相互垂直方向上的分量有关。

两种类型的波即 P 波和 S 波互相是独立的,S 波可以被平面偏振。当 S 波以这种方式受到偏振时,介质中所有的质点在传播中沿水平方向运动,波记为 SH;当质点在限定的传播方向的垂直方向上运动时,波记 SV。这种平面波传播系统,如沿着由三个独立部分组成的 L 方向,可表示 P(纵波)、SH(水平偏振剪切波)和 SV(垂直偏振剪切波)地震波。

为了描述和弹性运动有关的能量,可以使用两个近似。在任一瞬时,在平面 $x = x_a$ 和 $x = x_b$ 之间的介质中振动,动能和势能 $E_K$ 和 $E_P$ 可由最简单的一维波动位移表示,考虑位移分量 $u$ ,可表示为

$$E_K = \frac{c_1}{2} \int_{x_a}^{x_b} \left(\frac{\partial u}{\partial t}\right)^2 \mathrm{d}x, \quad E_P = \frac{c_2}{2} \int_{x_a}^{x_b} \left(\frac{\partial u}{\partial x}\right)^2 \mathrm{d}x \tag{2-6-9}$$

式中,$c_1$ 和 $c_2$ 为常数,符合波动方程

$$\frac{\partial^2 u}{\partial t^2} = \frac{c_1}{c_2} \frac{\partial^2 u}{\partial x^2} \tag{2-6-10}$$

波速为 $c = \sqrt{c_1/c_2}$ 。如果解 $f(x - ct)$ 符合式(2-6-3),被替换为式(2-6-9)中的 $u$ ,则可见其结果是相等的。因而,在正在传播中的任一瞬间,能量一半为动能,一半为势能。

在一些问题中,使用能量密度是很方便的,可定义它为介质中每单位体积中的能量。弹性应变-能量密度的概念,能用来描述平面波动的能量。介质的应变能是指在假设的结构下做功的功率。对平面波而言,将应力-应变关系用于各向同性介质,则在各种情况下,P 波或 S 波的应变-能量密度等于动能-能量密度,即

$$\frac{\partial u_1}{2} p_{ij} e_{ij} = \frac{1}{2}\rho \left(\frac{\partial u_i}{\partial t}\right)^2 \tag{2-6-11}$$

能量密度仅依赖于 $t$ 和 $x_i$ ,而且能量传播的速度和 P 或 S 波的波速没什么不同。它也遵循平面波能量传递的流动速率,它表示单位时间穿过沿着传播方向的单位面积的能量传递量值,对于 P 波是 $\rho v_a(\partial u_i/\partial t)^2$ ,对 S 波是 $\rho v_\beta(\partial u_i/\partial t)^2$ 。这个结果仅对各向同性均匀介质内的平面波是有效的,并且依赖于物性和在计算流动速率值点上的平面波特性。

## 2.6.2 球面震动波

在一球对称的球坐标体系中,令 $R^2 = x_1^2 + x_2^2 + x_3^2$ ,且假设 $\varphi = \varphi(R, t)$ ,波动

方程(2-5-14)采取如下形式

$$\frac{\partial^2 \varphi}{\partial t^2} = v_a^2 \left( \frac{\partial^2 \varphi}{\partial R^2} + \frac{2}{R} \frac{\partial \varphi}{\partial R} \right) \tag{2-6-12}$$

既然 $R$ 和 $t$ 是独立的,上式可以简化,使球对称的球面波波动方程写为

$$\frac{\partial^2 (\varphi R)}{\partial t^2} = v_a^2 \frac{\partial^2 (\varphi R)}{\partial R^2} \tag{2-6-13}$$

这个方程中的 $\varphi R$ 和平面波的情况是一致的,它的一般解的形式为

$$\varphi = \frac{1}{R} \left( f(R - v_a t) + F(R + v_a t) \right) \tag{2-6-14}$$

式中,$f$ 和 $F$ 为任意函数。式(2-6-14)中每一项,在给定的时间 $t$,在球面 $R$($R$ 为常数)上有一对应值。如果 $f$ 和 $F$ 是周期函数,则式(2-6-14)代表球面波向着或远离球心点($R$ 为常数)传播的无限的序列。

相似的过程用于式(2-5-15),导出下式

$$\phi_i = \frac{1}{R} \left( g_i(R - v_\beta t) + G_i(R + v_\beta t) \right) \tag{2-6-15}$$

式中,$g_i$ 和 $G_i$ 为任意函数。函数 $f$ 和 $g_i$ 表示自源点向外辐射,反之函数 $F$ 和 $G_i$ 向着源点传播,并且通常是零。式(2-6-14)(或 2-6-15)类型的球面解是函数

$$\varphi = \frac{A}{R} \exp(i(\kappa_a R - \omega t)) \tag{2-6-16}$$

式中,$A$ 为常数,$k_a = \omega/a$ 为波数,$\omega = 2\pi/T$ 为角频率。这种形式的解用于无限介质,或用于有限域的一定时间间隔内,直到要考虑边界影响。对这种解有两个近似,可视为球面波、平面和圆柱体波的叠加。

Weyl 积分以平面波为基础,求和得到点源的解。式(2-6-6)中第一项指数因子仅依赖于距离,可写成重积分的形式

$$\frac{\exp(-i\kappa_a R)}{-i\kappa_a R} = \iint \exp(i\kappa_a v_i x_i) ds \tag{2-6-17}$$

式中,$ds$ 为一表面单元。这是在半球上积分形式 $v_3 > 0$,单位球面 $v_i^2 = 1$。

Sommerfeld 积分是用于圆柱体波的模拟结果。关系式(2-6-16)中第一项指数因子可写为

$$\frac{\exp(i\kappa_a R)}{R} = \int_0^\infty J_0(\kappa r) \exp(-v|z|) \frac{\kappa}{v} d\kappa \tag{2-6-18}$$

式中,$J_0$ 为零阶贝塞尔函数;$z$ 和 $r$ 为圆柱坐标,且有 $v^2 = \kappa^2 - \kappa_a^2$,$\kappa$ 是参数。这里的被积函数是一种新的基波,圆柱波相对于垂直轴对称,因而分离因子明显依赖于 $r$ 和 $z$。

# 3 受载煤岩体冲击破坏机理

## 3.1 煤矿矿震冲击动力现象

矿震即矿山地震，是矿山开采引起的地震活动(Gibowicz et al.，1994；张少泉等，1993a)。矿震是各类诱发地震中危害性最大的一种，直接关系到矿山的安全问题。矿震也是世界深层采矿作业中最难掌握的现象，世界上许多国家都开展了对矿震的研究，以求经常性地预测较大的矿震事件。

矿震是矿区内在区域应力场和采矿活动作用影响下，使采区及周围应力处于失调不稳的异常状态，在局部地区积累了一定的能量后以冲击或重力等作用方式释放出来而产生的岩层震动。在矿震较强烈的情况下，在地面都能感觉到岩体的震动，甚至使地面的建筑物遭到破坏。在特殊的情况下，矿震就是冲击矿压，造成巷道、工作面的突然损坏和破坏，从而造成人员的伤亡。

按矿震发生地点，矿震分为发生在开采面附近的矿震和发生在地质不连续面的矿震。发生在开采面附近的矿震和采矿率有关，其能量来源于自重，多发生在煤柱处，所以有时也称为压力型矿震(窦林名等，2001)。当开采引起的附加应力与构造应力相互作用时，如果引起断裂面的重新滑移，就是发生在地质不连续面的矿震，由于与构造应力有关，有时也称构造型矿震。构造型矿震震级一般较大，南非的克莱克斯多普金矿被一条大的正断层错断，其错断处曾发生过 5.2 级矿震。

按矿山类型，矿震可分为煤矿中的矿震、钾盐矿中的矿震、金属矿中的矿震。矿山类型不同，震源机制也不同，表现出的特征也不同。煤矿中的矿震主要是煤体内弹性能高度集中，超过了煤体强度。煤矿中的矿震，往往在接近较大矿震时，微震活动急剧变化，甚至平静。钾盐矿属于一种在采矿应力作用下迅速变软的软岩，应力可以通过黏滞变形而减小，以无震级形式逐渐消耗位能，只有当弹性变形大于蠕变变形时，才有可能发生矿震。因此，钾盐矿中的矿震震级一般都很小。金属矿中矿震的成因更多的是断层活动的参与，震级一般较大，其特征更接近天然地震。

按矿震成因，可将矿震分为煤(矿)柱冲击型矿震、顶板冒落型矿震、顶板开裂型矿震、断层活动型矿震。在实际中，这几种矿震往往伴随发生，如当出现大面积悬顶并久悬不落时，可能会出现顶板冒落和顶板开裂，如果附近存在矿柱或断层，则很可能发生煤(矿)柱冲击和断层活动。

矿震主要发生在地质构造比较复杂、地应力(构造应力)较大、断裂活动比较显著的矿区。在我国,发生矿震并构成灾害的矿区有北京、新汶、抚顺、北票、大同、华亭、鹤岗、七台河、阜新、徐州等。例如,在抚顺矿区,现在每年矿震(地震台能记录到的矿震)次数达 3000~4500 次,最大震级为 ML3.3 级;北京在门头沟矿自 1947 年首次测到 ML3.8 级矿震以来,随着开采深度的不断增加,矿震频度和能量均显著增加,最大矿震达 ML4.2 级,北京市部分地区均有明显震感;新汶矿区现开采深度达 700~1000m,矿震现象已十分突出,每年发生的矿震达 100 余次,地面震感强烈,影响范围可达 10km 以上。

冲击矿压是严重威胁矿井安全生产的煤岩动力灾害现象之一,德国、南非、前苏联、美国、波兰、日本和中国等世界上主要的采矿国家都发生过冲击矿压。在我国有近 50 座大中型矿井发生过冲击矿压,而且随着矿井开采深度的不断增加,冲击矿压的危险和危害也日趋严重,冲击矿压的机理极其复杂,影响因素众多。

冲击矿压以其突然、急剧、猛烈的破坏特征,对煤矿、金属矿井、隧道等的正常生产轻则构成严重影响,重则造成巨大的经济损失和人员伤亡。随着井工矿井开采深度的增加,冲击矿压的危险也在逐步增加。原来没有发生过冲击矿压的矿井,现在也开始发生;原来发生过冲击矿压的矿井,现在冲击发生的强度越来越大,次数越来越多。

煤矿发生冲击矿压的特征是:一是突然性,主要表现为冲击矿压发生前没有明显的征兆;二是瞬时性,主要表现为发生过程极为短暂,一般持续时间为 10s 以内;三是破坏性,表现为煤层冲击、顶板冲击、底板冲击等相互组合,片帮和煤炭抛出,顶板断裂下沉、底鼓、破坏巷道支护,造成人员伤亡,而且在各种采矿和地质条件下均发生过冲击矿压。

矿山震动将引发冲击矿压和岩体卸压。在矿山震动较强烈的情况下,在地面都能感觉到岩体的震动,甚至使地面的建筑物遭到破坏。在特殊的情况下,矿山震动诱发冲击矿压,造成巷道、工作面的突然损坏和破坏,从而造成人员的伤亡。

岩体卸压可以理解为冲击矿压的下限是岩体振动、地音及井巷周围岩体破断的结果。岩体卸压只是造成巷道压缩,支架变形,岩体的破碎等。一次卸压不会破坏巷道的作用和功能,但多次卸压后,巷道就需要部分修复。图 3-1-1 为岩体内产生的动力现象及其之间的因果关系。

研究表明,开采区域内的矿震都是开采活动引起的,每个能量等级每年出现的震动次数是不同的。能量级越高,震动出现的频率就越低;能量级越低,震动出现

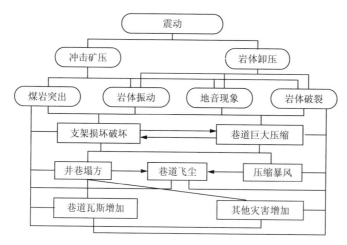

图 3-1-1 岩体内产生的动力现象及其之间的因果关系

的频率就越大。图 3-1-2 给出了波兰某矿震动出现的频率 $n$ 与能量级 $E$ 之间的关系(Dubinski et al.，2000)。

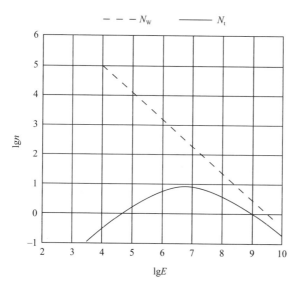

图 3-1-2 震动和冲击矿压频次与能量关系

震动频率与能量等级之间可用下式表示：

$$\lg n = a\lg E + b \qquad (3-1-1)$$

式中，$a,b$ 为方程系数。

因此，冲击矿压是矿山震动的一种形式，矿山震动和冲击矿压的基本关系为(Kornowski et al.，2012；齐庆新等，2003；窦林名等，1999)：

（1）冲击矿压是矿山震动的事件集合之一；

（2）冲击矿压是岩体震动集合中的子集；

（3）每一次冲击矿压的发生都与岩体震动有关，但并非每一次岩体震动都会引发冲击矿压。

研究表明，冲击矿压的发生和煤岩体内的震动事件有很密切的关系。发生冲击矿压的可能性和震动的能量有很大的关系，震动的能量越大，发生冲击矿压的可能性就越大。从冲击矿压与岩体震动的关系来看，发生冲击矿压的最低能量为 $1 \times 10^4$ J；在能量级别为 $1 \times 10^6$ J 时，发生的冲击矿压最多；当震动能量为 $4 \times 10^{10}$ J 时，其发生冲击矿压的概率几乎为 1。

# 3.2　冲击矿压的动静载叠加诱冲原理

### 3.2.1　动静载叠加诱冲原理

冲击矿压是聚积在巷道和采场周围煤岩体中的能量突然释放，将煤岩抛向巷道，同时发出强烈声响，造成煤岩体震动和破坏，支架与设备损坏，人员伤亡，部分巷道垮落破坏等的动力现象。冲击矿压还会引发或可能引发其他矿井灾害，尤其是瓦斯、煤尘爆炸，火灾以及水灾，干扰通风系统，严重时造成地面震动和建筑物破坏等。因此，冲击矿压是煤矿重大灾害之一。

根据能量准则，冲击矿压是煤体-围岩系统在其力学平衡状态破坏时所释放的能量大于所消耗的能量时产生的动力现象，可用下式表示：

$$\frac{dU}{dt} = \frac{dU_R}{dt} + \frac{dU_c}{dt} + \frac{dU_S}{dt} > \frac{dU_b}{dt} \tag{3-2-1}$$

式中，$U_R$ 为围岩中储存的能量；$U_c$ 为煤体中储存的能量；$U_S$ 为矿震能量；$U_b$ 为冲击矿压发生时消耗的能量。煤岩体中储存的能量和矿震能量之和可用下式表示

$$U = \frac{(\sigma_j + \sigma_d)^2}{2E} \tag{3-2-2}$$

式中，$\sigma_j$ 为煤岩体中的静载荷，$\sigma_d$ 为矿震形成的动载荷。

而冲击矿压发生时消耗的最小能量可用下式表示：

$$U_{bmin} = \frac{\sigma_{bmin}^2}{2E} \tag{3-2-3}$$

式中，$\sigma_{bmin}$ 为发生冲击矿压时的最小应力。因此，冲击矿压的发生需要满足如下条件，即

$$\sigma_j + \sigma_d \geqslant \sigma_{bmin} \tag{3-2-4}$$

也就是说，当采掘空间周围煤岩体中的静载荷与矿震形成的动载荷叠加，超过煤岩体冲击的最小载荷时，就会发生冲击矿压灾害，这就是冲击矿压发生的"动静叠加

诱冲原理",如图 3-2-1 所示。

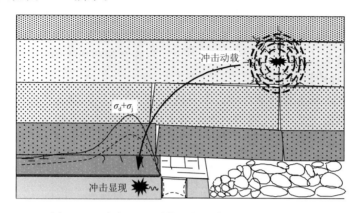

图 3-2-1 冲击矿压"动静叠加诱冲原理"模型示意图

### 3.2.2 静载分析

一般情况下,采掘空间周围煤岩体中的静载荷由地压和支承压力组成,即

$$\sigma_j = \sigma_{j1} + \sigma_{j2} = (k + \lambda)\gamma H \tag{3-2-5}$$

式中,$\gamma$ 为上覆岩层的容重;$H$ 为上覆岩层的厚度;$\lambda$ 为水平应力系数;$k$ 为支承应力集中系数。

而地压则由自重应力和构造应力组成,即

$$\sigma_{j1} = \gamma H + \lambda \gamma H = (1 + \lambda)\gamma H \tag{3-2-6}$$

支承压力则可表示为

$$\sigma_{j2} = (k - 1)\gamma H \tag{3-2-7}$$

### 3.2.3 动载分析

矿井开采中动载产生的来源主要有开采活动、煤岩体对开采活动的应力响应等,具体表现为采煤机割煤、移架、机械振动、爆破、顶底板破断、煤体失稳、瓦斯突出、煤炮、断层滑移等。这些动载源可统一称为矿震。

假设矿井煤岩体为三维弹性各向同性连续介质,则应力波在煤岩体中产生的动载荷可表示为(窦林名等,2002a)

$$\begin{cases} \sigma_{dP} = \rho v_P (v_{pp})_P \\ \sigma_{dS} = \rho v_S (v_{pp})_S \end{cases} \tag{3-2-8}$$

式中,$\sigma_{dP}$、$\sigma_{dS}$ 分别为 P 波、S 波产生的动载;$\rho$ 为煤岩介质密度;$v_P$、$v_S$ 分别为 P 波、S 波传播的速度;$(v_{pp})_P$、$(v_{pp})_S$ 分别为质点由 P 波、S 波传播引起的峰值震动速度。

### 3.2.4　动静叠加破坏煤体机理

矿震动载传播至煤体后,除了单独作用造成煤体破坏以外,更为普遍的是与静载作用叠加诱发冲击矿压。矿震的动力扰动与静载荷叠加作用对煤岩体冲击主要有两种方式(杜涛涛,2010):

(1) 巷道或采场围岩原岩应力本身就很高,巷道开挖或工作面回采导致巷道或采场周边高应力集中,此时应力水平虽未超过煤岩体冲击的应力水平但已接近其临界值,远场矿震产生的微小动应力增量便可使动静载组合应力场超过煤岩体发生冲击的临界应力水平,从而导致煤岩体冲击破坏。此时,矿震产生的动应力扰动在煤岩体破坏中主要起到一个诱发作用。

(2) 巷道或采场围岩原岩应力并不很高,但远处矿震震源释放的能量很大。震源传至煤体的瞬间动应力增量很大,巷道或采场周边静态应力与动态应力叠加超过煤体冲击的临界应力,导致煤岩体突然动态冲击破坏。此时,矿震的瞬间动态扰动在冲击破坏过程中起主导作用。

从能量角度考虑,传播至工作面的震动波能量以动态能 $E_{\mathrm{j}}^{(d)}$ 的方式作用于"顶板-煤体-底板"系统,并与静态能量 $E_{\mathrm{j}}^{(s)}$ 进行标量形式的叠加。动态能 $E_{\mathrm{j}}^{(d)}$ 的大小由矿震震源能量大小和能量辐射方式、震源至工作面传播距离、岩体介质吸收等因素综合决定。$E_{\mathrm{j}}^{(d)}$ 和 $E_{\mathrm{j}}^{(s)}$ 能量叠加后(即 $E = E_{\mathrm{j}}^{(s)} + E_{\mathrm{j}}^{(s)}$ ),赋予煤岩系统聚集更多弹性能,更容易满足煤体冲击失稳的能量条件。

上覆岩层破断释放的震动能量越多,产生的瞬间动载荷强度越大。同时,与能量的标量叠加不同,岩层破断产生的动载荷 $p_{\mathrm{d}}$ 与煤岩系统原有静载荷 $p_{\mathrm{j}}$ 以矢量形式进行叠加(即 $\boldsymbol{p} = \boldsymbol{p}_{\mathrm{j}} + \boldsymbol{p}_{\mathrm{d}}$ )。应力叠加的结果使煤体应力发生振荡性变化,其加载作用使煤岩系统的应力进一步增大,卸载作用会使煤岩体的弹性能释放和内部产生惯性运动。若煤岩系统的原有静载荷较大,则较低的动载荷就可导致叠加后的应力峰值超过煤体冲击破的临界应力水平而易发生破坏;反之,若煤岩系统的原有静载荷较小,则需较高动载荷才能诱发煤体冲击破坏。同时,叠加后的应力峰值越高,越易满足冲击失稳条件。如图 3-2-1 所示的工作面开采地质模型,在矿震动载扰动条件下,煤层动态冲击失稳条件可见式(3-2-9)和图 3-2-2(曹安业等,2010)。

$$\left. \begin{aligned} E_{\mathrm{j}}^{(s)} + E_{\mathrm{j}}^{(d)} &> \int_{z_1}^{z_3} \big[ f(z) - (p_{\mathrm{j}} + p_{\mathrm{d}}^{\mathrm{j}}) \big] \mathrm{d}z \\ k' + f'(z) &< 0 \end{aligned} \right\} \tag{3-2-9}$$

式中,$E_{\mathrm{j}}^{(s)}$ 为工作面煤岩系统聚集的静态能量,主要由采深 $H$、上覆岩层和煤层性质、开采条件等决定;$p_{\mathrm{j}}$ 为上覆岩层施加给煤岩系统的静载荷大小;$p_{\mathrm{d}}$ 为动载荷的垂直分量;$k'$ 为顶板卸载过程中的刚度大小,且 $k' > 0$;$f'(z) = \mathrm{d}f(z)/\mathrm{d}z$ 为煤层的刚度大小,当 $f'(z) < 0$ 时,煤体处于峰后残余强度阶段。

式(3-2-9)中第一个公式表示煤岩体破坏的能量理论,第二式则是煤岩体动态失稳破坏的刚度条件。

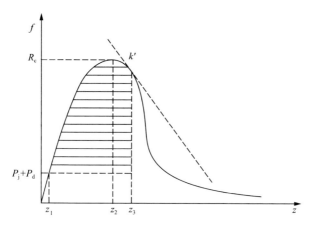

图 3-2-2　动静载组合下煤体冲击破坏载荷-位移曲线

## 3.3　受载煤岩体动力破坏机理模型

冲击矿压和煤与瓦斯突出是压力超过煤岩体的强度极限,聚积在巷道周围煤岩体中的能量突然释放,在井巷发生爆炸性事故,动力将煤岩抛向巷道,同时发出强烈声响,造成煤岩体振动和煤岩体破坏、支架与设备损坏、人员伤亡、部分巷道垮落破坏等。冲击矿压还会引发或可能引发其他矿井灾害,尤其是瓦斯、煤尘爆炸、火灾以及水灾,干扰通风系统等。

冲击矿压的发生需要满足能量条件、刚度条件和冲击倾向性条件。这些条件可用煤层和顶底板的刚度来说明。当煤层和顶底板的刚度均大于零时,煤岩体处于稳定状态;当煤层的刚度小于零,但煤层和顶底板的刚度之和大于或等于零时,煤岩体处于亚稳定或静态破坏状态;当煤层和顶底板的刚度之和小于零时,煤岩体将产生剧烈破坏,发生冲击矿压。

煤矿中,煤层、底板则顶板构成一个平衡系统,如图 3-3-1 所示。其中,顶板和底板的强度均比煤层的大,而且煤体是我们开采的对象,故在压力作用下,煤体容易遭受破坏,如果是稳定破坏,则表现为煤柱的变形、巷道的压缩等;如果是非稳定、突然破坏,则表现为冲击矿压或突出(即煤层冲击)。

为了研究冲击矿压发生的机理,假设底板不变形,煤柱与顶板一起作用。顶板的质量为 $M_1$,刚度为 $K$,煤的质量为 $M_2$,煤柱中的力是位移和时间的函数,即 $P_2 = f(u_2, t)$。则上覆岩层作用在顶部上的力和煤柱中所受的力分别为

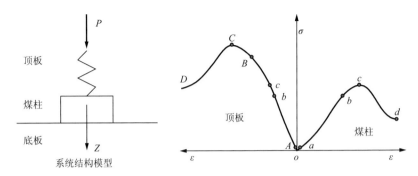

图 3-3-1　冲击矿压模型

$$\begin{cases} P_1 = M_1 \dfrac{\mathrm{d}^2 u_1}{\mathrm{d}t^2} + k(u_1 - u_2) \\ P_2 = f(u_2, t) \end{cases} \tag{3-3-1}$$

式中，$k$ 为顶板岩层的刚度；$u_1$ 为顶板的位移；$u_2$ 为煤柱的位移。

当系统平衡时，即 $P_1 = P_2$，则

$$M_1 \frac{\mathrm{d}^2 u_1}{\mathrm{d}t^2} + u(u_1 - u_2) = f(u_2, t) \tag{3-3-2}$$

从能量的观点看，若要系统平衡，则必须使顶板中聚积的能量小于煤柱中聚积的能量，即

$$A_1 \leqslant A_2 \tag{3-3-3}$$

也可以说，顶板岩层中的能量 $A_1$ 小于煤柱中聚积的能量 $A_2$，则系统平衡。

（1）顶板运动的加速度为零，即 $\dfrac{\mathrm{d}^2 u_1}{\mathrm{d}t^2} = 0$。

假设顶板的位移为零，煤柱中的位移增加了 $\Delta u_2$，则 $P_1$ 和 $P_2$ 均发生了变化，其增量为

$$\Delta P_1 = -k \Delta u_2 \tag{3-3-4}$$

$$\Delta P_2 = f'(u_2, t) \Delta u_2 = \frac{\mathrm{d}f(u_2, t)}{\mathrm{d}u_2} \Delta u_2 \tag{3-3-5}$$

则其能量的变化为

$$A_1 = \left( P_1 + \frac{1}{2} \Delta P_1 \right) \Delta u_2$$
$$A_2 = \left( P_2 + \frac{1}{2} \Delta P_2 \right) \Delta u_2 \tag{3-3-6}$$

根据式（3-3-4）～式（3-3-6）可得顶板-煤层-底板系统平衡方程式为

$$k + f'(u_2, t) \geqslant 0 \tag{3-3-7}$$

可以看出式（3-3-7）存在着三种可能性。

（a）煤柱处于弹性阶段（图 3-3-2），即

$$k + f'(u_2, t) > 0 \qquad (3\text{-}3\text{-}8)$$

且

$$\frac{\mathrm{d}f(u_2, t)}{\mathrm{d}u_2} = f'(u_2, t) > 0, \quad k > 0 \qquad (3\text{-}3\text{-}9)$$

说明系统是稳定的。

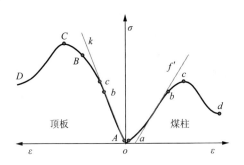

图 3-3-2　系统处于稳定状态

（b）煤柱处于残余强度阶段，但煤柱是逐步破坏的，强度是逐渐下降的，如图 3-3-3 所示。此时，虽然

$$k + f'(u_2, t) > 0$$

但

$$\frac{\mathrm{d}f(u_2, t)}{\mathrm{d}u_2} < 0, \quad k > 0 \qquad (3\text{-}3\text{-}10)$$

这说明煤柱的破坏过程是静态破坏，也可以说，系统结构是亚稳态的。

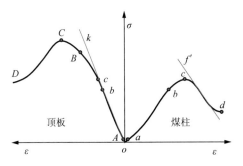

图 3-3-3　系统处于亚稳定状态

（c）煤柱处于残余强度阶段，煤柱是脆性破坏，强度发生突变，如图 3-3-4 所示，此时

$$k + f'(u_2, t) < 0$$

其中

$$\frac{\mathrm{d}f(u_2,t)}{\mathrm{d}u_2} < 0, \quad k > 0 \tag{3-3-11}$$

这时,煤柱的破坏过程为动态破坏,并伴随有能量的突然释放,即冲击矿压。释放能量的大小为

$$A = A_2 - A_1 = \frac{1}{2}\Delta u_2^2(f'(u_2,t) + k) \tag{3-3-12}$$

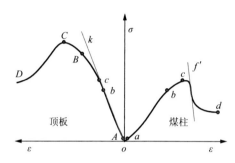

图 3-3-4 系统突然动态破坏(顶板运动的加速度为零)

(2) 顶板突然加速运动,即 $\dfrac{\mathrm{d}^2 u_1}{\mathrm{d}t^2} \neq 0$。

设顶板的位移为零,煤柱中的位移增加了 $\Delta u_2$,且顶板有一加速运动,其加速度为 $\dfrac{\mathrm{d}^2 u_1}{\mathrm{d}t^2}$,则 $P_1$ 和 $P_2$ 也均发生了变化,顶板和煤层中的能量平衡也被打破,如图 3-3-5 所示。

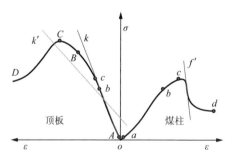

图 3-3-5 系统突然动态破坏(顶板运动的加速度不为零)

顶板和煤层中力的增量为

$$\begin{aligned} \Delta P_1 &= -k\Delta u_2 - M_1\frac{\mathrm{d}^2 u_1}{\mathrm{d}t^2} \\ \Delta P_2 &= f'(u_2,t)\Delta u_2 \end{aligned} \tag{3-3-13}$$

则其中的能量为

$$A_1 = (P_1 + \frac{1}{2}\Delta P_1) \cdot \Delta u_2$$

$$A_2 = (P_2 + \frac{1}{2}\Delta P_2) \cdot \Delta u_2 \qquad (3-3-14)$$

此时,顶板-煤柱-底板系统的平衡方程为

$$f'(u_2, t) + k - M_1 \frac{\mathrm{d}^2 u_1}{\mathrm{d}t^2} (\Delta u_2)^{-2} \geqslant 0 \qquad (3-3-15)$$

由于顶板有一加速运动,则顶板的刚度 $k$ 减小了 $M_1 \frac{\mathrm{d}^2 u_1}{\mathrm{d}t^2} \frac{1}{(\Delta u_2)^2}$。此时,顶板刚度为

$$k' = k - M_1 \frac{\mathrm{d}^2 u_1}{\mathrm{d}t^2} \frac{1}{(\Delta u_2)^2} \qquad (3-3-16)$$

在这种情况下,与没有顶板的加速度 $\frac{\mathrm{d}^2 u_1}{\mathrm{d}t^2}$ 相比,煤层更容易处于不稳定状态,即

$$f'(u_2, t) + k' < 0 \qquad (3-3-17)$$

这时,更容易发生冲突地压,且强度更猛烈。此时,系统破坏时释放的能量比式(3-3-12)要多 $\frac{1}{2} M_1 \frac{\mathrm{d}^2 u_1}{\mathrm{d}t^2}$。

## 3.4 煤岩冲击破坏危险的判别准则

### 3.4.1 煤岩体弹塑脆性体模型

煤岩冲击、变形破坏的主要形式是冲击矿压,而冲击矿压现象是矿山开采以来一直伴随的自然现象,其发生机理和预测预报方法的研究,一直是采矿业探讨和研究的重点。

冲击矿压发生的形式有两种,一种是瞬时发生,另一种是延时发生,这可以由煤岩体变形破坏的弹塑脆性模型来说明。该模型还可以说明煤岩体变形破坏过程中的声发射、电磁辐射现象及特征和 Kaiser 效应等。

大多数煤岩体的破坏是在载荷作用下,经过一定时间后发生的。实验研究及现场测试均表明,对于许多固体材料,在稳定载荷作用下会出现流变现象。其蠕变曲线 $\varepsilon(t)$ 可分为三个阶段:第一阶段蠕变,应变速率逐渐减小;第二阶段蠕变,为定常蠕变;第三阶段蠕变,为加速蠕变直至破坏。这就是材料从流变到突变的破坏现象。煤岩体同样具有这种破坏现象。

上述这种现象只有在煤岩体上所受的应力大于煤岩体屈服强度的临界值时才出现,即 $\sigma > \sigma_l$(临界值),而当应力小于临界值时,即 $\sigma < \sigma_l$ 时,蠕变曲线 $\varepsilon(t)$ 趋于一个常数,而其变形速度 $\varepsilon(t) \to 0$。

应变形曲线 $\varepsilon(t)$ 和应力应变关系 $\sigma(\varepsilon)$ 如图 3-4-1～图 3-4-3 所示(Kornowski, 1994)。

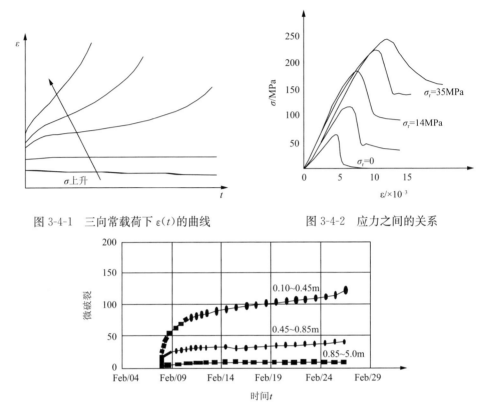

图 3-4-1　三向常载荷下 $\varepsilon(t)$ 的曲线　　　　图 3-4-2　应力之间的关系

图 3-4-3　采深 352m，放炮 20 天后所得的结果

关于冲击矿压，除了研究其预报方法和如何限制其发生的治理方法外，一直在寻找和研究围岩受力变形、破坏及其状态的测量方法，以便在冲击矿压发生前进行预报和预警。理论上讲，就是采用这些测量方法，观测并比较危险状态与实际状态之差，得出目前的观测值与要发生冲击之间的值之间有多远，这种方法称为冲击矿压危险状态的评价方法，也可以说是冲击矿压的预测预报。

弹塑脆性体的流变冲击模型（即冲击矿压模型）可采用 Poynting-Thomson 模型加两个脆性单元组成，如图 3-4-4 所示（窦林名等，2004；Kornowski，1994）。其中一个分支为弹性单元＋脆性单元组成，另一个分支为 Maxwell 单元＋脆性单元组成。

其中，脆性单元的强度临界值为 $\sigma_l$，材料的破坏程度用损伤因子 $D$ 来描述，即当 $D=0$ 时，材料没有破坏，$D=1$ 时，材料完全破坏，而 $\sigma_f = \dfrac{\sigma}{1-D}$ 时称为有效应力。则其应变为

$$\varepsilon = \frac{\sigma}{E(1-D)} \tag{3-4-1}$$

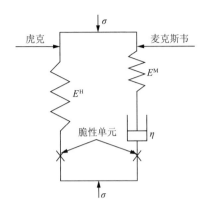

图 3-4-4 弹塑脆性模型

故 $D$ 是材料横截面上微裂隙的密度及应力集中效应的反映。

上述模型有一对脆性单元,当其脆性单元的应力 $\sigma_k$ 小于 $\sigma_l$ 时,脆性单元为刚体,而当 $\sigma_k > \sigma_l$ 时,脆性单元及分支破坏。在 $P\text{-}T$ 模型中,当应力为常数时,即 $\sigma = \sigma = \sigma_0 = C$ 时,虎克分支中 $\sigma^H$ 逐渐增长,而 Maxwell 分支中,$\sigma^M$ 逐渐减小。

如果在 $t$ 时刻,两分支 $\sigma^H$ 和 $\sigma^M$ 中有一个压力跳跃,即有应力增量 $\Delta\sigma$,若其应力总和超过 $\sigma_l$,则整个模型立刻破坏。

如果 $\sigma = \sigma_0 =$ 常数,两分支中的应力均小于 $\sigma$,虎克体不破坏,则该模型的特性表现为 $P\text{-}T$ 模型的特性。

最有讨论价值的情况是

$$\sigma_l < \sigma < \sigma_l \cdot G^H \tag{3-4-2}$$

式中

$$G^H = 1 + \frac{E^M}{E^H} \tag{3-4-3}$$

在这种情况下,弹塑脆性体在经过时间 $\Delta t_2$ 后破坏(称为流变-突变破坏)。$\sigma^H$ 值需从 $t$ 时刻的 $\sigma_t^H$ 增加到 $\sigma_t^H(t) = \sigma_l$(因 $\sigma^M$ 是衰减的,则仅有 $\sigma_t^H(t)$,使得 $\sigma_t^H(t) = \sigma_l$ 而破坏)。

因为在 $P\text{-}T$ 模型(图 3-4-5)中,当 $\sigma = \sigma_0 =$ 常数,及 $\varepsilon(t_0) = \varepsilon_0$ 时,

$$\varepsilon(t) = \frac{\sigma_0}{E^H} + \left(\varepsilon_0 - \frac{\sigma_0}{E^H}\right)e^{-\frac{t}{\tau_\sigma}} \tag{3-4-4}$$

$$\tau_\sigma = \frac{\eta}{E^M}\frac{(E^H + E^M)}{E^H} \tag{3-4-5}$$

由上式,可得

$$E^H\left[\frac{\sigma_0}{E^H} + \left(\varepsilon_0 - \frac{\sigma_0}{E^H}\right)e^{-\frac{\Delta t_2}{\tau_\sigma}}\right] = \sigma_l \tag{3-4-6}$$

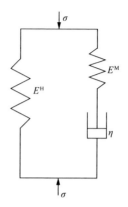

图 3-4-5　弹塑性 $P$-$T$ 模型

$$e^{-\frac{\Delta t_2}{\tau_\sigma}} = \frac{1}{E^H \varepsilon_0 - \sigma_0} \cdot (\sigma_l - \sigma_0) = \frac{\sigma_l - \sigma_0}{E^H \varepsilon_0 - \sigma_0} \tag{3-4-7}$$

当 $\sigma_0 > \sigma_l$ 及 $\sigma_0 > E^H \varepsilon_0$ 时

$$\Delta t_2 = \tau_\sigma \cdot \ln \frac{E^H \varepsilon_0 - \sigma_0}{\sigma_l - \sigma_0} \tag{3-4-8}$$

这是当载荷 $\sigma = \sigma_0 =$ 常数且满足式(3-4-2)时弹塑脆性模型的破坏时间，如图 3-4-6 所示。

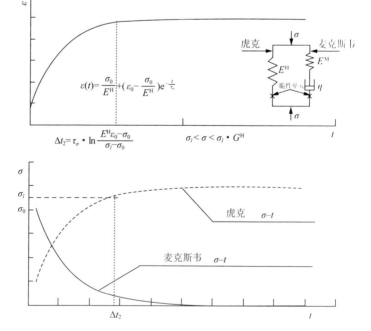

图 3-4-6　弹塑脆性模型的蠕变曲线及破坏时间

由此可知,在 $\sigma$ 等于常数的情况下,弹塑脆性模型将出现两种强度特性,即瞬时强度(载荷发生跳跃)和长时强度(常载荷作用)。

如果 $\sigma(\varepsilon)$ 是连续的,则其变形能为

$$W(\varepsilon) = \int\limits^{\varepsilon}\sigma(\varepsilon)\mathrm{d}\varepsilon \tag{3-4-9}$$

### 3.4.2 弹脆性场分析

弹脆性元素有如下特性:

(1) 脆性元素只需一个参量,即临界强度 $\sigma_l$,当 $\sigma_i < \sigma_l$ 时,为线弹性;当 $\sigma_i \geqslant \sigma_l$ 时,则发生不可逆转的破裂。

(2) 弹脆性场可用连续分布函数 $g(\sigma_l)$ 来描述,其物理意义为极限(如应力极限等)。

布函数的初始值为

$$g(\sigma_l) \geqslant 0, 0 \leqslant \sigma_{\min} \leqslant \sigma_l \leqslant \sigma_{\max} \leqslant \infty \tag{3-4-10}$$

$$\int_{\sigma_{\min}}^{\sigma_{\max}} g(\sigma_l)\mathrm{d}\sigma = 1 \tag{3-4-11}$$

连续的 $g(\sigma_l)$ 确定了概率密度,而公式

$$P_t\{a \leqslant \sigma_l \leqslant b\} = \int_a^b g(\sigma_l)\mathrm{d}\sigma_l \tag{3-4-12}$$

则表示满足 $a \leqslant \sigma_l \leqslant b$ 时的概率。

式(3-4-11)可以是连续的、离散的或是混合的,当 $\sigma_{\min} = \sigma_{\max}$ 时,所有的弹脆性单元均具有同样的强度,系统是均质的。在虎克分支和 Maxwell 分支的弹性元素处,模型变为弹性,因在截面积 $\mathrm{d}s$ 上,弹模 $E_0^{\mathrm{H}}$ 均相同,则可用 $E_0^{\mathrm{H}}$ 与 $s$ 表示。不考虑 $\sigma_l$ 在横向的影响,则虎克体内的应力可表示为积分形式

$$\sigma(t) = \varepsilon(t)\int \mathrm{d}E_0^{\mathrm{H}} \tag{3-4-13}$$

对于初始的弹性场,采用 $E_0^{\mathrm{H}}$,则

$$\sigma(t_0) = \varepsilon(t_0)E_0^{\mathrm{H}} \tag{3-4-14}$$

在力的作用下发生破坏过程,假设在每一时刻 $t$,满足

$$S_0 = S_z(t) + S_c(t) \tag{3-4-15}$$

式中,$S_z(t)$ 为已破坏的面积;$S_c(t)$ 为作用面积。作用面积 $S_c(t)$ 的减小,意味着弹模 $E^{\mathrm{H}}$ 的降低。

$$E^{\mathrm{H}}(t) = E_0^{\mathrm{H}}(1 - D(t)) \tag{3-4-16}$$

式中,$D(t) \leqslant 1$ 为损伤因子。$E^{\mathrm{H}}(t)$ 随时间的变化,就是一蠕变函数(Dershi)。

这样，就可以定义在某一时刻弹脆性场的破坏程度

$$0 \leqslant D(t_1) = \frac{S_z(t_1)}{S_0} = \int_{\sigma_{min}}^{\sigma_{max}} g(\sigma_l) \mathrm{d}\sigma_l \leqslant 1 \qquad (3\text{-}4\text{-}17)$$

$P(\sigma_l)$ 为密度 $g(\sigma_l)$ 的概率分布函数，因为破坏的不可逆性，$D$ 值是非减的，则弹脆性场表现为 Kaiser 效应。

尽管在弹性场中没有考虑任何阻尼元素，但可以说，岩石的损伤因子 $D(t)$ 的增长过程可以与声发射和电磁辐射的能量释放紧密相关。损伤速度 $D'$ 在某些情况下不是一个光滑的函数。当损伤因子 $D(t)$ 上升到 $\Delta D$ 时，声发射和电磁辐射的事件及脉冲数与其变化一样。$N$ 表示这些事件的总和，即在 $t_2 > t_1$ 时刻

$$D(t_2) - D(t_1) = \sum \Delta D = C \cdot N \qquad (3\text{-}4\text{-}18)$$

当 $\Delta t \rightarrow 0$ 时

$$D'(t) \propto n(t) \qquad (3\text{-}4\text{-}19)$$

式中，$n(t)$ 为 $t$ 时刻的声发射事件数或电磁辐射脉冲数。

式(3-4-19)意味着，如果破坏过程与声发射事件(电磁辐射脉冲数)一模一样，则损伤因子 $D'$ 与岩体活动性(声发射事件数或电磁辐射脉冲数)成正比。

如果声发射事件(电磁辐射脉冲数)与增量 $\Delta D_i$ 不是一样的，而 $D(t_2) - D(t_1)$ 之差却仍然等于增量 $\Delta D_i$ 之和，但这个增量 $\Delta D_i$ 之和与 $N$(事件数或脉冲数)不成正比，这时可用能量来表示。能量的变化 $\Delta W$ 可由下式来确定：

$$\Delta W = \sigma \cdot \Delta \varepsilon = \sigma(\varepsilon_2 - \varepsilon_1) \qquad (3\text{-}4\text{-}20)$$

而且设破坏程度的损坏因子与变形呈线性关系

$$\varepsilon = C_1 D - C_0 \qquad (3\text{-}4\text{-}21)$$

则

$$\Delta W = \sigma \left[ (C_1 D_2 - C_0) - (C_1 D_1 - C_0) \right] \qquad (3\text{-}4\text{-}22)$$

由此，得 $\Delta W$ 与 $\Delta D$ 成正比，也即

$$D' \propto W' \propto w(t) \propto \varepsilon' \qquad (3\text{-}4\text{-}23)$$

这是一个非常重要的结果，即如果 $\sigma$ 为常数，而且 $D \propto \varepsilon$，在弹脆性场中出现破坏，破坏速率表现在瞬间能量 $w(t)$ 的释放中。

### 3.4.3 虎克分支的非线性弹脆性场

为了容易说明，假设弹塑脆模型的虎克分支是单轴压缩的弹脆性场，作用截面积为 $S^H$，在该模型中，破坏的损伤程度 $D(t)$ 的发展处于平行于压缩轴的平面上，而在弹脆性场中，作用面积为

$$S(t) = S_c(t) = S_0(1 - D(t)) \qquad (3\text{-}4\text{-}24)$$

式中，$S_0$ 为弹脆性场中的初始面积。

如果在面积 $S^H$ 上作用有力 $F = \sigma_0^H(t) \cdot S^H$，则在弹脆性场中的压力为

$$S^H \cdot \sigma_0^H(t) = S_0 \sigma^P(t)(1 - D(t)) \cdot \frac{\nu}{1-\nu} \tag{3-4-25}$$

式中，$\nu$ 为泊松比；而

$$\sigma^P(t) = \sigma_0^H(t) \left[1 - D(t)\right]^{-1} \tag{3-4-26}$$

称为有效应力（kachanov）。

假设

$$\sigma^H(t) = \sigma_0^H(t) \cdot \frac{S^H}{S_0} \cdot \frac{\nu}{1-\nu} \tag{3-4-27}$$

消除了初始面积及泊松比的影响，并且

$$\sigma^P(t) = E_0^H \varepsilon(t) \tag{3-4-28}$$

则可得

$$E^H(t) = E_0^H(1 - D(t)) \tag{3-4-29}$$

$E^H(t)$ 是递减的，如果其上作用有应力 $\sigma^P(t) < \sigma_{max}(t)$，则模型的特性为弹性体。

当 $\sigma^H = \sigma_0^H = C$ 时，

$$\sigma_t^P = \frac{\sigma_t^H}{1 - D_t} \tag{3-4-30}$$

当 $\sigma_{t+\Delta t}^P < \sigma_{max}(t)$ 时，$D_{t+\Delta t} = D_t$，而当 $\sigma_{t+\Delta t}^P \geqslant \sigma_{max}(t)$ 时，

$$D_{t+\Delta t} = D_t + \Delta D_t = \int_{\sigma_{min}}^{\sigma_{t+\Delta t}^P} g(\sigma_l) \mathrm{d}\sigma_l \tag{3-4-31}$$

$$\Delta D_t = \int_{\sigma_t^P}^{\sigma_{t+\Delta t}^P} g(\sigma_l) \mathrm{d}\sigma_l \tag{3-4-32}$$

对于强度均匀分布，假设

$$g_1(\sigma_l) = \frac{1}{r}, \quad \sigma_{min} \leqslant \sigma_l \leqslant \sigma_{max} \tag{3-4-33}$$

$$r = \sigma_{max} - \sigma_{min} \tag{3-4-34}$$

式中，在集合 $(\sigma_{max}, \sigma_{min})$ 以外，$g(\sigma_l) = 0$，该分布为均匀分布。例如，弹脆性场中的虎克分支，在 $t$ 时刻，使 $\sigma^H = C$，从式（3-4-17）可得

$$D_{t+\Delta t} = \frac{\sigma_{t+\Delta t}^P - \sigma_{min}}{r} \tag{3-4-35a}$$

整理并通过式（3-4-30），当 $t = 0$ 时

$$\sigma_{0+\Delta t}^H = \frac{1}{r} E_0^H \varepsilon_{0+\Delta t} (\sigma_{max} - E_0 \varepsilon_{0+\Delta t}) \tag{3-4-36a}$$

或通过式（3-4-35(a)）及式（3-4-17）

$$D_{0+\Delta t} = \frac{1}{2r} \left( (r - \sigma_{min}) - \sqrt{(\sigma_{max})^2 - 4\sigma_{0+\Delta t}^H r} \right) \tag{3-4-35b}$$

这为两个解之一,第二个为破坏后的 $D(\sigma^H)$ 曲线。

在这里出现一个有趣现象,在没有破坏的虎克分支,当 $\sigma_{\min}=0$ 时,如果 $\sigma^H \geqslant 0$,则其破坏过程与时间无关。

(1) 当 $\sigma_0^P = \sigma^H$ 时,发生破坏

$$D_0 = \frac{\sigma_0^P}{\sigma_{\max}}$$

$\sigma^P$ 增加到 $\sigma_1^P = \dfrac{\sigma^H}{(1-D_0)}$。

(2) $\sigma_1^P$ 造成破坏时

$$D_1 = \frac{\sigma_1^P}{\sigma_{\max}} = \frac{D_0}{1-D_0}$$

$\sigma^P$ 增加到 $\sigma_2^P = \dfrac{\sigma^H}{(1-D_1)}$。

(3) $\sigma_i^P$ 造成破坏

$$D_i = \frac{\sigma_i^P}{\sigma_{\max}} = \frac{D_0}{1-D_{i-1}}$$

$\sigma^P$ 增加到 $\sigma_{i+1}^P = \dfrac{\sigma^H}{(1-D_i)}$。

数列 $D_i=f(D_i-1)$ 称为周期连续性的。在 $t_0$ 时刻的破坏可能是缓慢的,也可能是雪崩式的。对于被动连续性的,$\lim D_i=D_0+\Delta t$,则得

$$D_{0+\Delta} = \frac{D_0}{1-D_{0+\Delta}}$$

式中,$D_0 = \dfrac{\sigma^H}{\sigma_{\max}}$。

$$D_{0+\Delta} = \frac{1}{2}\left(1-\sqrt{1-4\frac{\sigma^H}{\sigma^{\max}}}\right) \tag{3-4-35c}$$

这与式(3-4-35b)一致。这里,我们认为 $\sigma_{\min}=0$,$r=\sigma_{\max}$。

由式(3-4-34)的结果,开始破坏的条件是

$$\sigma^P(t) > \sigma_{\min}(t) = \sigma_{\min} + rD(t) = \sigma_{\max} - r(t) \tag{3-4-36b}$$

式中

$$r(t) = r(1-D(t)) \tag{3-4-36c}$$

通过 $D(t)$ 可以得出虎克分支稳定破坏的条件。在均匀场中,$\sigma^H = \sigma_{0+\Delta}^H = C$,发生稳定破坏 $0<D_0+\Delta<1$ 的充分必要条件是

$$(1-D(t))\sigma_{\min}(t) < \sigma^H < \frac{(\sigma_{\max})^2}{4r} \tag{3-4-37}$$

这里,$r-\sigma_{\min}>0$ 和/或与之相关的条件 $\sigma_{\min} < \dfrac{\sigma_{\max}}{2}$ 称为结构的稳定性条件。

在虎克分支中,不满足不等式 $\sigma_{\min} < \dfrac{\sigma_{\max}}{2}$ 的条件,当应力 $\sigma^H \geqslant \sigma_{\min}$ 时,虎克分支立刻完全破坏。在这种情况下,破坏前不出现声发射和电磁辐射现象。

$$\sigma_l^H = \frac{(\sigma_{\max})^2}{4r} \qquad (3\text{-}4\text{-}38)$$

称为虎克分支的直接强度。

当 $t=0$ 时,将式(3-4-35b)代入式(3-4-29),可以获得 $\varepsilon_0 + \Delta t$ 和 $\sigma_0^H + \Delta t$ 之内的关系。这表明,当 $\sigma_{0+\Delta}^H \rightarrow \sigma_l^H$,$\dfrac{\partial \varepsilon_{0+\Delta}}{\partial \sigma_{0+\Delta}^H} \rightarrow \infty$ 时的直接强度。

如果引入 $\varepsilon^\Delta = \dfrac{r}{E_0^H}$ 及 $\varepsilon^0 = \dfrac{\sigma_{\min}}{E_0^H}$ ,则

$$\varepsilon^m = \varepsilon^0 + \varepsilon^\Delta = \frac{\sigma_{\max}}{E_0^H} \geqslant \varepsilon(t) \qquad (3\text{-}4\text{-}39)$$

式中,$\varepsilon^0$ 是破坏开始时的最大变形,而 $\varepsilon^m$ 是可能的最大变形。

从式(3-4-34)、式(3-4-38)、式(3-4-39)、式(3-4-24)可以推导出

$$\varepsilon_l^H = \frac{\sigma_{\max}}{2E_0^H} \qquad (3\text{-}4\text{-}40)$$

$$W_l^H = \frac{(\sigma_{\max})^3}{12E_0^H r} \qquad (3\text{-}4\text{-}41)$$

式中,临界值是完全破坏时的情况,与时间无关。

如果

$$\sigma^H(t) \geqslant \sigma_m^H(t) \geqslant \sigma_{\min} \qquad (3\text{-}4\text{-}42a)$$

或

$$\varepsilon(t) \geqslant \varepsilon_m(t) \geqslant \frac{\sigma_{\min}}{E_0^H} = \varepsilon^0 \qquad (3\text{-}4\text{-}42b)$$

($\varepsilon_m(t)$ 为到此时发生的最大 $\varepsilon$ 值)时发生破坏,则

$$\varepsilon(D) = \frac{1}{E_0^H}(\sigma_{\min} + rD) \qquad (3\text{-}4\text{-}43)$$

$$D(\varepsilon) = \frac{1}{r}(E_0^H \varepsilon - \sigma_{\min}) \qquad (3\text{-}4\text{-}44)$$

$$\sigma^H(\varepsilon) = \frac{1}{r} E_0^H \varepsilon(\sigma_{\max} - E_0^H \varepsilon) \qquad (3\text{-}4\text{-}45)$$

$$\varepsilon(\sigma^H) = \frac{1}{2E_0^H}\left[\sigma_{\max} - \sqrt{(\sigma_{\max})^2 - 4\sigma^H r}\right] \qquad (3\text{-}4\text{-}46)$$

$$W^H(\varepsilon) = \frac{E_0^H \varepsilon^2}{6r}(3\sigma_{\max} - 2E_0^H \varepsilon) \qquad (3\text{-}4\text{-}47)$$

式中,$\varepsilon$、$\sigma^H$ 和 $D$ 是时间的函数。

当式(3-4-42)不满足时,虎克分支为线弹性,在弹脆性体中的能量聚积直至

破坏。

### 3.4.4　煤岩冲击破坏危险及判别准则

对于煤矿井下的煤岩体，其变形破坏是能量的聚积和释放的结果，是时间的函数。但在生产实践中，确定变形破坏何时发生的这个时间问题确实非常困难。

下面根据介绍的弹塑脆性模型，来分析采用声电方法对冲击矿压进行预测预报及危险性评价(窦林名等，2004)。

假设满足破坏的条件，即

$$\sigma^{H}(t) \geqslant \sigma_{m}^{H}(t) \geqslant \sigma_{\min}$$

或

$$\varepsilon(t) \geqslant \varepsilon_{m}(t) \geqslant \sigma_{\min}/E_{0}^{H} = \varepsilon^{0}$$

当出现 $\sigma = \sigma_{l}$，或者

$$\varepsilon(t) = \frac{\sigma_{l}}{E^{N}} = \varepsilon_{l}$$

脆性单元破坏。如果 $\varepsilon(t)$ 是观测到的实际变化值，则危险程度 $Z(t)$ 将由下式确定

$$Z_{\varepsilon}(t) = 0, \quad \varepsilon(t) < \varepsilon^{0} \tag{3-4-48a}$$

$$0 \leqslant Z_{\varepsilon}(t) = \frac{\varepsilon(t) - \varepsilon^{0}}{\varepsilon_{1} - \varepsilon^{0}} \leqslant 1, \quad \varepsilon(t) \geqslant \varepsilon^{0} \tag{3-4-48b}$$

$$\varepsilon^{0} = \frac{\sigma_{l}}{E^{H} + E^{M}} < \varepsilon_{1} \tag{3-4-48c}$$

式中，$Z_{\varepsilon}(t)$ 为某时刻煤岩破坏的危险性，它确定了在 $\varepsilon$ 轴上与破坏点之间的距离。

由上述分析可知，煤岩变形破坏的 $\varepsilon(t)$、$w(t)$ 与电磁辐射的幅值、脉冲数或声发射的事件数成正比，则采用电磁辐射或声发射方法确定煤岩破坏的危险性同样可采用式(3-4-48b)的方式，

$$0 \leqslant Z_{n}(t) = \frac{N(t) - N^{0}}{N_{1} - N^{0}} \leqslant 1, \quad N(t) \geqslant N^{0} \tag{3-4-48d}$$

式中，$N_{l}$ 为临界值，$N^{0}$ 为初始值。

很重要的一点是，要想在 $t_{1}$ 时刻准确预测 $t_{1} + T$ 时刻的危险性，必须要知道 $\sigma(t)$，其中 $t_{1} < t \leqslant t_{1} + T$。要近似预计 $Z_{\varepsilon}(t_{1} + T)$ 值，就要求已知在 $t_{1}$ 时刻的导数 $\dfrac{\mathrm{d}z}{\mathrm{d}t}$，以及它在 $t_{1} < t \leqslant t_{1} + T$ 区间中心的光滑函数。

假设在模型上作用有 $\sigma(t) = \sigma_{0+\Delta}^{H} = C$，观察其上的能量 $W$ 和/或变形 $\varepsilon$。在加载的那一瞬间，将发生变形 $\varepsilon_{0+\Delta}$，聚积有能量

$$W_{0+\Delta} = \frac{\sigma_{0+\Delta} \cdot \varepsilon_{0+\Delta}}{2}$$

以式(3-4-48)为基础，可得

$$Z_{0+\Delta} = \frac{W_{0+\Delta} - W_{0+\Delta}^0}{W_{0+\Delta}^l - W_{0+\Delta}^0} = \frac{\varepsilon_{0+\Delta} - \varepsilon_{0+\Delta}^0}{\varepsilon_{0+\Delta}^l - \varepsilon_{0+\Delta}^0} \tag{3-4-49}$$

式中

$$W_{0+\Delta}^0 = \frac{\sigma_{0+\Delta} \cdot \varepsilon_{0+\Delta}}{2}$$

$W_{0+\Delta}$ 和 $\varepsilon_{0+\Delta}$ 为测量值,而 $W_{0+\Delta}^l$ 和 $\varepsilon_{0+\Delta}^l$ 则为临界值。

这意味着煤岩体冲击破坏的危险性 $Z_{0+\Delta}$ 与初始的载荷增量有关,只是在 $t_0$ 时刻加载荷,$Z(t)$ 的变化是非零的。$Z_{0+\Delta}$ 可以借助于能量或变形求得。

因为

$$W(t) = \int_0^t w(t)\mathrm{d}t + W_{0+\Delta} \tag{3-4-50a}$$

而且已知

$$Z_\varepsilon' = \frac{\varepsilon'}{\varepsilon^l - \varepsilon^0}$$

可以确定

$$W' = w(t) = \sigma \cdot \varepsilon' = \beta Z' \tag{3-4-50b}$$

这里,$\beta = \sigma(\varepsilon^l - \varepsilon^0)$。若已知 $W_{0+\Delta}^l$ 和 $\beta$ 值,测得 $W_{0+\Delta}$ 和 $W' = w(t)$,此时对 $w(t)$ 积分,并由 $W_{0+\Delta}^l$ 相除,可得

$$Z(t) = \frac{W_{0+\Delta} + \int_0^t w(t)\mathrm{d}t}{W_{0+\Delta}^l} = Z_{0+\Delta} + \frac{\beta}{W_{0+\Delta}^l} \int_0^t Z'(t)\mathrm{d}t \tag{3-4-51}$$

这样,我们就可以得到煤岩冲击破坏危险性的估计值。

## 3.5 煤岩体动力破坏的监测预警技术

由冲击矿压的"动静叠加原理"可知,冲击矿压主要是在静载和动载的共同作用下发生的,因此,冲击矿压的监测预警也主要从这两个方面进行。

静载的监测:主要是监测采掘工作面周围的应力分布状态,可采用煤体应力监测、钻屑法监测和弹性波 CT 透视法监测等。

动载的监测:主要监测煤岩体的破断运动规律,可采用微震法进行矿井区域和工作面局部监测,声发射、电磁辐射工作面局部监测等。

为了高效综合利用这些监测手段,通过分别对静载与动载从矿井区域—工作面前方局部范围—巷道应力异常区的钻屑监测,必须建立分级监测体系,形成综合的评价体系,如图 3-5-1 所示。

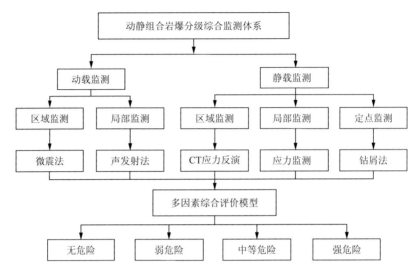

图 3-5-1  动静载诱发岩爆的分区分级监测技术

# 4 矿山开采诱发震动及其机理

## 4.1 矿山震动的特点

采矿诱发震动与天然地震类似,都是岩体应力释放产生的震动,但矿震具有其特点。地震是构造应力作用下断层活动引起的大地强烈震动,震源一般较深,浅则几千米,深则几十千米甚至上百千米;而矿震则主要是人为开采矿产资源引起的开采区域及附近煤岩体的震动。

根据煤矿地质资料分析,煤矿矿震发生的主要因素有采深、褶曲、断层、煤柱等。而这些因素导致矿震发生具有其本身的力学机理,而最为直接的是这些因素往往导致高应力以及高应力差。高应力、高应力差是导致煤岩体破坏以及失稳的直接原因,若煤岩体本身存在诸如断层、巷道表面等结构弱面,煤岩体将极易产生运动,此时的煤岩体处于极限平衡状态。这种平衡是非稳定的平衡,当遇到开采活动的扰动时,平衡将被打破,随即产生矿山震动,即为矿震。

总体而言,矿山震动具有如下特点:

(1)震动能量从 $10^2$ J(较弱)到 $10^{10}$ J(较强),对应里氏震级 $0\sim4.5$ 级;

(2)振动频率大约 $0\sim50\,\mathrm{Hz}$;

(3)振动范围从弱的几百米到强的几百、甚至几千千米。

从类型上讲,矿山震动是一种高能量的震动,而较弱一些的如声响、煤炮、小范围的变形卸压,则属于声发射研究的范围。其分类如图 4-1-1 所示。

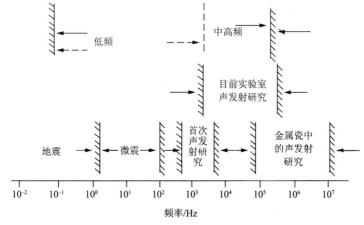

图 4-1-1　按频率对岩体中弹性波的研究分类

　　矿山微震主要是记录矿山震动活动,对其进行有目的解释。分析和利用这些记录的信息,对矿山动力危险(如冲击矿压)进行预测和预报。总的来说,震动是由于矿山开采使岩层产生应力应变过程的动力现象,具有如下特征:

　　根据 Gurtenberg-Richter 方程,随着震动能量的增加,震动数量按对数下降。

$$\lg N(E) = a - b\lg E \tag{4-1-1}$$

式中,$E$ 为震动能量;$N(E)$ 为该震动能量下的震动数量;$a,b$ 为常数,其中系数 $b$ 的特征是单位时间内震动强度下降的速率。

　　由于矿山开采中会出现如下动力现象,故采用震动方法对其进行监测和预警。

　　(1) 开采应力随时间形成和重新分布。

　　(2) 开采后上覆岩层结构破坏。

　　(3) 坚硬致密顶板岩层变形。

　　(4) 顶板岩层的下沉。

　　衡量矿山震动程度的大小是采用单位时间内矿山震动的频次和震动能量,是由井巷周围煤岩体的变形体系确定的,是工作面布置方式和岩体结构构造影响的结果。例如:

　　(1) 开采边界和邻近层的残采区;

　　(2) 地质构造,如断层;

　　(3) 工作面前方的巷道、煤柱、老空区等。

　　上述结构构造的变化,引起应力场的变化,变化梯度越大,产生震动的可能性就越大,释放的能量就越高,震动的数量就越多。

# 4.2　矿山震动对环境的影响

　　在采矿巷道中发生震动和冲击矿压,将会引起如下破坏:

　　(1) 巷道、工作面的破坏,人员的伤亡,其主要原因是震动波传播过程中动载荷脉冲的冲击,使煤层垮落,动力抛出煤岩体。

　　(2) 在冲击矿压区域人员伤亡,但巷道损坏不大。

　　(3) 在较大能量的震动和冲击矿压发生时,地表产生振动,使建筑物产生裂缝甚至倒塌。

　　下面分别就震动、冲击矿压对井下巷道的影响,对矿工的影响以及对地表建筑物的影响等三个方面加以叙述(Dubinki et al.,2000,1995)。

### 4.2.1　对井下巷道的影响

　　冲击矿压对井下巷道的影响主要是动力将煤岩抛向巷道,破坏巷道周围煤岩的结构及支护系统,使其失去功能。而一些小的冲击矿压或者说岩体卸压,则对巷道的破坏不大。巷道壁局部破坏、剥落或巷道支架部分损坏。应当确定,当矿山震动较小,或震中距巷道较远时,将不会对巷道产生任何损坏。

采矿坑道和支架是一个支护系统,用来支撑一定的静载和动载,即抵抗由振动速度、加速度及主频率引起的地震力。

研究表明,震源处于巷道附近,即在近距离波场,对巷道的影响是非常大的,其特点是:

(1)振动的主频率为几十赫兹甚至到100Hz,它与震动能量大小成一定的比例,即震动小,频率高;震动强,频率低。

(2)振动速度的高峰幅值PPV为几十到几百毫克每秒。

(3)振动加速度的高峰幅值PPA为$50\sim200$mm/s$^2$。

(4)煤壁裂缝带起强化振动幅值的作用。

图4-2-1为震动能量$10^5$J,距震源130m的近距离波场记录到的信号。

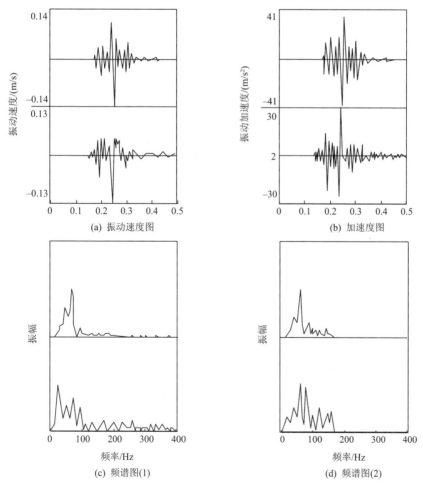

图 4-2-1　在近距离波场记录到的信号

研究表明,在震源发生震动后,将产生压力降,对于波兰上西里地区的矿井,其压力降通常不超过 10MPa,有的也能达到 20～30MPa。对于小震动,对巷道不产生破坏,其压力降一般为 0.1～1.0MPa。因此,震源的压力降与巷道破坏之间存在着一定的关系,而压力降可通过测量震源的有关物理参数来确定,这样就可以预计震动对具体井巷的影响程度。

如果已知振动速度或加速度值,就可以计算压力降,即

$$\Delta\sigma_x = \rho\upsilon_P (PPV)_x \tag{4-2-1}$$

$$\Delta\sigma_y = \Delta\sigma_z = \Delta\sigma_x \left(\frac{\gamma}{1-\gamma}\right) \tag{4-2-2}$$

$$\Delta\tau_{xy} = \rho\upsilon_s (PPV)_y \tag{4-2-3}$$

式中,$\Delta\sigma_x$,$\Delta\sigma_y$,$\Delta\sigma_z$ 为正应力;$\Delta\tau_{xy}$ 为剪应力;$\upsilon_P$,$\upsilon_S$ 为纵横波的传播速度;$(PPV)_x$,$(PPV)_y$ 为振动速度在 $x$,$y$ 方向的幅值。

因此,可以采用振动速度来确定震动对井巷的损坏程度,Dowding 和 Rezon 给出了其经验分类方法,如表 4-2-1 所示。

**表 4-2-1 矿山震动对井巷的影响**

| 影响程度 | PPV 值/(mm/s) | 影响特征 |
|---|---|---|
| I | <200 | 对井巷有影响 |
| II | 200～400 | 对井巷影响较小,产生小的破坏,出现裂缝、剥落等现象 |
| III | >400 | 对井巷影响明显,出现大的新裂缝 |

对于振动速度的低限 200mm/s,即巷道因震动而首次产生破坏,岩体产生较弱的卸压情况,根据式(4-2-1)～式(4-2-3),其压力降为

$$\Delta\sigma_x = 1.25MPa, \quad \Delta\tau_y = 1.00MPa, \quad \Delta\sigma_y = \Delta\sigma_z = 0.42MPa$$

### 4.2.2 对矿工的影响

在发生冲击矿压的区域,如果有工人在工作,则可能对其产生伤害,甚至造成死亡事故。

波兰对 5 起伤亡 48 人(其中死亡 24 人,重伤 17 人,轻伤 7 人)的冲击矿压事故进行了分析。表 4-2-2 为医学分析结果。医学上将伤亡的情况主要分为 6 类,这 6 类可能是与冲击矿压动力灾害紧密相关(Dubinski et al.,2000,1995)。

**表 4-2-2 医学分析表**

| 事故种类 | 脑顶部 | 脑脸部 | 内部器官 | 上下肢 | 胸骨 | 其他 |
|---|---|---|---|---|---|---|
| 死亡 | 18 | 2 | 6 | 1 | 10 | 1 |
| 重伤 | 11 | 4 | 3 | 2 | 6 | 2 |
| 轻伤 | 9 | — | — | 6 | 13 | 2 |
| 合计 | 38 | 6 | 9 | 9 | 29 | 5 |

由上分析结果可知,发生冲击矿压后,人员受伤的主要部位是脑部,为 44 例;其次是胸部的机械损坏,包括肋骨折断等,为 29 例;而内部器官的损坏主要是肺、心、胃等,为 9 例;再次为上下肢的折断。

为分析其原因,采用了人体动力学模型来确定机械振动对人体组织的影响。图 4-2-2 为采用弹性-阻尼系统连接的人体模型。该模型采用机械的观点,确定了一个自由系统及各组件的共振频率,如表 4-2-3 所示。

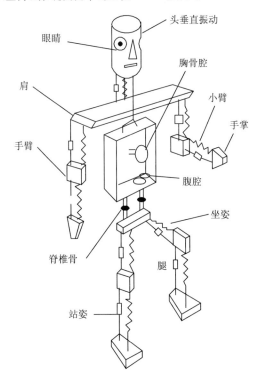

图 4-2-2　人体模型

表 4-2-3　人体器官的共振频率

| 器官名称 | 共振频率/Hz | 器官名称 | 共振频率/Hz |
|---|---|---|---|
| 头 | 4 | 肚 | 4.5~10 |
| 眼 | 7~25 | 肝 | 3~4 |
| 上下颚 | 60~90 | 膀胱 | 10~18 |
| 喉、气管、支气管 | 6~8 | 骨盆 | 5~9 |
| 胸 | 12~16 | 下肢 | 5 |
| 上肢 | 5~9 | 坐姿状态下 | 5~12 |
| 骨 | 3~8 | 站姿状态下 | 4~6 |

根据上述分析,可采用震动图中振幅、频率的分布情况,分析对人体的威胁。图 4-2-3 为某次震动的振幅分布情况以及人体各部分的共振频率分布规律。

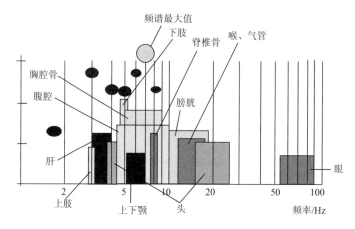

图 4-2-3　人体各器官共振频率分布及某次冲击矿压频率与人体器官对应的关系

在这次冲击矿压事故中,有 6 人死亡,大部分是脑部、脸部损坏,还有心脏、胃、脊柱、肾等损坏。这与上图分析结果是非常吻合的。研究结果表明,在震动释放的能量大于 $10^5$ J 的情况下,振动加速度的振动幅度可能从 $2m/s^2$ 到甚至大于 $1000m/s^2$。

在震动对人体的影响范围中最重要的一条是确定允许震动加速度与脉冲持续时间之间的关系。其关系如图 4-2-4 所示,可以确定,垂直方向允许的加速度值比水平方向的要高。

而在冲击矿压发生时,其震动持续时间一般为 $0.01\sim0.1s$,因此,发生冲击矿压时,大的震动加速度是人体受伤和死亡的主要原因。震动对大脑的影响是一重要问题,分析表明,脸部损坏,特别是头部顶盖骨头的开裂和折断,大脑受到严重的损伤,其主要原因是动力使人体撞击物体,而撞击力与物体速度降的影响有关,如图 4-2-5 所示。

例如,在速度降时间为 $1.5ms$ 时,质量为 $4.5kg$ 的头撞击到固定的物体,则减速度为 $3270m/s^2$,撞击力为 $14.7kN$,而头顶盖撞击巷道壁的极限强度为 $300\sim650N/cm^2$,这样就会产生灾害性后果。从图 4-2-5 可见,降低撞击力可用延长撞击时间来实现。

由此,我们可以得出对矿工劳动保护的要求,特别是在冲击矿压危险区域工作的矿工,其头盔要满足一定的条件,而且对矿工其他劳保产品(如鞋等)也应作一定的要求。

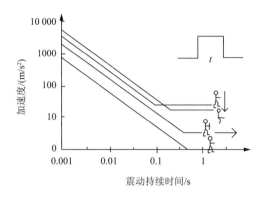

图 4-2-4 人体允许的加速度值

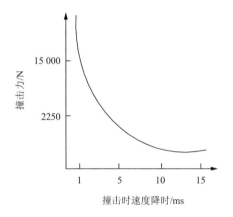

图 4-2-5 撞击力与振动、速度降时间关系图

### 4.2.3 对地表建筑物的影响

矿山震动和冲击矿压不仅对井下巷道造成破坏,对井下工作的人员造成伤害,而且对地表及地表建筑物造成损坏,甚全造成地震那样的灾难性后果。表 4-2-4 为波兰几次大的矿震和冲击矿压对地表的影响结果。其中,破坏最严重的一次为 1982 年 6 月 4 日在 Bytom 市下发生的 3.7 级的矿山震动,造成了 588 多幢建筑物的损坏,如表 4-2-4 所示。

表 4-2-4 波兰矿山震动与冲击矿压对地表的影响

| 日期 | 地点 | 震动能量/J | 震级 | 建筑物破坏数量 |
|---|---|---|---|---|
| 1970.09.30 | Bytom | $8 \times 10^9$ | 4.26 | 427 |
| 1981.07.12 | Bytom | $1 \times 10^9$ | 3.8 | 452 |

| 日期 | 地点 | 震动能量/J | 震级 | 建筑物破坏数量 |
|---|---|---|---|---|
| 1982.06.04 | Bytom | $9×10^8$ | 3.77 | 588 |
| 1984.02.18 | Ligota-kochlowice | $2×10^9$ | 3.95 | 241 |
| 1992.05.05 | Bojszowy | $2×10^9$ | 3.95 | 300 |
| 1994.12.09 | Kochlowice | $3×10^9$ | 4.04 | 140 |

对于矿山震动及冲击矿压对地表的影响,Dedwon 将其分为 7 类,并用震动能量、震动加速度和振动速度来表示,如表 4-2-5 所示。

**表 4-2-5　矿山震动对地表影响分布表**

| 强度等级 | 影响程度 | 震动能量/J | 加速度/(mm/s²) | 速度/(mm/s) |
|---|---|---|---|---|
| 1～4 | 0 | $<10^7$ | $<120$ | $<5$ |
| 5 | 1a | $1×10^7～5×10^7$ | 120～180 | 5～7 |
|  | 1b | $5×10^7～1×10^8$ | 180～250 | 7～10 |
| 6 | 2a | $1×10^8～5×10^8$ | 250～370 | 10～15 |
|  | 2b | $5×10^8～1×10^9$ | 370～500 | 15～20 |
| 7 | 3a | $1×10^9～5×10^9$ | 500～750 | 20～25 |
|  | 3b | $5×10^9～1×10^{10}$ | 750～1000 | 25～30 |

矿山震动与冲击矿压对地表影响的特征为:

(a) 3 和 4 级:大楼中的一些居民能感觉到震动,震动类似于一卡车在楼旁经过。

(b) 5 级:大楼中的所有居民均能感觉到震动,一些在楼外的居民也能感觉到;许多熟睡的居民被惊醒;动物受惊;悬挂的物体来回摆动;某些轻的物体移动;未锁的门窗来回扇动;振动类似于一个很重的物体从楼外掉下。

(c) 6 级:大楼内外的居民均能感觉到,并能造成许多人的惊慌;画从墙上掉落;书从书架上掉下;家具移动。

(d) 7 级:许多人惊慌乱跑;震动类似于坐在行驶中的小汽车内;建筑物因内部家具移动受强烈损坏。

例如,在井下 800m 深的煤层中开采时,在上覆顶板岩层中发生的 $7×10^6$ J 能量的震动,在地表记录到的最大加速度为 300mm/s²,对地表的影响强度为 6 级。图 4-2-6 为地表加速度仪测量的结果,其中 1,2,3 分别为 $x,y,z$ 方向的振动加速度。而图 4-2-7 则为震动加速度的振幅与振动频率之间的关系。

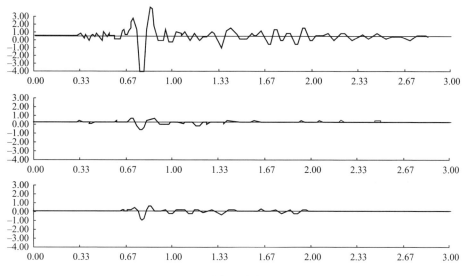

图 4-2-6　地表加速度仪测量的结果

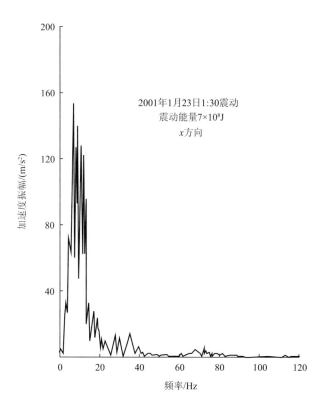

图 4-2-7　震动加速度的振幅与振动频率之间的关系

从上述结论可知,矿山震动与冲击矿压的发生将对地表产生巨大的影响,而其影响程度、范围、规律等,需要进行深入细致的研究。

# 4.3 煤岩体破断运动与矿震

## 4.3.1 矿震机理描述

根据弹性波理论,岩体的瞬间破裂会激发弹性波。这些弹性波携带着破裂源的信息,依赖岩体弹性介质向四周传播。可通过建立矿山微震监测系统,利用震动传感器在远处测量这些弹性波信号(图 4-3-1),然后根据所监测的微震信号特征来确定破裂的发生时间、空间位置、尺度、强度及性质。不同的岩石破裂对应不同的微震信号特征,而煤矿冲击矿压、矿震等煤岩动力现象,与岩体的微破裂有着必然联系。

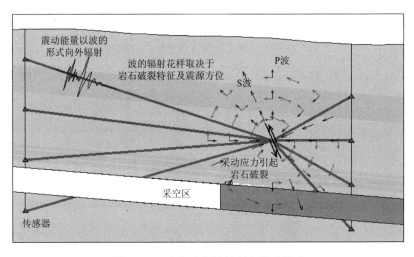

图 4-3-1　采矿引发的断裂和震动模型

岩石的体积形变产生纵波(P 波),在它的传播区域里岩石发生膨胀和压缩,而岩石的切变产生横波(S 波)。纵波和横波以不同的速度传播,波速与岩石的弹性系数和密度有关。纵波和横波在震源周围的整个空间传播,统称为体波。当纵波和横波未遇到界面时,可以看成是在无限介质中传播;当纵波和横波遇到界面时,会激发界面产生沿着界面传播的面波,在垂直于界面的方向上只有振幅的变化,其振幅按指数规律衰减。

## 4.3.2 煤岩介质中的传播方程

在开采应力影响下,煤岩体的弹性特性决定着煤岩体的动态变化,而且与煤岩体的震动参数相关。图 4-3-2 给出了几种由于采矿引发的震动,而图 4-3-2 则给出了震动形成的纵、横波位移场。其中,图 4-3-2 中(d)～(f)的情况对应图 4-3-3(d)的剪切模型。

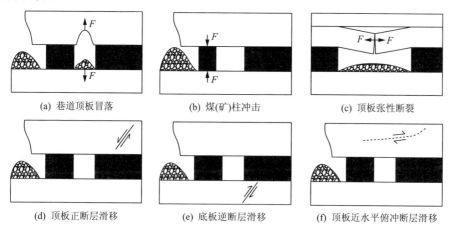

(a) 巷道顶板冒落　　　　　(b) 煤(矿)柱冲击　　　　　(c) 顶板张性断裂

(d) 顶板正断层滑移　　　　(e) 底板逆断层滑移　　　　(f) 顶板近水平俯冲断层滑移

图 4-3-2　由于采矿引发的断裂和震动模型(李铁等,2006;张少泉等,1993b)

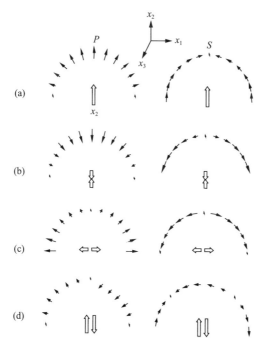

图 4-3-3　半平面内各种力形成的纵、横波位移场

设在煤岩体微单元 $dV = dxdydz$ 上作用有体力 $F_i$($Fx = F'_x r dV$, $Fy = F'_y r dV$, $Fz = F'_z r dV$),其位移为 $u_i(u_x, u_y, u_z)$。引进标量势 $\Phi$ 和矢量势 $\boldsymbol{\Psi}$,则

$$u_i = \mathrm{grad}\Phi + \mathrm{rot}\boldsymbol{\Psi}_i \qquad (4\text{-}3\text{-}1)$$

在微单元上不仅作用有体力，而且六面体各个面上作用有面力。根据牛顿定律，面力和体力之和等于惯性力，则可得煤岩体微单元运动的微分方程。

$$\rho \frac{\partial^2 u_x}{\partial t^2} = \rho F'_x + \frac{\partial \sigma_x}{\partial x} + \frac{\partial \tau_{yx}}{\partial y} + \frac{\partial \tau_{zx}}{\partial z}$$

$$\rho \frac{\partial^2 u_y}{\partial t^2} = \rho F'_y + \frac{\partial \sigma_y}{\partial y} + \frac{\partial \tau_{xy}}{\partial x} + \frac{\partial \tau_{zy}}{\partial z} \qquad (4\text{-}3\text{-}2)$$

$$\rho \frac{\partial^2 u_z}{\partial t^2} = \rho F'_z + \frac{\partial \sigma_z}{\partial x} + \frac{\partial \tau_{xz}}{\partial y} + \frac{\partial \tau_{yz}}{\partial z}$$

根据弹性力学的几何方程和物理方程，按空间动力问题求解，可以得到所需波的基本微分方程

$$\rho \frac{\partial^2 u_x}{\partial t^2} = \rho F'_x + (\lambda + \mu) \frac{\partial e}{\partial x} + \mu \nabla^2 u_x$$

$$\rho \frac{\partial^2 u_y}{\partial t^2} = \rho F'_y + (\lambda + \mu) \frac{\partial e}{\partial y} + \mu \nabla^2 u_y \qquad (4\text{-}3\text{-}3)$$

$$\rho \frac{\partial^2 u_z}{\partial t^2} = \rho F'_z + (\lambda + \mu) \frac{\partial e}{\partial z} + \mu \nabla^2 u_z$$

式中

$$\lambda = \frac{E\nu}{(1+\nu)(1-2\nu)}$$

$$\mu = \frac{E}{2(1+\nu)} \qquad (4\text{-}3\text{-}4)$$

$$\nabla^2 = \frac{\partial^2}{\partial x^2} + \frac{\partial^2}{\partial y^2} + \frac{\partial^2}{\partial z^2}$$

设体力为零，对式(4-3-3)的各个分量在各个轴上求导，可以得出

$$\frac{\partial^2 u_x}{\partial t^2} = \frac{\lambda + 2\mu}{\rho} \nabla^2 u_x$$

$$\frac{\partial^2 u_y}{\partial t^2} = \frac{\lambda + 2\mu}{\rho} \nabla^2 u_y \qquad (4\text{-}3\text{-}5)$$

$$\frac{\partial^2 u_z}{\partial t^2} = \frac{\lambda + 2\mu}{\rho} \nabla^2 u_z$$

式中，$u_i$ 用转子代替，可得

$$\frac{\partial^2 (\mathrm{rot} u_i)}{\partial t^2} = \frac{\mu}{\rho} \nabla^2 (\mathrm{rot} u_i) \qquad (4\text{-}3\text{-}6)$$

式(4-3-5)描述了煤岩体的体积变形，而(4-3-6)则描述了煤岩体的位置变形。这个方程式还可以写成

$$\frac{\partial^2 \Phi}{\partial t^2} = \frac{\lambda + 2\mu}{\rho} \nabla^2 \Phi = v_\alpha \nabla^2 \Phi$$

$$\frac{\partial^2 \Psi_i}{\partial t^2} = \frac{\mu}{\rho} \nabla^2 \Psi_i = v_\beta \nabla^2 \Psi \qquad (4\text{-}3\text{-}7)$$

因此,煤岩体中力作用的结果,将产生两种变形,以两种不同的波,即纵波和横波,波速为 $v_\alpha$ 和 $v_\beta$ 传播。

不同矿山地震由于诱发成因不同,破裂机制也各有特点,如剪切、拉张或它们的组合,图 4-3-4 为典型的拉张和剪切破裂能量(位移)辐射花样。研究表明,拉张破裂所释放的能量及造成的应力降远小于剪切破裂的,其应力降大约为剪切应力降的 $8\%\sim12\%$。同时,最小应力为压应力的剪切破裂所释放的能量大于最小应力是拉应力的剪切破裂,如图 4-3-5 所示。

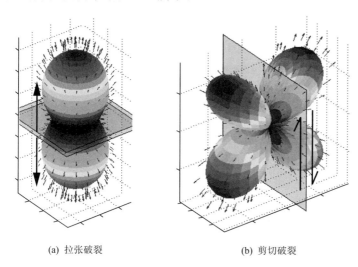

(a) 拉张破裂　　　　　　　　　　　　(b) 剪切破裂

图 4-3-4　两种典型岩石破裂形态

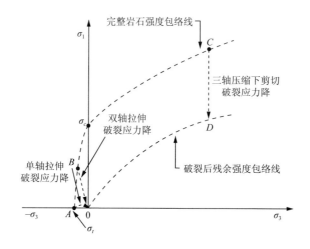

图 4-3-5　不同破裂形态的应力释放

矿山震动破裂机制的研究可极大提高我们对工作面周围采动应力场和岩石破

裂特征的认识,而这些不同特征又与不同矿山动力灾害密切相关。比如,瓦斯突出和顶板冒落主要与拉张破裂有关,而大震级的矿山震动或冲击矿压灾害主要由于岩层剪切断裂或断层滑移诱发。因此,揭示不同冲击矿压类型(如顶板型、煤柱型、构造型等)的震源过程,寻找较好的矿震理论来解释和指导冲击矿压的预报和防治实践,是微震法预测预报冲击矿压的重要任务之一。表 4-3-1 为不同冲击震动类型震动机理及其特征的归类结果(曹安业,2011,2009;曹安业等,2011,2008)。

**表 4-3-1　冲击震动分类及特征**

| 冲击震动类型 | 冲击震源<br>机理描述 | 震动波<br>初动符号 | 里氏震级<br>(南非统计情况) |
| --- | --- | --- | --- |
| 应变型冲击震动<br>(巷道冒落) | 巷道表面剥落、有时<br>伴随煤岩体猛烈弹射 | 难以检测,<br>内爆型(拉张型) | $-0.2\sim0$ |
| 弯曲破坏型冲击震动<br>(顶板张性断裂) | 平行于空间自由面的<br>岩体呈板状猛烈抛出 | 内爆型 | $0\sim1.5$ |
| 煤柱型冲击震动 | 煤体从煤柱边缘<br>猛烈抛出 | 大部分为内爆型 | $1.0\sim2.5$ |
| 剪切破裂型冲击震动 | 剪切破裂在完整岩体<br>内不稳定扩展 | 双力偶剪切型 | $2.0\sim3.5$ |
| 断层滑移型冲击震动 | 原有断层两侧突然<br>产生相对运动 | 双力偶剪切型 | $2.5\sim5.0$ |

# 4.4　矿山震动位移场及其矿震类型

## 4.4.1　震动位移场分析

　　矿震释放的震动能量正比于位移场的平方,故震动位移波场特征代表了震动能量在空间方位上的辐射方式。因此,通过建立不同煤岩震动的点源等价力模型,可就不同采动煤岩冲击破裂模式的震动位移场和能量辐射特征展开系统分析。

　　震动波震源是个封闭的区域,该区域内部为非弹性变形,外部只有震动波传播。在地震学上,描述震源方面的通常方法是采用一等效力模型来作为震源的近似,该模型忽略了震源区的非线形影响而与其线性波动方程相对应。力作用在给定点上所产生的位移与真实力作用于震源处所产生的位移一致,该力被定义为等效力。当震源与接收点的距离远大于震源破裂尺寸,及所观测的震动波波长相对较长时,则该震源区可被考虑为一个点,在该点上存在力与力偶系统的平衡。图 4-4-1 为常见震动波的 9 种点源模型(Gibowicz et al.,修济刚译,1996)。任何破裂类型都由这些力偶的组合来表达。

震动能量因震源受力方式的不同在不同方位辐射并不一样。通过分析不同微震事件破裂形态,可进一步分析该事件的位移及能量分布情况。

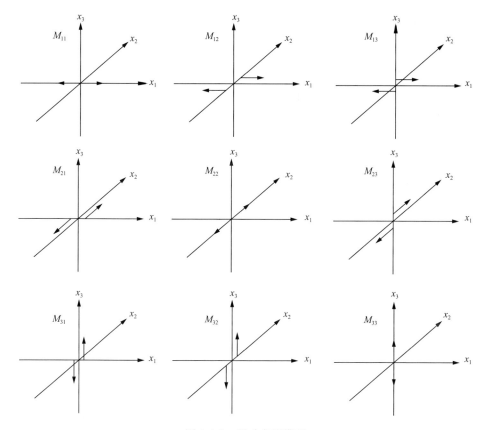

图 4-4-1 震动点源模型

下标 $i$、$j$ 分别为力的方向和力臂的方向,并有 $M_{ij} = M_{ji}$

在求解震动波波动方程时,忽略了震源处体力作用。虽然体力不影响震动波的产生,却影响震动位移场辐射特征及震动波传播方式。当体力 $f_i(x,t)$ 集中在 $\xi$ 点,且作用在 $x_i$ 方向上,作用时间函数为 $F(t)$ 时,则有

$$f_i(x,t) = F(t)\delta(x-\xi)\delta_{ij} \tag{4-4-1}$$

式中,$\delta(x-\xi)$ 为三维狄拉克(Kronecker)函数,如前所述。

在矿震震源体积 $V$ 内,以等价体力密度 $f_i$ 分布的震源,时间 $t$ 在点 $x$ 所产生的位移 $u_k$,可表示为

$$u_k(x,t) = \int_{-\infty}^{\infty}\int_V G_{ki}(x,t;r,t')f_i(r,t')\mathrm{d}V\mathrm{d}t' \tag{4-4-2}$$

式中,$u_k(x,t)$ 为震动在时间 $t$ 在点 $x$ 处产生的震动位移;$G_{ki}(x,t;r,t')$ 为震源 $(r,t')$ 和震动传感器 $(x,t)$ 之间的传播效应的格林函数,其物理意义是在震源 $r$

处、$t'$ 时刻、$j$ 方向的点力,在测点 $x$ 处、$t$ 时刻、$i$ 方向上产生的位移。

在参考点 $r = \xi$ 附近,将格林函数进行泰勒展开,得

$$G_{ki}(x,t;r,t') = \sum_{n=0}^{\infty} \frac{1}{n!}(r_{j_1} - \xi_{j_1})\cdots(r_{j_n} - \xi_{j_n})G_{ki,j_1,\cdots,j_n}(x,t;\xi,r,t')$$

$$(4\text{-}4\text{-}3)$$

式中,标记之间的逗号表示对逗号后面的坐标 $(j_1,\cdots,j_n)$ 的偏微分。

对于煤岩诱发矿震之类的小能量震动(相比天然地震而言),参考点通常取为震源。以震源矩心为参考点,将体力密度用力矩形式进行表达,则与时间有关的矩张量 $M_{ij}$ 被定义为

$$M_{ij\cdots j_n}(\xi,t') = \int_V (r_{j_1} - \xi_{j_1})\cdots(r_{j_n} - \xi_{j_n})f_i(r,t')\mathrm{d}V \qquad (4\text{-}4\text{-}4)$$

故将(4-4-2)中位移场多重展开,得

$$u_k(x,t) = \sum_{n=0}^{\infty} \frac{1}{n!}G_{ki,j_1,\cdots,j_n}(x,t;\xi,r,t') * M_{ij_1,\cdots,j_n}(\xi,t') \qquad (4\text{-}4\text{-}5)$$

因此,震动位移场可表示为矩张量与格林函数的时间褶积。在点源近似下,仅需考虑式(4-4-5)的第一项,即二阶矩张量。同时,假定震源为同步震源(震动矩张量所有分量,具有相同的时间依赖关系 $s(t)$ ),此时震源矩张量在时间 $t$ 、点 $x$ 处产生的位移为

$$u_k(x,t) = M_{ij}(G_{ki,j} * s(t)) = M_{ij} * G_{ki,j} \qquad (4\text{-}4\text{-}6)$$

矩张量就是地震学上通常所提的震源等效力,该等效力作用在给定点上所产生的位移与真实力作用于震源处所产生的位移一致。当震源与接收点的距离远大于震源破裂尺寸,及所观测的震动波波长相对较长时,那么该震源区可被考虑为一个点,在该点上存在力与力偶系统的平衡。它是由在 $x_i(i = 1,2,3)$ 方向上的力与 $x_j(j = 1,2,3)$ 方向上的力臂的力偶 $M_{ij}$ 的组合来表达。因此,矩张量共有 9 个分量,其中 6 个独立分量。正是由于作用于各震源的矩张量成分不同,导致采动诱发煤岩矿震的破裂机理各不相同。

震源作用力所产生的位移场则为矩张量各力偶所产生位移的总和,Aki,Richards 给出了各向同性均匀介质中式(4-4-6)的完整表达式

$$\begin{aligned}
u_k &= \left(\frac{15\gamma_k\gamma_i\gamma_j - 3\gamma_k\delta_{ij} - 3\gamma_i\delta_{kj} - 3\gamma_j\delta_{ki}}{4\pi\rho}\right)\frac{1}{r^4}\int_{r/\alpha}^{r/\beta}\tau M_{ij}(t-\tau)\mathrm{d}\tau \\
&+ \left(\frac{6\gamma_k\gamma_i\gamma_j - \gamma_k\partial_{ij} - \gamma_i\partial_{kj} - \gamma_j\partial_{ki}}{4\pi\rho v_P^2}\right)\frac{1}{r^2}M_{ij}\left(t-\frac{r}{v_P}\right) \\
&- \left(\frac{6\gamma_k\gamma_i\gamma_j - \gamma_k\partial_{ij} - \gamma_i\partial_{kj} - 2\gamma_j\partial_{ki}}{4\pi\rho v_S^2}\right)\frac{1}{r^2}M_{ij}\left(t-\frac{r}{v_S}\right) \\
&+ \frac{\gamma_k\gamma_i\gamma_j}{4\pi\rho v_P^2 r}\dot{M}_{ij}\left(t-\frac{r}{v_P}\right) - \left(\frac{\gamma_k\gamma_i - \delta_{ki}}{4\pi\rho v_S^2 r}\right)\gamma_j\dot{M}_{ij}\left(t-\frac{r}{v_S}\right)
\end{aligned}$$

$$(4\text{-}4\text{-}7)$$

式中，$v_P$ 和 $v_S$ 分别为 P、S 波的传播速度；$r$ 为震源到台站距离；$\rho$ 为岩石密度；$k$ 为台站传感器的第 $k(k=1,2,3)$ 分量；$\delta_{ki}$ 为 Kronecker 函数；$\gamma_i$ 为震源至台站的震动波射线对应于各坐标轴的分量；$M_{ij}$ 为震源矩张量。

式(4-4-7)中第一项对应于震动位移场的近场项，中间两项分别对应于 P、S 波位移场的中场项，最后两项分别对应于 P、S 波位移场的远场项。各位移场项受不同等价力源的作用，由震源向外辐射的震动波具有明显的方位性。在实验室监测尺度进行煤岩冲击破坏的震动波场特征分析时，必须要考虑震源激发位移场的近、中场部分；而对于矿井或采区监测范围内，用于矿山实际煤岩诱发冲击矿震破裂机理研究的方法和技术主要依据震动位移场的远场项，近、中场位移基本可以忽略。

因此，P、S 波的远场位移分别表示为

$$
\left.\begin{aligned}
u_{P,k} &= \frac{\gamma_k \gamma_i \gamma_j}{4\pi\rho v_P^2 r}\dot{M}_{ij}\left(t-\frac{r}{v_P}\right) \\
u_{S,k} &= -\left(\frac{\gamma_k \gamma_i - \partial_{ki}}{4\pi\rho v_S^2 r}\right)\gamma_j \dot{M}_{ij}\left(t-\frac{r}{v_S}\right)
\end{aligned}\right\}
\tag{4-4-8}
$$

在球形坐标系统中引入矢量 $\boldsymbol{R}$、$\boldsymbol{\Theta}$、$\boldsymbol{\Phi}$，分别与震源-台站径、切向方向一致，式(4-4-8)可用球坐标表示为

$$
\left.\begin{aligned}
u^P &= \frac{1}{4\pi\rho v_P^3 r}R^P(M_{ij}) \\
u^{SV} &= \frac{1}{4\pi\rho v_S^3 r}R^{SV}(M_{ij}) \\
u^{SH} &= \frac{1}{4\pi\rho v_S^3 r}R^{SH}(M_{ij})
\end{aligned}\right\}
\tag{4-4-9}
$$

$$
\begin{bmatrix} R^P \\ R^{SV} \\ R^{SH} \end{bmatrix} = \begin{bmatrix}
\gamma_1\gamma_1 & 2\gamma_1\gamma_2 & 2\gamma_1\gamma_3 & \gamma_1\gamma_2 & 2\gamma_2\gamma_3 & \gamma_3\gamma_3 \\
\theta_1\gamma_1 & \theta_1\gamma_2+\theta_2\gamma_1 & \theta_1\gamma_3+\theta_3\gamma_1 & \theta_2\gamma_2 & \theta_2\gamma_3+\theta_3\gamma_2 & \theta_3\gamma_3 \\
\varphi_1\gamma_1 & \varphi_1\gamma_2+\varphi_2\gamma_1 & \varphi_1\gamma_3+\varphi_3\gamma_1 & \varphi_2\gamma_2 & \varphi_2\gamma_3+\varphi_3\gamma_2 & \varphi_3\gamma_3
\end{bmatrix}
$$

$$
\tag{4-4-10}
$$

其中，$\gamma_i$、$\theta_i$、$\varphi_i(i=1,2,3)$ 分别对应于矢量 $\boldsymbol{R}$、$\boldsymbol{\Theta}$、$\boldsymbol{\Phi}$ 各分量，并有

$$
\left.\begin{aligned}
\boldsymbol{R} &= \begin{bmatrix} \sin\theta\cos\varphi & \sin\theta\sin\varphi & \cos\theta \end{bmatrix} \\
\boldsymbol{\Theta} &= \begin{bmatrix} \cos\theta\cos\varphi & \cos\theta\sin\varphi & -\sin\theta \end{bmatrix} \\
\boldsymbol{\Phi} &= \begin{bmatrix} -\sin\varphi & \cos\varphi & 0 \end{bmatrix}
\end{aligned}\right\}
\tag{4-4-11}
$$

例如，图 4-4-3 为顶板水平拉张断裂(图 4-4-2)震动位移场辐射花样。由图可见，P、S 波的位移场是随方位不同而变化，而并不是理想中的以标准球型波方式由震源向外均匀扩散。P、S 波位移场均以震源为原点在作用力方向上(图中 $x_1$ 方向，$\theta = 90°$)呈左右对称。P 波在 $x_1$ 方向上达到最大位移幅值，并随着 $\theta$ 值的减小而减小，在垂直于震源作用力方向上($\theta = 0°$)振幅为零；S 波在与 $x_1$ 轴成 $\pm 45°$ 方向上达到最大剪切幅值，初动方向始终指向作用力轴(如图中箭头所示)，S 波在震源作

用力方向及其垂直方向上振幅均为零。

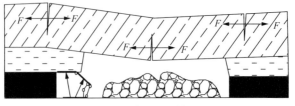

(a) 初次来压拉张破坏

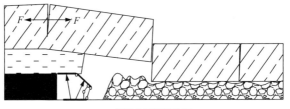

(b) 周期来压拉张破坏

图 4-4-2　顶板初次和周期来压拉张断裂示意图

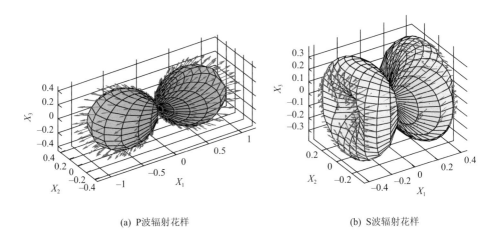

(a) P波辐射花样　　　　　　　　　　　　　(b) S波辐射花样

图 4-4-3　顶板张性断裂震动位移场辐射花样

图 4-4-5 为顶板岩块间沿破裂面滑移失稳(图 4-4-4)的 P、S 波的位移辐射花样。由图可见,在岩块滑移面上,P 波位移振幅为零,其最大位移振幅在与滑移面成 $\pm 45°$ 平面上,若以逆时针方向为正,在与滑移面成 $+45°$ 平面上产生由震源向外传播的压缩波,P 波初动为"$+$",而在 $-45°$ 平面上产生由震源向外传播的膨胀波,P 波初动为"$-$";S 波最大振幅恰恰旋转了 $45°$,在滑移面及其法向面上达到最大值,而在与滑移面成 $\pm 45°$ 平面上振幅为零,S 波初动方向如图中箭头所示。

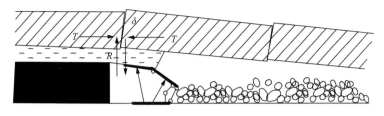

图 4-4-4　岩块滑落失稳示意图

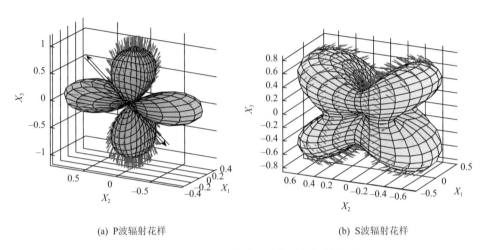

(a) P波辐射花样　　　　　　　　　　　　　　　(b) S波辐射花样

图 4-4-5　顶板滑移失稳震动位移场辐射花样

### 4.4.2　基于震动波场特征的煤岩震动分类

可通过布设在震源三维空间周围的微震台网的记录结果,在震动波形图上辨认 P 波初动方向,对采动诱发不同煤岩震动进行分类。根据分析结果,顶板水平拉伸破裂、顶板离层和顶板冒落等破裂方式产生的是离开震源、波前向外压的压缩 P 波,所有微震台站接收到的 P 波初动应均为"＋",该类震动为典型的拉伸型矿震;顶板回转失稳、煤柱压缩破裂等震动方式产生的是指向震源、波前向外拉的膨胀 P 波,所有微震台站接收到的 P 波初动应均为"－",该类煤岩诱发震动为典型的内爆型矿震;顶板剪切破裂、"砌体梁"结构滑移失稳、煤柱动态冲击、采动诱发断层"活化"等煤岩震动,震源产生的 P 波初动在空间上呈四象限分布,符合典型双力偶源的震源破裂机理,可称为剪切型矿震,该类矿震破坏过程一般较为强烈,释放震动能量较多,冲击危险性也最高。

如图 4-4-6 所示,列举了三种矿震模型的典型煤岩震动,相应的 P 波辐射方式,及位于震源之上台站所监测的震动波垂直初动示意图。

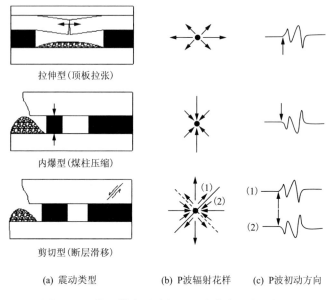

拉伸型(顶板拉张)

内爆型(煤柱压缩)

剪切型(断层滑移)

(a) 震动类型　　　　(b) P波辐射花样　　(c) P波初动方向

图 4-4-6　典型煤岩震动类型及震动波初动示意图

# 4.5　矿震震动波频谱特征

## 4.5.1　岩层破裂与矿震频率的关系

根据研究结果,地震波的震动频率随岩层断裂裂缝尺寸的增加而下降,即

$$f = \frac{c}{L} \tag{4-5-1}$$

式中,$L$ 为岩体断裂裂缝长度;$f$ 为震动频率;$c$ 为常数,一般为 $100 \sim 300$。

## 4.5.2　震动波频谱分析原理

谱分析已成为微震研究的一种普遍采用的方法。采用时-频分析技术分析微震信号的功率谱和幅频特性,以便从谱特性进行微震信号的辨识,从而为预测预报矿井冲击矿压等动力灾害提供一条新的线索。

时间域内的震动波形模拟分析需要相当复杂的技术,尚不能做到常规应用。地震记录或时间序列经快速傅里叶变换(FFT)变为频率域,便可得到所需的振幅谱和相位谱,不但可容易求得大部分震源参数(部分参数在时间域内),也可确定信号的频率特征,掌握信号的构成及性质。

从矿山微震监测实际应用的角度,微震信号特征分析的目的是正确识别不同成因引起的不同种类波形及其特征,因此微震信号的波形特征主要是指波形形态特征和频谱特征。对于波形的形态特征,可以直接从"SOS"微震监测系统的示波窗口内的波形来观测;而对于频谱特征分析,采用傅里叶频谱分析和快速傅里叶时频分析理论。

傅里叶变换的基本形式如下

$$S_{\mathrm{F}}(\omega) = \frac{1}{2\pi} \int_{-\infty}^{+\infty} S(t) \mathrm{e}^{-\mathrm{i}\omega t} \mathrm{d}t \qquad (4\text{-}5\text{-}2)$$

式中,$S(t)$ 为一连续时间信号函数;$\mathrm{e}^{-\mathrm{i}\omega t}$ 为傅里叶变换的基函数。由积分变换式,可发现任何时间信号的突变都会影响到整个函数频率域上。基于这种认识,Gabor 引入了短时傅里叶变换的概念。短时傅里叶变换称为窗口傅里叶变换,其基本形式如下

$$S_{\mathrm{WF}}(\omega, \tau) = \int_{-\infty}^{+\infty} \mathrm{e}^{-\mathrm{i}\omega t} \omega(t-\tau) S(t) \mathrm{d}t \qquad (4\text{-}5\text{-}3)$$

式中,$\omega(t-\tau)$ 称为窗口函数,在信号分析和处理中,人们常采用高斯窗口函数。这种窗口变换或短时傅里叶变换的优点在于,在给定的时间和频率域范围内,具有最大能量信号的傅里叶变换有良好的局部化特征;在其他时频段,能量较小信号的傅里叶变换系数则接近于零。但这种变换的局限性就在于窗口的形状无法做到随频率和时间的变化而任意缩放。

把原来在时域内以时间 $t$ 为变量的函数 $B_H(t)$ 变换为频域内以频率 $f$ 为变量的函数 $B(f)$,也就是将原来的函数分解为一系列振幅不同的频率变化的正弦函数,得出频域内振幅随频率变化的函数 $B(f)$,如下所示。

$$B(f) = \int_0^T B_H(t) \mathrm{e}^{-2\pi f t} \mathrm{d}t \qquad (4\text{-}5\text{-}4)$$

这里的 $t$ 是 $B_H(t)$ 在时域内延伸的区间。由于振幅的平方正比于功率,定义单位时间内功率谱密度 $S(f)$ 如下所示

$$S(f) = B(f)^2 / T \qquad (4\text{-}5\text{-}5)$$

使用快速傅里叶变换(FFT)将震动波形从时间域变化到频率域上,即得到波形的频谱图。

### 4.5.3 震动波频谱分析示例

不同矿山地震由于诱发成因不同,煤岩破裂机制也各有特点,其释放能量大小也各不相同,矿震所体现的频谱特征也有所不同,从目前各矿微震监测结果来看,矿震频谱特征具有相似性,表现为高能量矿震频谱偏低,低能量矿震频谱偏高,可以从矿震频谱的变化规律分析出矿震能量发展变化趋势,为冲击矿压危险分析提供一个新思路(Lu et al.,2013;Lu et al.,2012;李志华等,2010;陆菜平等,2010a,

2010b,2008b,2005;徐学锋等,2010)。

鲍店煤矿目前微震监测系统运行期间,收集到了不同能量级别下的矿震数据,事件能量主要集中在 $10^2\sim10^5$ J,同时工作面开采过程中也出现了几次 $10^6$ J 以上的强矿震事件。

(1)能量 $\geqslant10^6$ J 的波形和频谱特征。

据能量分级筛选的统计结果,选择两个能量 $E\geqslant10^6$ J 的强矿震事件,记录波形时间为 2008-08-01 22:40:38 和 2008-08-15 03:48:44。全通道波形分别如图 4-5-1、4-5-2 所示。图 4-5-3 为两个强矿震事件的部分单通道波形频谱图。从图 4-5-3 可以看出,两次震动释放能量都大于 $10^6$ J,其波形振幅速度大,均超过了 $5\times10^{-4}$ m/s,信号持续时间均超过 4000ms,衰减慢。从频谱上看,两信号均为典型的低频信号,频率分布在 $0\sim10$ Hz,主频为 2Hz 左右。而图 4-5-3(b)与(a)相比,由于 8 月 15 日震动释放的能量更大,其波形持续时间更长,主频成分更低,S、P 波初至振幅比也更大。

(2)能量 $\geqslant10^4$ J 的波形和频谱特征。

图 4-5-4 为几个能量 $\geqslant10^4$ J 的微震事件的部分波形和频谱图。由图可知,震动释放能量大于 $10^4$ J 的矿震,其震动速度振幅主要介于 $1.5\times10^{-4}\sim3.5\times10^{-4}$ m/s,

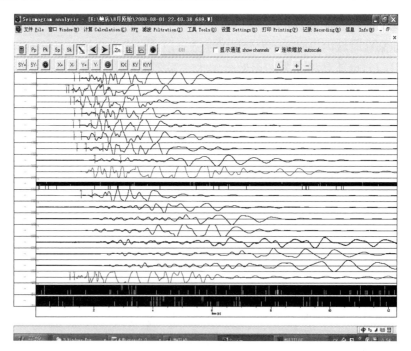

图 4-5-1　22:40:38(2008.08.01)微震波形

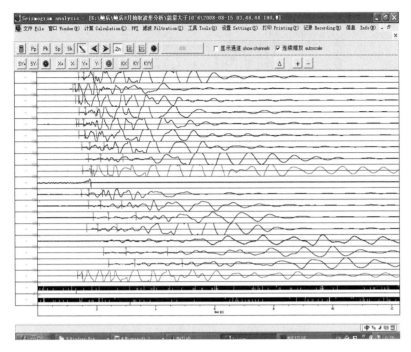

图 4-5-2　03:48:44（2008.08.15）微震波形

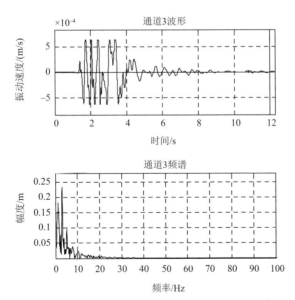

(a) 能量 $E=2.79\times10^6$ J（2008-08-01 22.40.38 689.W）

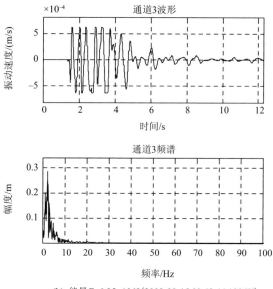

(b) 能量$E=6.05×10^6$J(2008-08-15 03.48.44 190.W)

图 4-5-3    能量 $E \geqslant 10^6$ J 波形和频谱特征

信号持续时间在 2000~3000ms,衰减较快,而且震动能量越高,其持续时间较长。从频谱上看,三个信号的频带分布介于 0~20Hz,主频在 5Hz 左右,并随着能量的降低,对应峰值频谱向高频段移动。

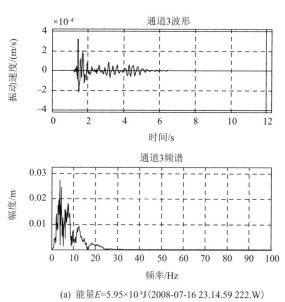

(a) 能量$E=5.95×10^4$J(2008-07-16 23.14.59 222.W)

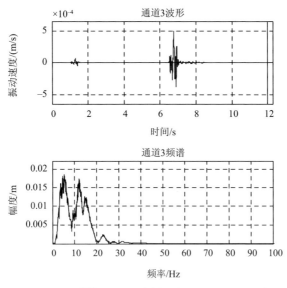

(b) 能量 $E$=3.95×10⁴J (2008-08-01 23.01.39 343.W)

图 4-5-4　能量 $E \geqslant 10^4$ J 波形形态和频谱特征

（3）能量 $\geqslant 10^3$ J 的波形和频谱特征。

由图 4-5-5 可知，能量 $\geqslant 10^3$ J 的微震事件，其速度振幅主要介于 $0.5 \times 10^{-4} \sim$ $1 \times 10^{-4}$ m/s，信号持续时间在 1000～2000ms，衰减快，且能量越高，其持续时间较长。从频谱上看，信号的频带分布介于 30～55Hz，主频在 3～5Hz。

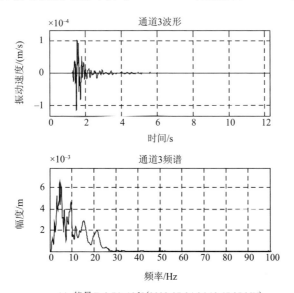

(a) 能量 $E$=9.74×10³J (2008-07-24 06.12.47 376.W)

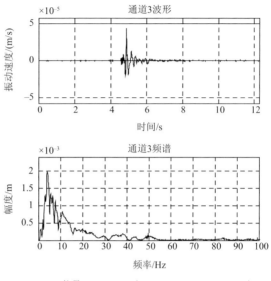

(b) 能量 $E=1.01\times10^3$ J(2008-07-23 20.31.37 261.W)

图 4-5-5　能量 $E\geqslant10^3$ J 波形形态和频谱特征

（4）能量 $\geqslant10^2$ J 的波形和频谱特征。

由图 4-5-6 可知，能量 $\geqslant10^2$ J 的微震事件，其震动速度振幅主要介于 $1.0\times10^{-5}\sim5.0\times10^{-5}$ m/s，信号持续时间在 $1000\sim1500$ms，衰减快。从频谱上看，三个信号的频带分布介于 $30\sim50$Hz，主频在 6Hz 左右。

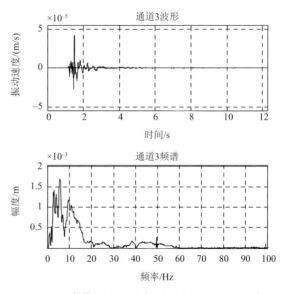

(a) 能量 $E=9.94\times10^2$ J(2008-08-14 23.41.25 891.W)

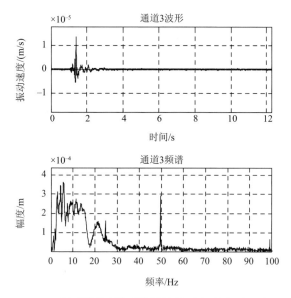

(b) 能量 $E=1.01\times10^2$ J (2008-08-11 23.03.43 535.W)

图 4-5-6 能量 $E\geqslant10^2$ J 波形形态和频谱特征

（5）不同能量级别下矿震信号特征比较。

从上可以发现，在不同能量级别下，矿震信号所对应的波形形态和频谱存在着不同的特征。表 4-5-1 中统计了不同能量级别下的矿震信号波形和频谱特征。

表 4-5-1 鲍店煤矿不同能量级别下矿震信号比较

| 能量级别 | 持续时间/ms | 衰减情况 | 振幅/($10^{-4}$ m/s) | 主频/Hz | 频率分布/Hz |
|---|---|---|---|---|---|
| $E\geqslant10^6$ | 大于 4000 | 快 | >5 | 2 | 0～10 |
| $E\geqslant10^4$ | 2000～3000 | 较快 | 1.5～3.5 | 5 | 0～30 |
| $E\geqslant10^3$ | 1000～2000 | 较快 | 0.5～1 | 3～5 | 0～30 |
| $E\geqslant10^2$ | 1000～1500 | 快 | 0.1～0.5 | 6 | 0～30 |

（6）各矿矿震信号频谱分析结果。

矿井的生产地质条件不同，矿震信号表现的频谱特征也有所差异，如表 4-5-2～表 4-5-6 所示，列出了其他部分矿井观测到的矿震频谱特征。

表 4-5-2 平十一矿不同能量级别下微震信号比较

| 能量级别/J | 持续时间/ms | 衰减情况 | 振幅/($10^{-5}$ m/s) | 主频/Hz | 频率分布/Hz |
|---|---|---|---|---|---|
| $E\geqslant10^5$ | 1200～3000 | 较快 | 9～60 | 5～10 | 0～100 |

续表

| 能量级别/J | 持续时间/ms | 衰减情况 | 振幅/($10^{-5}$m/s) | 主频/Hz | 频率分布/Hz |
|---|---|---|---|---|---|
| $E \geqslant 10^4$ | 1000~2000 | 较快 | 1.5~50 | 30~50 | 0~150 |
| $E \geqslant 10^3$ | 800~1500 | 快 | 1.5~20 | 20~80 | 0~150 |

**表 4-5-3　峻德煤矿不同能量级别微震信号特征比较**

| 能级/J | 持续时间/ms | 衰减 | 振幅/($10^{-4}$m/s) | 主频/Hz | 频率/Hz | 接收测站 |
|---|---|---|---|---|---|---|
| $E \geqslant 10^5$ | 1000~3500 | 较慢 | >5 | <10 | 0~70 | >9 |
| $E \geqslant 10^4$ | 1000~2000 | 较慢 | 1.2~5.5 | 10 | 0~50 | 6~10 |
| $E \geqslant 10^3$ | 300~1000 | 较快 | 1~5 | 8~30 | 0~60 | 4~9 |
| $E \geqslant 10^2$ | 600~1000 | 快 | 0.8~2.0 | 20 | 0~100 | 4~6 |

**表 4-5-4　桃山煤矿不同能量级别下微震信号比较**

| 能级/J | 持续时间/ms | 衰减 | 振幅/($10^{-4}$m/s) | 主频/Hz | 频率/Hz | 接收测站 |
|---|---|---|---|---|---|---|
| $E \geqslant 10^4$ | 大于1000ms | 慢 | 2~6 | <10 | 0~100 | >10 |
| $E \geqslant 10^3$ | 400~800 | 较快 | 0.5~5 | 40~140 | 0~200 | 6~10 |
| $E \geqslant 10^2$ | 100~400 | 较快 | 0.5~1 | 40~200 | 0~250 | 5~7 |
| $E < 10^2$ | <400 | 快 | <1 | 非常离散 | 0~250 | <6 |

**表 4-5-5　星村煤矿不同能量级别下微震信号比较**

| 能级/J | 持续时间/s | 振幅/($10^{-3}$m/s) | 频率范围/Hz | 主频/Hz | 衰减速度 |
|---|---|---|---|---|---|
| $\geqslant 10^5$J | 1.5~2.2 | 10~40 | 0~20 | 2 | 最快 |
| $\geqslant 10^4$J | 1~2 | 1~30 | 1~45 | 10 | 快 |
| $\geqslant 10^3$J | 1~2 | 0.8~6.5 | 15~120 | 25 | 中 |
| $\geqslant 10^2$J | 0.5~1 | 0.6~6 | 40~130 | 48 | 慢 |

**表 4-5-6　忻州窑煤矿不同能量级别下微震信号比较**

| 能级/J | 持续时间/ms | 衰减 | 振幅/($10^{-4}$m/s) | 主频/Hz | 频率范围/Hz |
|---|---|---|---|---|---|
| $\leqslant 10^3$ | 500~2000 | 快 | $\leqslant 0.5$ | 25 | 0~60 |
| $10^4$ | 1000~3000 | 较快 | 1~9 | 6 | 0~60 |
| $\geqslant 10^5$ | 1600~5000 | 慢 | 1~9 | 3 | 0~10 |

# 4.6　震动波波形图示例

（1）地震波形图。

如图 4-6-1 和图 4-6-2 所示为典型的地震波形图。

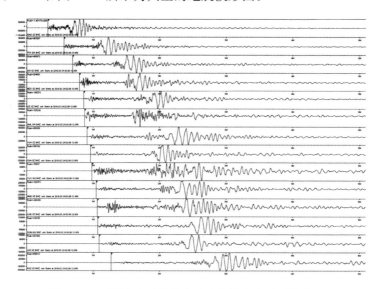

图 4-6-1　西藏自治区那曲地区聂荣县地震（地震信息网）

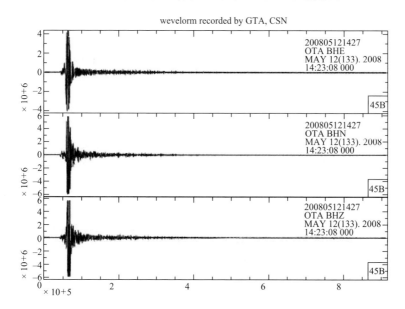

图 4-6-2　2008 年 5 月 12 日四川汶川县 Ms7.8 地震波形图（地震信息网）

（2）冲击矿压波形图。

如图 4-6-3 至图 4-6-5 所示为各煤矿微震监测系统记录的典型冲击矿压波形图。

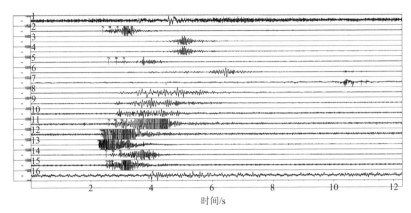

图 4-6-3　砚北煤矿 2010-11-08 09.26.43 372.W 冲击波形图（能量：$3.63 \times 10^5$ J）

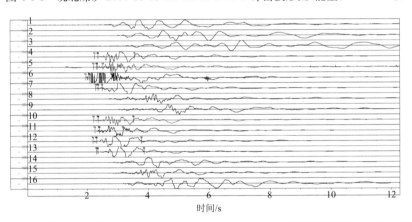

图 4-6-4　鹤岗兴安煤矿 2011-06-26 11.49.13 671.W 冲击波形图（能量：$3.37 \times 10^6$ J）

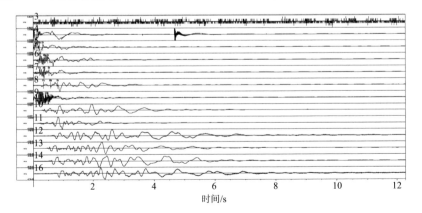

图 4-6-5　鹤岗峻德煤矿 2011-01-11 17.15.40 615.W 冲击波形图（能量：$1.2 \times 10^6$ J）

（3）煤与瓦斯突出波形图。

如图 4-6-6 所示为淮北海孜煤矿微震监测系统记录的"4.25"煤与瓦斯突出事件波形图。

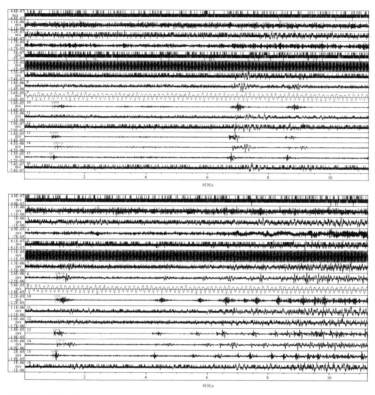

图 4-6-6　淮北海孜煤矿 2009-04-25 01.47.15 578. W 煤与瓦斯突出波形图（能量：$8.55 \times 10^3$ J）

（4）断层活化波形图。

如图 4-6-7 所示为鲍店煤矿微震监测系统记录到的两次断层活化波形图。

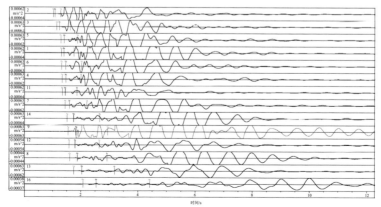

(a)　2008-08-15 03:48:44（$E=5.02 \times 10^6$ J, $ES/EP=43.3$）

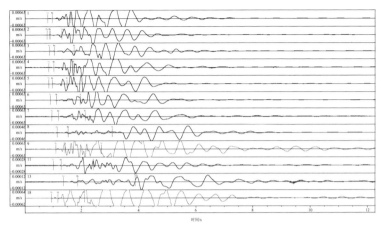

(b) 2009-02-01 08:26:51 ($E$=2.97×10⁶J, $ES/EP$=36.3)

图 4-6-7　鲍店矿 10302 附近断层活化(剪切破断)微震信号的部分波形图

（5）爆破信号波形图。

图 4-6-8 为典型的爆破微震信号波形图。

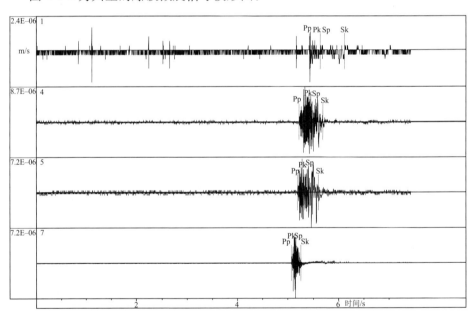

图 4-6-8　鲍店矿 10306 掘进面爆破微震信号的部分波形图

# 5  矿震震动波传播衰减规律

## 5.1  震动试验测试系统

为了确定冲击震动波的衰减特征，在地面进行了试验研究。试验采用中国矿业大学和国家地震局共同研制的 TDS-6 微震信号与数据采集系统。

选择四种不同完整性、松散性的介质进行试验研究。第一种介质是相对完整和坚硬的石块场地；第二种介质是硬度较低但完整连续的细沙土地；第三种介质是松散破碎岩层的小泥块土地；第四场地为水泥地。实验总共进行了 19 次。采集系统的布置是：从距离震源 3m 处开始，每间隔 10m 沿直线距离设置拾震子站，一共设置 6 台观察子站；主站放在辐射子站的圆弧中心位置处，以接收分站采集的信号。试验方案示意图如图 5-1-1 所示（高明仕等，2007）。

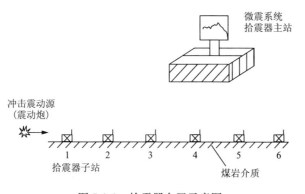

图 5-1-1  拾震器布置示意图

由试验现场测定的原始结果如图 5-1-2 所示。

## 5.2  冲击震动波能量的衰减特征

根据 TDS 6 微震实验系统内部设计自定的震动加速度幅值与震动烈度的对应关系、震动烈度与震级的关系，可以回归震动加速度幅值与震级之间的运算关系。再根据震级与能量之间的关系 $\lg E = 1.8 + 1.9 M_L$，可得到计算各拾震器位置震动能量与震动加速度之间的计算公式：$E = 10^{3.7849 + 0.8271 \ln a}$，从而计算出四个试验场地各拾震器位置冲击震动波能量值，进而得到冲击震动波沿传播距离的衰

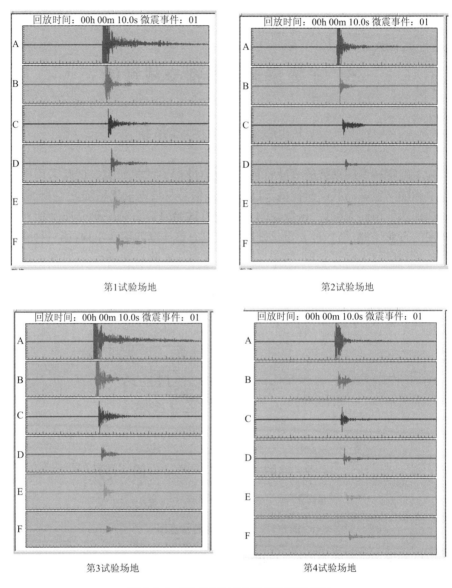

图 5-1-2　不同试验场地采集的震动信号

减特征曲线,如图 5-2-1 所示。

从上面能量衰减变化曲线可以看出,能量的衰减变化趋势同震动加速度的变化趋势,随传播距离增大能量也呈乘幂关系 $E = E_0 l^{-\eta}$ 衰减,初始衰减依然很快,到一定距离后衰减幅值减小。

在四种介质中的能量衰减指数的大小依然随介质的完整性、硬度、孔隙率等性能指标的变化而不同,这些指标越趋向良性,衰减指数小;反之,衰减指数越大。例如,在水泥地介质中衰减指数为 1.1509,而在细沙土介质中衰减指数达到 2.1309。

以上说明,震源距采掘面越近,对采掘面的影响越大。

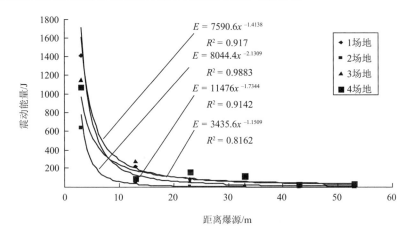

图 5-2-1　各试验场地各拾震器位置能量变化曲线

## 5.3　震动波传播的衰减规律

### 5.3.1　实验室试验

根据不同试验场地采集的震动信号,得出了四种不同场地介质的最大震动加速度幅值变化曲线,如图 5-3-1 所示。从图中可以看出,距离震源较近处幅值很大,但沿传播距离增加,震动加速度沿传播距离呈乘幂关系衰减,在相对完整和连续性较好的介质(如水泥地、大块砂石地)中震动剧烈程度衰减较小,而在松散和孔隙度大的介质(如沙土地、小石块场)中震动剧烈程度衰减趋势较大。这说明岩土介质中裂缝、节理、孔洞等导致波的震动幅度降低,对波传递有较大的吸收和阻尼作用,而且这种吸收和阻尼作用随着传递介质的完整性、硬度、孔隙率等参数的变化而变化,这些指标越趋向良性,衰减越小;反之,衰减越大。

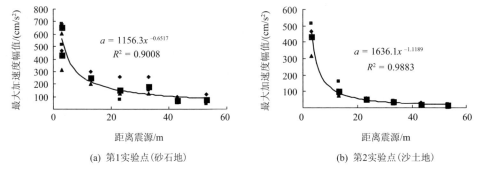

(a) 第1实验点(砂石地)　　　　　　　(b) 第2实验点(沙土地)

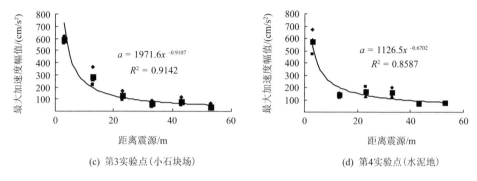

(c) 第3实验点(小石块场)　　　　　　　　　(d) 第4实验点(水泥地)

图 5-3-1　各实验点拾震器位置最大加速度变化曲线

### 5.3.2　震动传播的数值模拟

　　冲击矿压发生的最主要的一个因素是高应力的集中,而且这个高应力积聚的弹性变形能的释放是突然的、急速的瞬间阶段,通常都是由于顶板坚硬岩层的突然弯曲下沉或断裂移动而造成的。有时也会发生这样的情况:本来顶板岩层积聚的弹性能并不大,但受到周围采动影响,如放炮、机械振动等影响,这些采矿活动产生的震动能量传播至已经事先积聚了一定能量的坚硬顶板处,应力叠加总和超过了坚硬顶板所能承受的极限强度,诱发顶板岩层的突然弯曲下沉或断裂移动,能量转移至强度极限相对更低的煤体中,从而导致冲击矿压的发生。因此,可以说只要发生冲击矿压现象,一定是顶板或巷帮周围存在一个突然爆发冲击震动力的高应力区,我们将这个产生突然冲击震动的高应力区称为冲击源(震源)。

　　FLAC 数值模拟软件中的 Dynamic 模块,具有模拟诸如爆炸等突发冲击震动效应的力学模拟功能。通过一定的赋值语句,确定好震源加载波形,对各个参数相应赋值,就可以模拟巷道在冲击震动波的传播效应下围岩应力分布和位移趋势及大小,并分步再现冲击矿压破坏的全过程,这为研究冲击破坏机理提供了有力保证。

　　图 5-3-2 和图 5-3-3 是 $5 \times 10^6$ J 能量级别的冲击震动源分别在顶板 10m、80m处对巷道产生的冲击破坏效应模拟结果(高明仕,2006):

　　从上面的结果看出,在冲击源距离巷道一定范围之内时,冲击速度和位移量很快就达到最大值,巷道基本呈瞬时破坏现象;而在冲击源距离巷道一定位置后,同一能量震源对巷道的破坏出现明显的分段累积作用效应,冲击载荷对巷道的破坏也呈现出多轮冲击破坏现象,巷道是在冲击波的反复压缩和拉伸作用下累积破坏的,速度时步变化过程与位移量时步变化过程呈现出一致性。

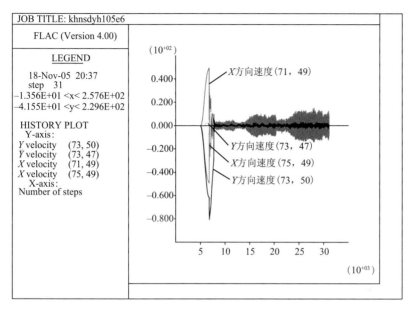

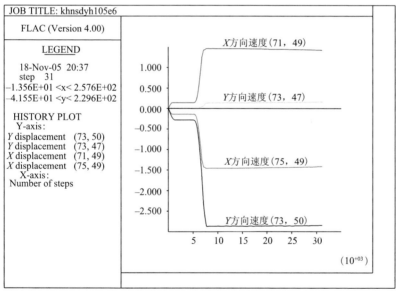

图 5-3-2　khnsdyh$10^5e6$ 冲击效应

图 5-3-4 为同一能量($5 \times 10^6$ J)不同位置冲击震源对巷道冲击效应曲线。从图中可以看出,同等能量冲击源距离巷道顶板不同位置时对巷道产生的冲击效应截然不同,随冲击源距离巷道增大,冲击效应逐渐减弱,巷道围岩移动速度和移动量均随距离的增大呈乘幂关系减弱。对于一个具体震源能量在一定距离之内可以造成巷道产生冲击矿压破坏现象,但在这个距离之后对巷道的冲击震动作用就减弱,

甚至丝毫没有作用。

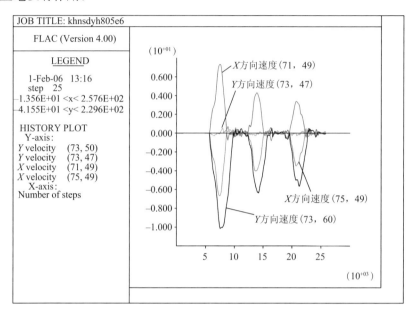

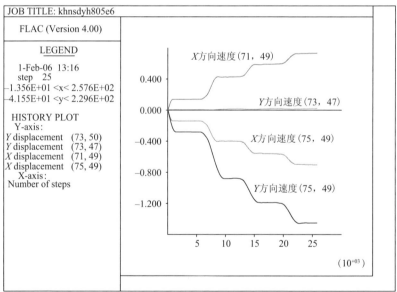

图 5-3-3　khnsdyh805e6 冲击效应

### 5.3.3　矿震震动波衰减的现场测试

某矿为薄煤层群开采,由于上层位煤柱、本层上区段采空区顶板悬顶及本工作面后部采空区的影响,79Z6 工作面上巷煤壁一侧应力集中程度较高,具有较高的

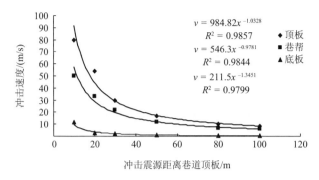

(a) 不同位置震源对巷道冲击效应速度曲线

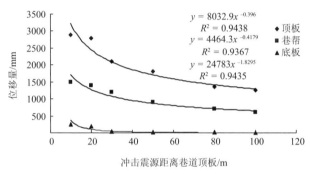

(b) 不同位置震源对巷道冲击效应位移曲线

图 5-3-4　同一能量($5×10^6$J)不同位置冲击震源对巷道冲击效应曲线

冲击危险。

　　采用爆破研究震动波的传播特征,而且爆破后诱发了冲击矿压。图 5-3-5 为距离爆破震源分别为 452.5m、400.7m、1023.6m 的 6、7、12 通道记录的速度波形。将各通道速度幅值与传播距离的关系作图可得图 5-3-6,采用最小二乘法可得速度幅值与传播距离之间的关系(何江,2013)为

$$v_p(L) = 0.3623L^{-1.638}$$

由此可反算该震源传播到冲击显现位置处的速度幅值。由冲击矿压发生点与爆破施工位置,可估算出距离 $L$ 取值范围为 1～20m,以此可得卸压爆破对冲击矿压易发区域产生的动载为 0.03～3.89MPa。

### 5.3.4　爆炸震动波传播特性的原位试验

　　某煤矿 KZ-1 矿震监测系统由中国国家地震局地球物理研究所开发研制。整个矿区共计布设了 12 个井孔型拾震器,其中 10 个布置在井下,煤气站与路新庄 2 个拾震器采用地面深钻孔布置,孔深分别为 228m 和 229m。

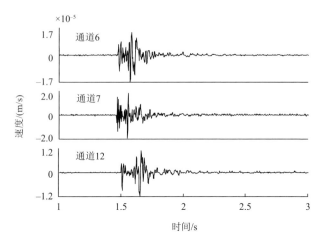

图 5-3-5 卸压爆破典型波形图

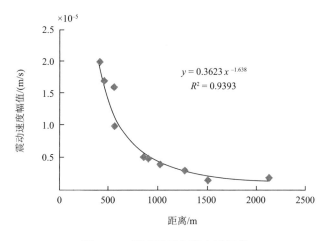

$$y = 0.3623 x^{-1.638}$$
$$R^2 = 0.9393$$

图 5-3-6 爆破波形幅值衰减规律

本次试验研究在该矿 7206 工作面轨道巷进行,7206 工作面轨道巷平均标高为－840m,在 7206 工作面轨道巷周围布置了 6 个三分量传感器,分别为 1 号(－860 车场)、3 号(－700 南翼充电房)、4 号(九煤车场)、8 号(煤气站)、10 号(西二下山中部－770 点)以及 12 号(路新庄)。本次试验主要利用 1 号、3 号以及 4 号传感器采集的微震数据进行分析。在轨道巷掘进初期,利用最近的 1 号传感器采集爆源中心的震动波,随着轨道巷的不断掘进,测定爆炸震动波 3 个分量随传播距离在煤岩层中的传播衰减规律。

7206 工作面轨道巷与 7204 工作面运输巷之间留设了宽度 5m 的小煤柱,其中 7204 工作面已经回采完毕,其余均为实体煤。爆破为掘进正常放炮,在 7206 工作面轨道巷迎头施工 5 个爆破孔,装药 80 卷,共计 12～15kg,一次起爆。

　　震动波的传播过程极其复杂,影响波能量损失的因素较多。针对小尺度范围内的煤岩体空间,从试验的实测数据出发,结合拾震器与爆源中心位置的关系,提出震动波 3 个不同分量"穿层"传播和"顺层"传播的能量衰减差异。所谓"穿层"传播,就是单分量波从爆源到拾震器的传播途中穿过了若干次煤岩层接触面,波每经历一个接触面,就要进行一次反射、折射与衍射过程,造成波的能量损失;"顺层"传播指的是单分量波从爆源到拾震器的传播途中,不经过煤岩层接触面,即波在单个岩层中传播,相对"穿层"传播能量损失较小。

　　为了研究爆炸震动波 3 个单分量"穿层"传播和"顺层"传播的能量及频率衰减差异,首先必须试验采集到爆炸震动波信号 3 个分量的振幅时程曲线,揭示爆源中心震动波信号的 3 个分量特性。在 7206 工作面轨道巷掘进初期,利用最靠近爆源中心的 1 号拾震器采集爆破信号,得到近似爆源的震动波。如图 5-3-7 所示,为 7206 工作面轨道巷掘进初期 1 号传感器采集的爆炸震动波 3 个分量的能量与频率的分布曲线(Lu et al.,2010)。

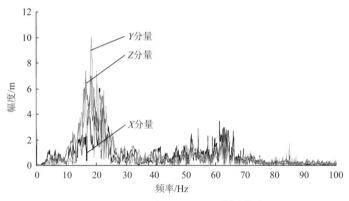

(a) 2008年10月3日10: 42爆破信号

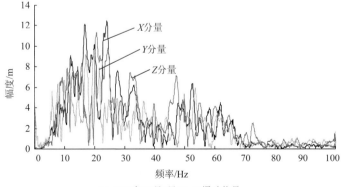

(b) 2008年10月5日10: 55爆破信号

图 5-3-7　爆炸震动波信号三分量的能量与频率曲线

　　由图 5-3-7 可知,近爆源中心震动波的水平方向和垂直方向的能量及频率分布近似相等。信号的主频分布在 0~70Hz,能量以低频 0~40Hz 的信号为主,该频段主要为炸药爆炸激发的震动波。信号的高频成分(40~70Hz)主要由于爆炸导致煤岩体内部产生了大量的微裂纹以及微裂纹扩展所致。

　　为了揭示爆源中心震动波 3 个分量信号在煤岩介质中的传播衰减规律,在7206 工作面轨道巷掘进过程中,利用爆源距 1 号、3 号以及 4 号传感器距离的变化,试验研究爆炸震动波信号远区"顺层"与"穿层"传播的衰减规律。

　　试验一:2008 年 10 月 6 日早班在 7206 工作面轨道巷迎头施工了 5 个爆破孔,装药 15kg,10:31 起爆。如图 5-3-8 所示,为爆源与拾震器的位置关系示意图。图 5-3-9为 1 号、3 号以及 4 号传感器采集到的 3 个分量信号的能量与频率分布曲线。

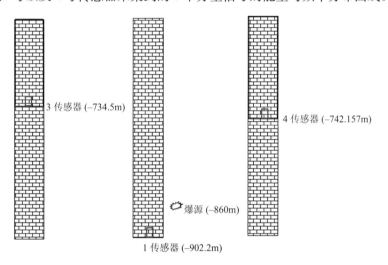

图 5-3-8　爆源与拾震器的位置关系示意图(10 月 6 日)

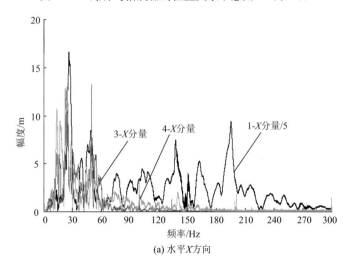

(a) 水平 X 方向

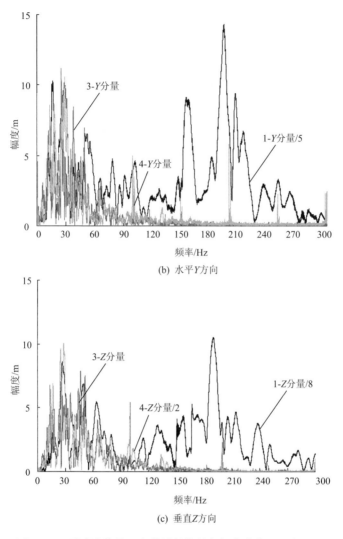

图 5-3-9 震动波信号三个分量的能量与频率曲线(10 月 6 日)

由图可知,随着爆源震动波 3 个分量的"顺层"与"穿层"传播,信号的高频成分急剧衰减,频谱向低频段移动。但是"顺层"与"穿层"传播的衰减速率不同,水平向传播距离增加 3.5 倍时,能量衰减了近 5 倍;而垂直向传播距离增加 3 倍时,能量则衰减了近 8 倍。且从 3 号与 4 号传感器采集的垂直向能量来看,两者传播的水平距离接近,垂直距离只相差 7.6m,但"穿层"传播后的残余能量却相差近 1 倍。

试验二:2008 年 10 月 16 日早班在 7206 工作面轨道巷迎头施工了 6 个爆破孔,装药 15kg,10:54 起爆。炮后发现迎头中部约 1.5m 深、靠两帮约 1.0m 深的煤体被压出,煤量约 4~5t,煤块最远弹射距离达 10m 左右。如图 5-3-10 所示,为爆源与拾震器的位置关系示意图。图 5-3-11 为 1 号、3 号以及 4 号传感器采集到的 3 个分量信号的能量与频率分布曲线。

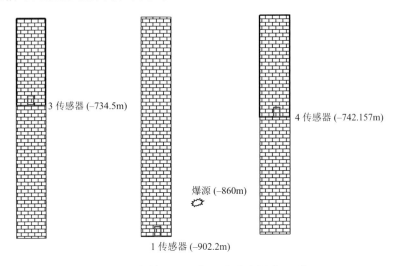

图 5-3-10　爆源与拾震器的位置关系示意图(10 月 16 日)

由图可知,根据 3 号与 4 号传感器采集的水平向能量来看,水平向传播距离增加 1.67 倍时,能量衰减了近 2 倍;但从 3 号与 4 号传感器采集的垂直向能量来看,两者传播的水平距离相差 1.67 倍,垂直距离只相差 7.6m,但"穿层"传播后的残余能量却相差近 6 倍。

综上,爆炸震动波在煤岩介质中传播时,随着传播距离的增加,信号中的高频成分急剧衰减,主频分布在 0~60Hz。从衰减指数来看,"穿层"传播的垂直向衰减指数大于"顺层"传播的水平向。但水平传播距离对于垂直向能量的衰减具有显著性影响。

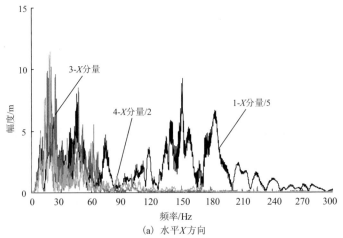

(a) 水平 X 方向

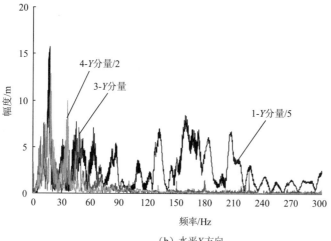

（b）水平Y方向

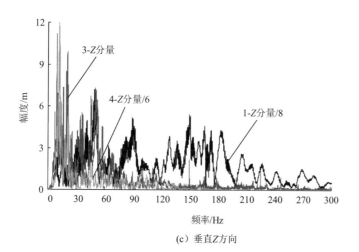

（c）垂直Z方向

图 5-3-11　震动波信号三个分量的能量与频率曲线（10 月 16 日）

## 5.4　震动波传播速度与应力的关系

　　为了采用震动波分析确定岩层内的应力状态，首先需要在实验室条件下研究煤岩块在加载情况下波速与应力之间的关系（Mitra and Westman，2009；Meglis et al.，2005；Westman，2004；Eberhart-Phillips et al.，1989；Nur and Simmons，1969），从而为通过反演波速进行应力分布特征的研究和冲击危险监测预警打下理论基础。

　　为此，对某矿所取的煤岩样进行单轴压缩直至破坏，煤岩样轴压加载速率分别为 5MPa/min 和 15MPa/min,并每隔 3s 进行纵波波速测试。试验在四川大学水利水电学院 MTS815 FlexTestGT 岩石与混凝土材料特性试验机上进行(巩思园, 2010)。

岩样的单轴压缩全过程超声波测试结果表明,纵波波速都随应力的增加而增加。单轴压缩条件下,煤岩试样总是在应力作用的开始阶段时,纵波波速变化有较高梯度,而随着应力的不断增加,纵波波速的上升幅度减缓,并逐渐趋于水平。在应力升高到一定阶段后,影响波速大小的因素不再随应力的增加而调整。这种现象表明应力与波速间应具有幂函数关系(巩思园等,2012a,2012d),即

$$V_p = a\sigma^\lambda \tag{5-4-1}$$

式中,$a$ 和 $\lambda$ 为拟合和选择的参数值。

图 5-4-1 为该矿煤岩样试验关系模型和应力与纵波波速的拟合曲线。其实验模型的相关系数达到了 0.93 和 0.82,拟合曲线分布为

岩石：　$V_p = 2919.2\sigma^{0.0992}$

煤：　$V_p = 2253.2\sigma^{0.0185}$

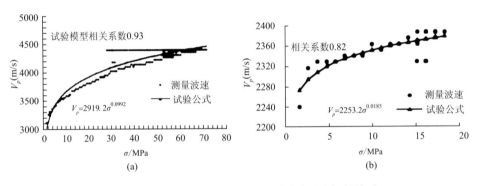

图 5-4-1　单轴压缩条件下应力与纵波波速之间的关系

# 6 矿山开采诱发矿震的活动规律

## 6.1 采掘工作面的冲击矿震规律

鹤岗某煤矿自 2004 年 9 月 22 日发生首次冲击矿压以来,多次发生冲击矿压,近 200m 巷道破坏。冲击矿压已严重威胁着该矿的安全生产。

鹤岗某煤矿工作面为三水平北 3 层三四区一段,采用走向长壁综合机械化采煤法,设计走向 690m,已采出 375m,剩余 315m。工作面现长 182m,倾角 28°~31°,回风巷与上段机道煤柱宽 2~8m。煤厚平均为 3.38m,直接顶为 5.9~15.6m 灰色粉砂岩,老顶为 44.9~69m 灰色含砾粗砂岩,底板为 1.3~22m 的灰白色细砂岩。工作面与下伏 9 煤层间距为 45~55m。

该区为三水平北 3 层三四区一段,其上部二水平北 3 层三四区一、二、三段已于 2005 年以前开采完毕。二水平北 3 层四区三段为分层开采,一分层顺利开采,二分层在回采时,由于煤层变薄采用重新布置回采系统缩面开采,在南部形成 30m 煤柱。

2009 年 8 月 2 日,本工作面回风巷掘进期间在 R11 测点前 25~61m(36m 范围)发生过一次冲击矿压。该巷采用 EBZ-100 综掘机沿 3 煤顶板掘进,与上段采空区隔离煤柱宽度 4~6m。3 煤赋存稳定,倾角 30°~33°,平均煤厚 3.38m。直接顶为 3~15m 细砂岩,老顶为 50m 砾岩,底板为 30m 细砂岩。巷道标高 −224~−227m,地面标高 +260~+285m。该巷上段为二水平北 3 层三四区三段,已于 2005 年开采完毕。二水平北 3 层三四区二段于 2004 年 9 月发生一次冲击矿压,留下一块走向长 80m、倾斜宽 120m 煤柱没有开采。

### 6.1.1 冲击矿压及矿震显现分析

#### 6.1.1.1 掘进工作面的冲击矿压显现分析

2009 年 8 月 2 日 21 点 27 分,掘进面端头发生一次震级为 1.6ML 的冲击矿压,造成掘进机尾上移 0.8m 至上帮,自移溜子尾上移 1.0m。造成端头向后 36m 范围巷道下沉,由 3m 变为 2.2m,最矮处 2.0m,底鼓 0.6~1.0m。巷道宽度由 4.7m 变为 2.93~4.2m,下帮移近 0.8~1.8m。震动波经微震定位震源位于巷道下帮实体煤侧,距巷道底板 40m,迎头前方 7m,能量 7.3×10⁴J。图 6-1-1 为矿震震源分布的规律。由图可知,巷道下帮高应力区矿震较集中,能量释放较高,而非拱脚煤柱区则基本无可监测的矿震分布。

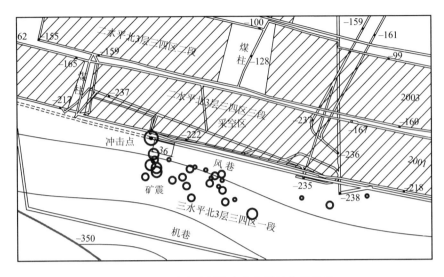

图 6-1-1　冲击矿压发生点与煤柱位置关系

　　图 6-1-2 为该巷道矿震日总能量释放、矿震次数变化趋势图。由图可以看出,冲击矿压发生前日总能量和矿震次数都有所增加,尤其能量变化持续增长,能量趋势线指向冲击矿压发生的能量。特别是 7 月 15 日前该掘进面几乎没有矿震出现,而从 7 月 15 日起,矿震次数和能量明显增加,矿震活动进入活跃期。从 7 月 15 日～7 月 22 已经历了一个能量的释放周期,经过一段时间的平静之后,从 7 月 29 日开始矿震能量进入矿震能量释放的又一个周期,该能量趋势线指向于冲击矿压发生的能量。

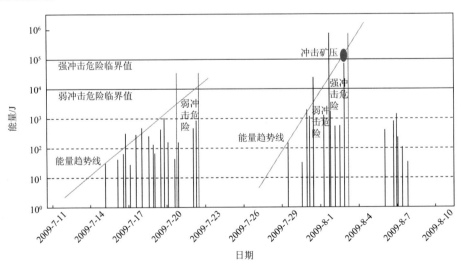

图 6-1-2　掘进面矿震时序分布图

对于这次冲击矿压,可以采用能量趋势法进行预警。能量趋势法涉及矿震冲击临界能量,对于该煤矿,根据冲击矿压监测的情况,2009 年 8 月 2 日发生了一次 $7.3 \times 10^4$ J 的冲击矿压。根据监测结果,峻德煤矿目前最大矿震能量可达到 $1.66 \times 10^5$ J。因此,可将 $1 \times 10^4$ J 作为弱冲击危险临界值,$1 \times 10^5$ J 作为强冲击危险临界值。

图 6-1-2 为该巷道利用能量趋势法的作图方法预测冲击矿压危险的示例。由图可见,根据 7 月 15 日至 17 日数据预测 7 月 21 日、22 日为弱冲击危险期,而在 7 月 19 日起矿震能量在达到本周期能量峰值之后能量开始下降,到 7 月 22 日,能量连续下降 3 天,可判断冲击危险已解除,未出现强矿震;根据 7 月 29 日、30 日矿震数据预测 7 月 31 日为弱冲击为危险期,8 月 1 日、2 日为强冲击危险期,而在 8 月 2 日晚发生了了冲击矿压。这说明将 $1 \times 10^4$ J 作为弱冲击危险临界值,$1 \times 10^5$ J 作为强冲击危险临界值是合理的。

SOS 微震监测系统记录的冲击矿压波形如图 6-1-3 所示。由图可知,冲击震动波持续时间长达 $3s$ 以上,速度幅值较大,频率较低。

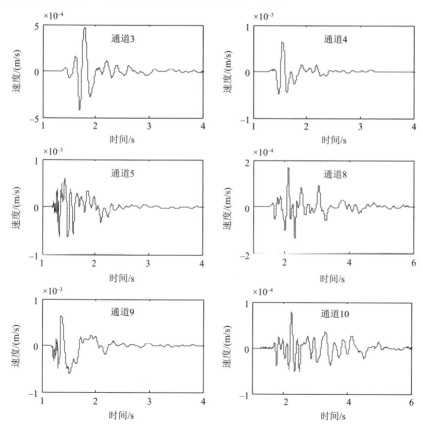

图 6-1-3　SOS 记录的冲击矿压波形

**6.1.1.2　回采工作面的冲击矿压显现分析**

2010 年 8 月 29 日新一班,工作面采煤机正上行割煤,2 点 15 分,采煤机割煤至第 100 组支架时,回风巷发生冲击矿压。回风巷超前 10～45m 范围内的巷道被下帮和底板弹起的煤堵严,45～85m 处巷道两帮严重变形收缩,底板鼓起,巷道宽度由原来的 3.2m 收缩到 1.5m,巷道高度由原来的 2.3m 缩至 0.8～1.2m,下帮侧超前支护的单体液压支柱被冲倒、歪斜。

SOS 微震监测系统记录到的"8.29"冲击矿压波形,如图 6-1-4 所示。由波形图可见,矿震能量较大,所有微震探头都记录到此次冲击震动的地震波信号,可用于定位选择的通道较多。经准确标定,计算出的震源位置如图 6-1-5 所示。震源坐标:$X=103\,366$、$Y=-116\,621$ 和 $Z=-294$;能量:$1.35\times10^{6}$J;震级:2.3。由图 6-1-4 震源波形图可见,震动波明显分为两段,初动高频段和尾震低频段,震动波形明显为两次震动叠加一起的波形。图 6-1-5 定位结果显示震源位于工作面附近,冲击显现处于风巷超前段。由震动波形结合震源定位及冲击显现可见,此次事故为工作面附近岩层运动导致的风巷超前段高应力区冲击矿压。

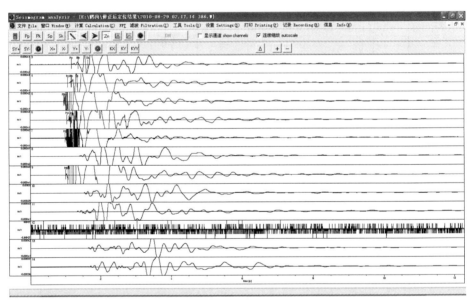

图 6-1-4　"8.29"冲击信号波形

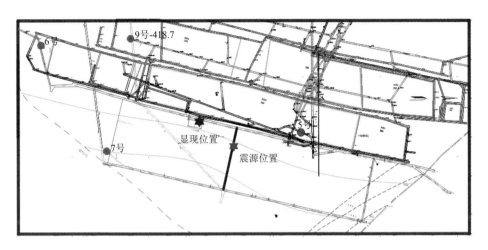

图 6-1-5  震源位置定位结果

## 6.1.2  回风巷掘进期间的矿震活动规律

回风巷自 2009 年 6 月 24 日开始掘进,至 2009 年 10 月 16 日结束,期间 SOS 微震监测系统记录了掘进过程中产生的矿震信号。如图 6-1-6 所示,6 月份开始掘进时,反上开门点有个别矿震显现,岩体破裂产生的矿震信号较少;7 月份掘进距离较长,7 月 11 日之前没有监测到矿震信号,当回风巷接近 8.2 冲击显现区域时,矿震逐渐增多。2009 年 8 月,震源明显集中在此冲击显现区域,于 8 月 2 日发生能量为 $7.3 \times 10^4$ J 的冲击矿压事件,说明此区域应力集中较高,冲击危险较大。不仅本区域内的煤体会在高应力下破坏发生冲击,在受到强矿震动载扰动并与静载

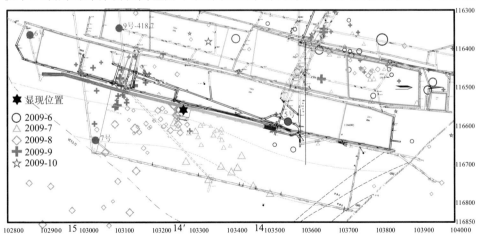

图 6-1-6  回风巷掘进期间各月的震源分布图

叠加后也可能会形成冲击矿压事件。8.2 冲击发生后，经分析该巷后期掘进经过前方巷道密集区域时，应力较高，有较高冲击危险，矿震分布将会增多，9 月微震监测结果与分析一致，震源多集中在前方巷道交叉密集区域。经 SOS 微震监测分析可见，高应力集中区、冲击矿压危险、微震活动三者有很好的对应关系。

图 6-1-7 表明，在接近冲击显现区域时，能量和频次都明显升高，岩体活跃性增加，冲击危险性增高。集中程度指标值在震源次数较多时，仍然具有较小值，说明此阶段，震源较集中，能量围绕该应力集中区域释放。

综一工作面-掘进期间 统计时间区间:2009-6-24 0:00:00至2009-10-16 0:00:00

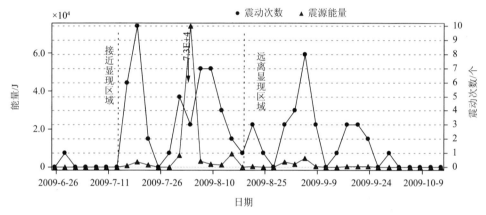

(a) 回风巷掘进过程矿震能量、频次曲线

综一工作面-掘进期间 统计时间区间:2009-6-24 0:00:00至2009-10-16 0:00:00

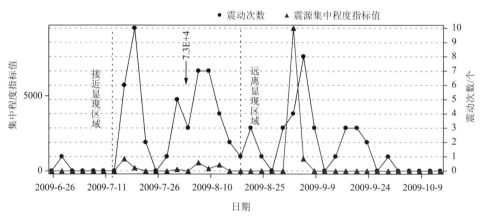

(b) 回风巷集中度趋势曲线

图 6-1-7　回风巷掘进期间震源能量、频次和集中程度变化趋势

### 6.1.3 工作面回采期间的矿震活动规律

三水平北3层三四区一段综一工作面自2010年4月末开始回采,至2010年8月29日冲击矿压发生时共推进375m。如图6-1-8所示,受相邻采空区影响,震源主要分布在回风巷侧和相邻采空区内。而对于较大能量震动,从图6-1-9中可以看出,初期震源离回风巷较远,随着工作面推进,震源有沿图中黑色虚线向回风巷偏移的明显趋势,偏移过程中,能量和震动频次都有上升。矿震活动在空间上的演化趋势与2009年8月2日冲击发生前的矿震空间演化规律一致。

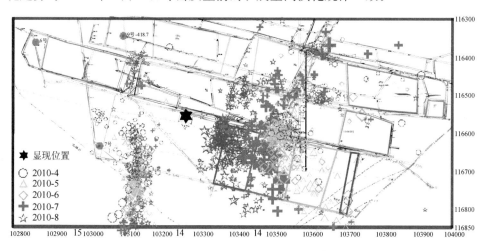

图6-1-8 综一工作面开采期间震源分布图

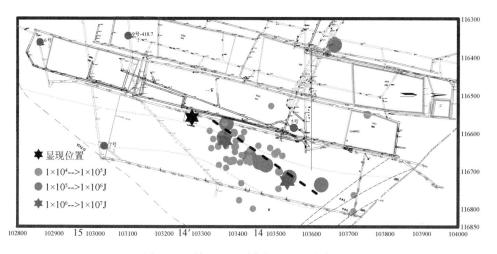

图6-1-9 综一面回采期间强矿震分布图

图 6-1-10、图 6-1-11 分别为综一面回采期间的能量趋势图和频次趋势图。由图可见,该面开采以来经历了两个微震活动较强的时期,结合图 6-1-9 矿震空间分布可知,这两个微震活动区域分别为反上区域和冲击发生区域。6 月 21 日以来冲击发生区域微震能量和频次均持续增大,微震能量冲击前突破了 $1 \times 10^5$ J。能量强度是微震活动平静时的 100～1000 倍。微震频次增长显著,冲击发生前,频次急剧增大。由此可见,8 月 29 日冲击发生前,微震活动明显。

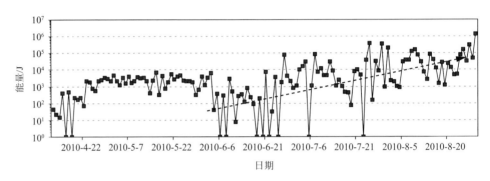

图 6-1-10　综一面回采期间矿震能量趋势图

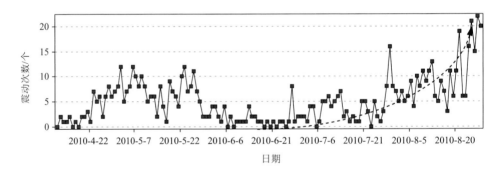

图 6-1-11　综一面回采期间矿震频次趋势图

经过对综一面回风巷掘进期间以及综一面回采期间微震活动规律分析,该面回风巷区域应力集中明显,掘进期和回采期矿震分布集中区域基本一致,主要集中在回风巷反上区域以及两次冲击矿压发生的区域。通过掘进期和回采期微震活动性对比,掘进期矿震活跃区域,回采期矿震活动也非常活跃。因此,在该面后期回采中应注意掘进后期微震活跃区,以避免冲击矿压再次发生。

### 6.1.4　工作面"见方"效应及矿震规律

采空区顶板活动高度受到工作面长度影响,即覆岩运动高度主要受采空区短边(多为工作面长)控制。若工作面长度较小,工作面开采时,当推进距离达到工作面长时顶板活动高度达到极大值,顶板活动强度达到极大值,之后顶板活动性基本不随工作面推进而增加;当下一个面开采时,增加了采空区倾向宽度,顶板活动范围继续向上层位发展,顶板活动性增强,且当工作面推进到两面长度之和附近时活动性达到最大值。因此,当顶板岩层活动范围未发展到地表以前,随着工作面增加,顶板活动强度也逐渐增强。冲击矿压专家形象地称之为"见方效应"(贺虎,2012,2010;徐学锋等,2011;钱鸣高等,2010)。

在回风巷一侧,存在两个相邻的采空区,如图 6-1-12 所示,在本工作面推进至第一个见方区域,发生了一次 6 次方能量的震动;在第二个见方区域,4 次方和 5次方能级矿震均有所增加;在第三个见方区域,震源逐渐偏向回风巷,4 次方能量显著增多,说明煤岩体活动开始加剧,能量释放强烈,之后又出现多次 5 次方能量震动,最终在 8 月 29 日发生强矿震,并引发冲击。由图 6-1-12 可见,三次见方区域均具有密集的高能量矿震出现。

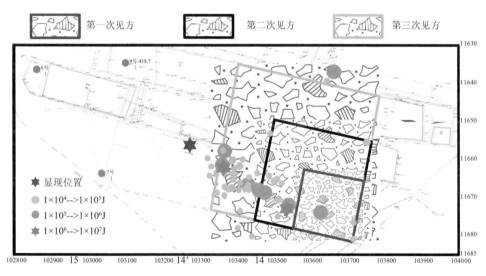

图 6-1-12　强矿震与见方的关系

## 6.1.5　残留煤柱的影响

二水平北 3 层三四区二段南块于 2004 年 9 月发生一次冲击矿压,事后该区留下一块走向长 80m,倾斜长 120m 的煤柱没有开采。残留煤柱与冲击点位置关系如图 6-1-13 所示,由于该煤柱的存在,煤柱周围顶板受到煤柱支撑未充分垮落,且二水平北 3 层三四区三段工作面面长仅为 100m。该面采空区较窄,顶板坚硬,厚层顶板可能不会垮落,从而在采空区形成一个两端固支的梁,形成的压力拱将采空区顶板岩层重量传递到煤柱及综一面,综一面冲击区域以及二水平北 3 层三四区二段煤柱成为压力拱的两个拱脚。综一面冲击区域正处于该拱脚的高应力区。如图 6-1-13 微震显示,2010 年 8 月二水平北 3 层三四区二段遗留煤柱边缘及二水平北 3 层三四区三段采空区出现了大量矿震,与冲击区域矿震相对,可见综一面开采时,由于破坏了压力拱拱脚,邻面采空区顶板产生断裂活动。另外,由于综一上区段下分层开采遇到煤层变薄区,工作面缩面遗留一块宽 30m 煤柱未开采,导致邻面采空区侧顶板垮落不充分,形成悬顶,导致该区域应力集中。

图 6-1-13　综一面煤柱影响图

# 6.2　覆岩关键层破断及其诱发矿震规律

采场覆岩中存在多层岩层时,对覆岩活动全部或局部起控制作用的岩层称为关键层。关键层在力学性质上表现弹性模量较大,极限强度较高,岩层厚,整体性强且容易形成大范围的悬顶,储存的弹性能多,特别是煤层上覆坚硬厚层岩层组成的主关键层对冲击矿压的发生具有强烈的影响,主关键层剧烈活动区域往往是冲击矿压发生的集中区域。根据第 3 章理论,在其破断开裂或滑移失稳过程中,将产生强烈的震动,大量的弹性能突然释放可能造成井下工作面的强烈冲击,更容易导致顶板煤层型(冲击压力型)冲击矿压或顶板型(冲击型)矿震或冲击矿压。

## 6.2.1　关键层板破断的形式

根据矿山压力理论(钱鸣高等,2010),工作面回采后,老顶将以"O-X"型板破断形式出现,如图 6-2-1 所示,上覆各级关键层初次断裂也将出现"O-X"型破断形式。由于各级关键层的极限垮距不同,所以形成的"O-X"型破断的范围应该是由下向上逐渐增大,主关键层形成巨型的"O-X"型破断结构。为了研究方便,把上覆各级关键层的初次断裂称为亚"O-X"型破断形式和主"O-X"型破断形式,其中亚"O-X"型破断形式与亚关键层对应,且不止一个,而主"O-X"型破断形式与主关键层对应只有一个,如表6-2-1所示。亚"O-X"型破断形式1由单工作面老顶初次断裂形成;亚"O-X"型破断形式2和更大的"O-X"型破断形式由单工作面或双工作面形成,存在巨厚坚硬顶板的矿井;主"O-X"型破断形式一般由两个、三个或多个工作面形成,如图6-2-2所示。

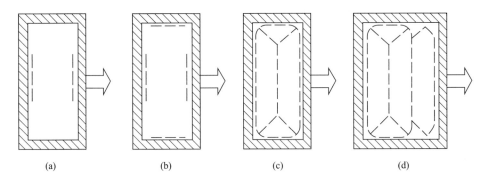

(a)      (b)      (c)      (d)

图 6-2-1 老顶板的"O-X"型破断形式

**表 6-2-1 关键层初次断裂形式**

| 关键层初次断裂形式 | 对应关键层 | 工作面数目 |
| --- | --- | --- |
| 亚"O-X"型破断形式1 | 亚关键层1 | 单工作面 |
| 亚"O-X"型破断形式2 | 亚关键层2 | 单工作面或双工作面(多工作面) |
| 亚"O-X"型破断形式3 | 亚关键层3 | 单工作面或双工作面(多工作面) |
| ⋮ | ⋮ | ⋮ |
| 主"O-X"型破断形式 | 主关键层 | 单工作面或双工作面(多工作面) |

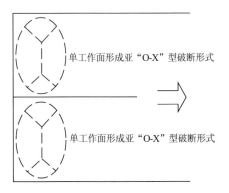

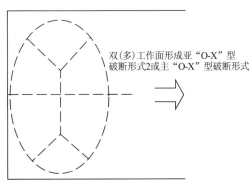

图 6-2-2 关键层的初次破断形式示意图

亚"O-X"破断和主"O-X"破断的形成对工作面顶板来压和两侧顺槽的稳定性起主导作用,有些情况下,大的"O-X"型破断释放大量能量,可能引起矿震或冲击矿压事故。随着工作面的回采,各级关键层的逐次周期断裂,也会带来大的影响。

根据以上分析,103 上 02 工作面回采后,上覆岩层在垂直方向上分成 3 层"O-X"破断形式,在走向上随着工作面推进形成各级关键层由下向上逐步分次初次垮落及周期垮落。这些形式及各级关键层的逐级破断,将造成工作面顶板及两侧顺槽煤壁应力的叠加连锁反应,形成矿震的动力源。根据微震设备的定位的微震数据与此空间形式结合,对冲击矿压、矿震等动力现象预测具有重要的指导作用。

### 6.2.2 工作面覆岩关键层结构演化规律

根据开采条件及采区边界,某煤矿 103 上 02 工作面回采期间可分成两个阶段,以图 6-2-3 中虚线为分界线,初期为①阶段,本阶段开采为孤岛工作面;后期开采为②阶段,为一面采空的半岛面。孤岛开采①阶段两侧工作面采空区,南翼三个工作面回采完毕,采空区短边长度为三个工作面长度之和,研究表明采场裂隙带发育演化高度受采空区短边跨度所控制。因此,三个工作面的老顶及上覆主关键层充分垮落,属于充分采动;而北翼只回采一个工作面,上覆岩层未充分垮落。回采前工作面上覆岩层空间结构如图 6-2-4(a)所示。

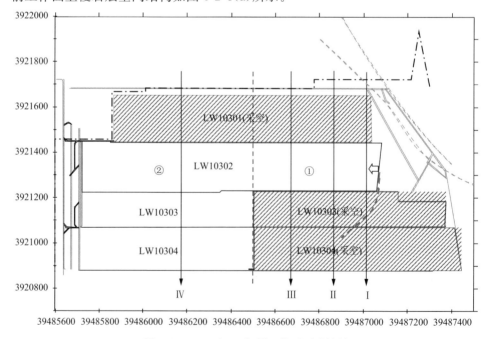

图 6-2-3　103 上 02 相邻工作面开采情况

在 10302 工作面开采初期,即亚关键层 1 初次垮落之前,采场覆岩关键层结构高度还没有发展到短边跨度相应的最大值,覆岩关键层结构高度受工作面推进长度所控制,随着工作面的推进长度的增大而近似增大,演化高度大约为工作面推进长度的一半,当推进至如图 6-2-3 所示中剖面线 Ⅰ 的位置,亚关键层 1 初次垮落,此时的覆岩空间结构如图 6-2-4(b)所示。

随着工作面的推进长度进一步加大,覆岩关键层结构高度不断增加,当推进约80m 时,虽然达到了亚关键层 2 的极限断裂步距,但是,由于覆岩关键层结构高度受短边工作面推进长度控制,演化高度约为工作面推进长度的一半,大约40m,而亚关键层 2 离煤层平均距离大约73m,因此这时亚关键层 2 不会断裂。当工作面推进至200m 剖面线 Ⅱ 左右时,即 10302 工作面"单见方"时,亚关键层处在裂隙带发育范围内,达到了极限断裂步距,其断裂后的覆岩关键层空间结构如图 6-2-4(c)所示。见方之前的覆岩结构的高度是随着工作面的推进而增大,但是在采空区"见方"之后,空间结构高度发展到了 10302 单工作面开采宽度条件下的最大高度。

单工作面见方后的一段时间内,10302 工作面长度控制着覆岩关键层结构演化高度,不再随着工作面推进长度增加而增长。但由于 10301 工作面采空区的存在,控制着覆岩关键层结构演化高度工作面短边跨度发生了变化,短边跨度增大一倍,相应的覆岩关键层结构高度也随之增大。当推进至400m 剖面线 Ⅲ 左右时,即10301 和 10302 工作面"双见方"时,采场覆岩空间结构高度达到了相应的最大值,以后则不再受采空区短边跨度所控制,主关键层初次断裂,地表下沉达到最大值,此时的采动达到充分采动,覆岩关键层空间结构如图 6-2-4(d)所示。

103 上 02 工作面后期回采为半岛面,虽然开采边界条件发生了显著变化,但覆岩演化的周期规律与开采初期是相似的。这是因为开采边界条件对断裂步距的影响主要表现为"边-长"系数 $\omega_i$ 随简支边数增加而减少,其影响程度决定于采空区几何形状系数 $\lambda$。开采后期工作面长不变,采空区几何形状系数变化不大,由双工作面控制的覆岩关键层结构演化高度不会发生变化,只是覆岩关键层的断裂步距随简支边数增加而减少,但减少幅度不大,因此两个开采阶段均可达到充分采动。当推进至剖面线 Ⅳ 左右时,由 10301 和 10302 工作面面长跨度联合控制覆岩空间结构高度达到了相应的最大值,因此其覆岩关键层空间结构与图 6-2-4(d)相似,只是边界条件和相邻工作垮落情况不一样,如图 6-2-4(e)所示。

从 103 上 02 工作面上覆岩层的运动演化过程可以看出,上覆岩层的运动演化过程实际上是覆岩在由极不充分采动到非充分采动再到充分采动过渡。在覆岩结构过渡的过程中必然引起结构的调整,从而产生一系列灾害。关键层的初次破断和多次周期破断将产生强烈矿震,而强烈矿震又可能会诱发冲击矿压事故。因此可以推测,当推进至 103 上 02 工作面初次来压、初次"见方"、双工作面采空区"见方"、接近较大断层的位置、覆岩周期来压位置时,以及覆岩断裂后关键层结构发生结构失稳时,可能出现强烈矿震或冲击矿压。

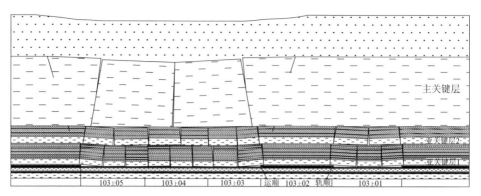

(a) 103上02工作面开采前上覆岩层结构

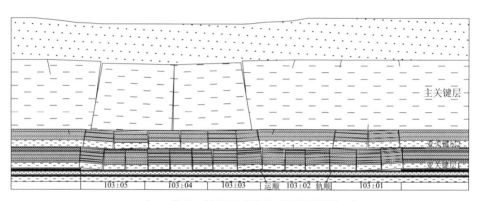

(b) 103上02工作面亚关键层1初次垮落后上覆岩层结构(剖面Ⅰ)

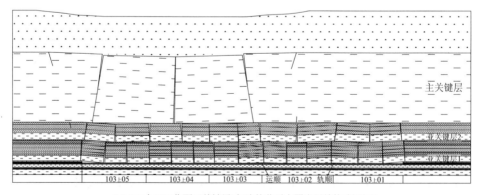

(c) 103上02工作面亚关键层2初次垮落后上覆岩层结构(剖面Ⅱ)

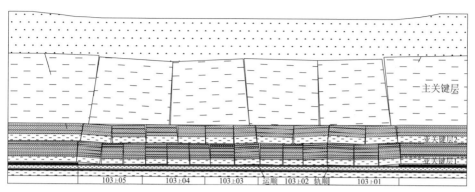

(d) 103上02工作面主关键层初次垮落后上覆岩层结构(剖面Ⅲ)

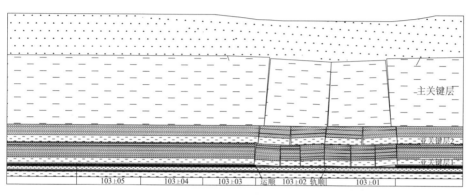

(e) 103上02工作面②阶段开采后上覆岩层结构(剖面Ⅳ)

图 6-2-4　10302 工作面覆岩关键层演化示意图

### 6.2.3　主关键层破断运动诱发强矿震的微震监测

　　综放工作面放顶煤采出煤层厚度大,工作面长度长,与综采开采相比,综放覆岩破裂高度显著增加,并与工作面长度成正比。因此,综放工作面发生显著运动的覆岩高度与运动幅度有明显扩大,覆岩中高位厚而坚硬的岩层会成为主关键层。

　　煤层上覆坚硬厚层岩层组成的主关键层对冲击矿压的发生具有强烈的影响,对矿震、冲击矿压等起着主导作用。利用微震系统对冲击危险矿井的矿震事件进行三维定位,从微震数据中反演上覆岩层的破断运动情况,准确掌握大的矿震事件前的微震事件发展变化的前兆信息,对矿震和冲击矿压的预测预报是十分重要的。图 6-2-5 为该矿 103 上 02 能量大于 $1×10^5$ J 鲍店煤矿典型强矿震空间分布,强矿震的平面与倾向投影分布表明强矿震的发生具有两个特征:

　　(1) 强矿震几乎都发生在 10301 和 10302 工作面上覆的厚层高位“红层”中,而在相邻大范围回采的 10303、10304 和 10305 工作面没有强矿震发生。

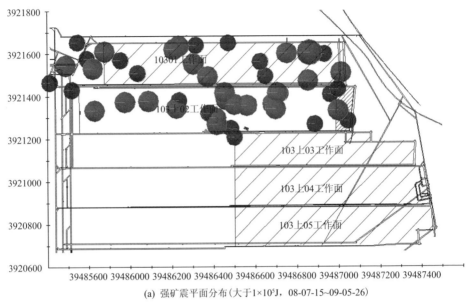

(a) 强矿震平面分布(大于1×10⁵J，08-07-15~09-05-26)

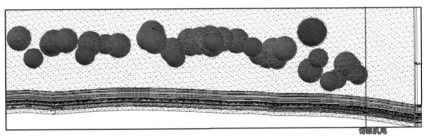

(b) 强矿震沿工作面走向投影(1×10⁵J，08-07-15~09-05-26)

图 6-2-5　鲍店矿典型强矿震空间分布

（2）在工作面 10302 开采至单工作面"见方"阶段和 01 和 02 双工作面"见方"阶段,强矿震活动频繁。由前面推断覆岩关键层演化规律和 SOS 微震的监测结果表明,01 和 02 工作面采空区覆岩共同形成一个较大的拱结构,可引起上覆岩层整体性破断、运动,随着 103 上 02 工作面开采扰动和采空区面积的增加,01 和 02 工作面覆岩破裂高度逐步向上扩展,易形成双工作面关键层的亚"O-X"型破断或主"O-X"型破断;而运顺一侧 103 上 03 等大采空区上覆岩层在 103 上 02 工作面回采前已垮落、破断充分,基本不受 103 上 02 工作面开采影响。工作面上覆主关键层出现大面积悬顶后,随着悬顶面积的进一步扩大,主关键层与煤柱的应力集中程度与积蓄的弹性能逐渐升高,煤柱的支承能力逐渐降低,煤柱支承能力的降低又使主关键层的应力状态恶化,当主关键层的应力集中达到其抗拉强度时,主关键层会发生破断运动。主关键层的破断运动必然导致覆岩关键层结构的瞬时失稳,从而在瞬间释放大量能量,发生急剧、猛烈的破坏,即发生强矿震现象,甚至可能导致冲击矿压。

## 6.3  深孔断顶及周期来压与矿震规律

对于矿井坚硬顶板工作面的冲击矿压危险,采用顶板深孔爆破的方式,破坏顶板的完整性。以该煤矿 250103 工作面 2010-2-27～2010-9-11 期间微震能量大于 $1\times10^5$J 的大事件,统计每日震动频次,同时根据现场提供的支架工作阻力曲线,得到如图 6-3-1 所示的对比图(蔡武等,2011b)。

从图 6-3-1 中可以看到,微震大事件日震动频率变化与工作面支架工作阻力变化形成了很好的对应,即随着工作面支架工作阻力的周期性变化,微震大事件日震动频率出现周期性变化,特别地,当工作面支架工作阻力达到最大时,微震大事件日震动频率也达到最大。

图 6-3-1 中记录的是顶板周期来压阶段微震事件变化情况,结合在矿压观测中记录到的煤壁片帮等矿压显现,就本工作面情况看,以每天大事件数大于 15 作为判定本工作面顶板断裂的判据是比较合理的。由此得到工作面周期来压步距分别是 20～25m,这与实际进行的深孔切顶爆破结果基本吻合。

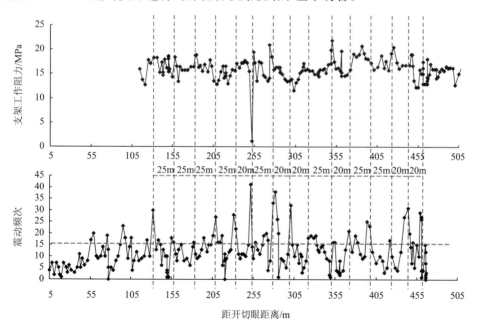

图 6-3-1  250103 工作面微震大事件日震动频次与工作面支架工作阻力对比图

此外,250103 工作面自开切眼回采至 9 月 11 日,微震分布可分为七个大的能量释放活动周期,如图 6-3-2 所示。以 500J 为结束能量释放阈值的归零蠕变曲线也表示这个活动周期,如图 6-3-3 所示。这主要是由于上覆高位岩层破断运动的结果。

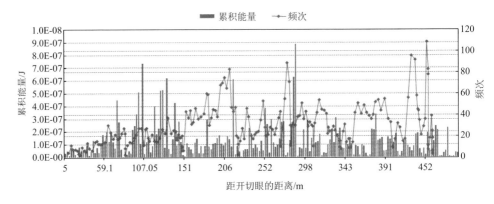

图 6-3-2　工作面微震事件日震动频次、能量随工作面推进变化图

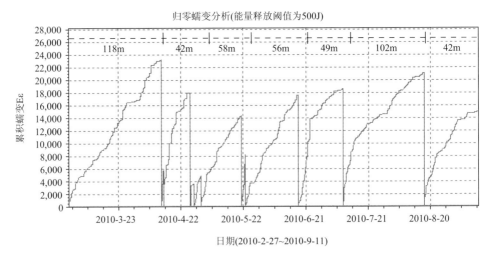

图 6-3-3　工作面微震能量归零蠕变分析

## 6.4　回采与掘进相互影响的矿震规律

某煤矿目前正在回采 250204 综放面,截止到 2011 年 11 月 6 日,工作面累计回采长度 500m 左右,250203 综放面作为下一个接替面,正在进行准备,材料顺槽已掘至 950m 左右,运输顺槽已掘至 465m 左右,250204 工作面与 250203 掘进工作面迎头相距 610m 左右,如图 6-4-1 所示。

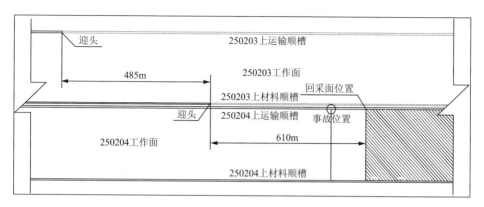

图 6-4-1 采掘位置示意图

由于 250204 工作面与 250203 掘进面相向掘采,随着掘进头与工作面之间的距离不断减小,采掘扰动会越来越强,当掘进头与工作面之间的距离低于某安全距离时,必须采取相应措施,以防冲击矿压事故的发生。

通过 SOS 微震监测系统对两个工作面的矿震监测结果可知,2011 年 10 月 1 日至 2011 年 11 月 6 日期间,SOS 微震监测系统共监测到有效震动 511 个。矿震事件统计如表 6-4-1 所示。

表 6-4-1 目标区域矿震事件统计

| 能量分级/J | 震动次数 | 所占比例/% |
|---|---|---|
| $\leqslant 10^3$ | 13 | 2.5 |
| $10^3 \sim 10^4$ | 196 | 38.4 |
| $10^4 \sim 10^5$ | 273 | 53.4 |
| $\geqslant 10^5$ | 29 | 5.7 |

由统计结果可知,该区域矿震能量主要集中在 $10^3 \sim 10^5$ J,占总矿震的 91.8%,说明该区域矿震能量高,以较高能量的剧烈矿震为主。

利用矿震三维定位软件将能量高于 $10^4$ J 的矿震在采掘平面图上进行定位,定位结果如图 6-4-2 所示。

由矿震定位结果可知,震动基本集中在掘进头附近和 250204 工作面下端头区域,工作面采动影响区域超前工作面 286m 左右,掘进头影响区域超前 130m 左右,当两者相互叠加时,即工作面同掘进头距离达到 416m 左右时,冲击危险性急剧升高,故安全距离约为 420m。

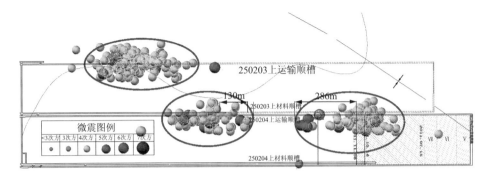

图 6-4-2　定位结果示意图

# 6.5　矿震活动性与开采速度的关系

　　根据兖矿某矿 SOS 微震监测系统记录的矿震资料统计,2008 年 7 月 15 日至 2009 年 3 月 25 日 103 上 02 工作面共发生矿震约 8200 次,平均日频次约 24 次,最高日频次达 105 次。工作面开采期间,矿震主要以低能量释放为主,其中能量级别为 $1×10^2$ J 和 $1×10^3$ J 的矿震次数分别占震动总数的 78% 和 21%,最大震动能量为 $1×10^7$ J。由此可见,综放开采过程中震动次数多,释放能量大。

　　图 6-5-1(江衡,2010)为低能量级别(能量级别为 $1×10^2$ J 和 $1×10^3$ J)、震动次数及其各成分比例和比值的变化。从图中可以看出,低能量级别的震动次数、震动能量随着开采速度的增加均线性增加,而两者震动次数的比值却显著减少。统计分析各开采速度下各能量级别每天所占次数的比例发现:随着开采速度的增加,$1×10^2$ J 震动次数平均日比例成线性减少,而 $1×10^3$ J 震动次数平均日比例呈线性增加。这说明 $1×10^2$ J 和 $1×10^3$ J 的震动次数都在增加,但是其中 $1×10^3$ J 的震动

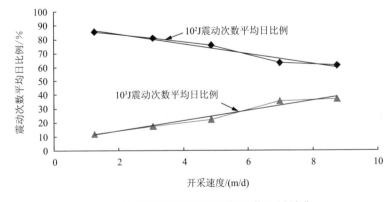

(a) 低能量各成分震动次数的平均日比例变化

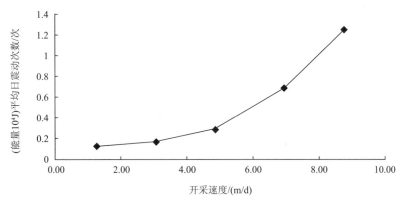

(b) 高能量震动次数日平均变化

图 6-5-1  各能量级别震动次数及其成分变化

次数的增长速率明显要大于 $1\times10^2$ J 的增长速率。而开采速度大于 5m/d，能量大于 $1\times10^4$ J 的震动次数大幅增加，这揭示了矿震随采动的"时-空-强"演化规律，即岩石的变形破坏过程实际上就是一个从局部耗散到局部破坏最终到整体灾变的过程。因此，随着开采速度的增加，工作面发生冲击的危险性增高。

## 6.6  矿震活动性与开采作业的关系

地下煤炭开采扰动必然导致岩体破裂失稳，其中有些岩体破裂会释放弹性能，产生弹性波，通过微震设备检测弹性波即可分析地下采煤作业与矿震活动的关系（李铁等，2011）。矿震是冲击地压、岩爆和高强度震动等矿震的集合，它们对采矿安全构成重大威胁，防治不当将会演变成矿难，造成人员伤亡和重大财产损失，所以必须采取一定的矿震防治措施。

以跃进煤矿 25110 工作面为工程背景，基于长时间和高精度矿震观测数据分析，从采煤作业与发生矿震活动的定量关系，探索采煤作业对岩体动力响应的调制作用，找出矿震的防治措施。根据 2011-4-24～2012-9-14 得到的矿震观测数据，得出 24h 的时间秩序中矿震活动与采煤作业关系的规律，可评价卸压解危的效果和范围，并可据此合理调整作业流程，采取一定防治措施，降低矿震活动水平，从而降低冲击矿压发生的概率。

25110 工作面采用综合机械化放顶煤开采，常规的"三八"制作业方式（16：00～24：00、0：00～8：00 两班采煤，8：00～16：00 一班检修和卸压）。如图 6-6-1 所示，为 25110 工作面 2011-4-24～2012-9-14 回采期间发生的微震事件数。图 6-6-2 和

| 2011-04-20~2012-09-14微震统计结果 | | | | | | | | | | |
|---|---|---|---|---|---|---|---|---|---|---|
| 等级1<br>震动次数 | 等级2<br>震动次数 | 等级3<br>震动次数 | 等级4<br>震动次数 | 等级5<br>震动次数 | 等级6<br>震动次数 | 等级7<br>震动次数 | 总震动<br>次数 | 总震动<br>能量/J | 日平均<br>震动次数 | 平均震动<br>能量/J | 最大<br>能量/J |
| 1029 | 970 | 522 | 125 | 42 | 11 | 0 | 2699 | $4.42\times10^8$ | 5.51 | $1.64\times10^5$ | $4.41\times10^7$ |

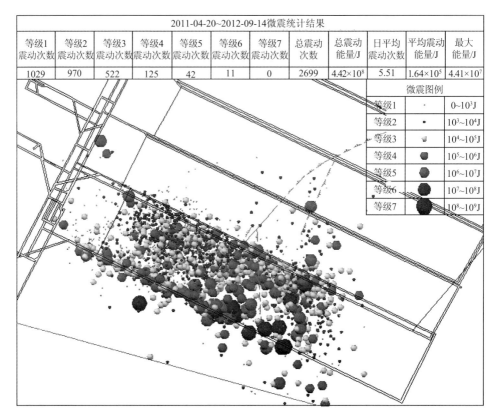

| 微震图例 | | |
|---|---|---|
| 等级1 | · | $0\sim10^3J$ |
| 等级2 | • | $10^3\sim10^4J$ |
| 等级3 |  | $10^4\sim10^5J$ |
| 等级4 |  | $10^5\sim10^6J$ |
| 等级5 |  | $10^6\sim10^7J$ |
| 等级6 |  | $10^7\sim10^8J$ |
| 等级7 |  | $10^8\sim10^9J$ |

图 6-6-1　矿震事件平面分布图

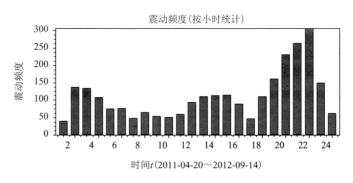

图 6-6-2　24h 矿震累计频次图

图 6-6-3 分别为 24h 矿震累计频次及能量图。从图中可以看出,在检修班(8:00~16:00)作业时间段内,矿震频度较小,震动能量也较低,原因是没有采煤作业,个别高能量矿震来源于卸压爆破;16:00~24:00 采煤班内矿震频度急剧上升,并达到

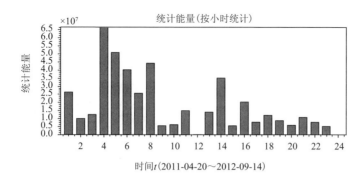

图 6-6-3　24h 矿震累计能量图

最大,震动能量却很低,原因是检修班内的卸压解危措施起到了作用,能量以大量小破裂的形式释放;0:00~8:00 时采煤班内矿震频度下降,但震动能量达到最大,原因是检修班内采取的卸压解危措施起到的解危作用减弱甚至基本结束,能量以高能量矿震的形式释放。

如图 6-6-4 所示,为不同能量级别矿震事件的 24 累计频次。从图中可以看出,$E \leqslant 10^2$J 的小能量矿震发生次数较多,而且多发生在检修班,对矿井安全基本

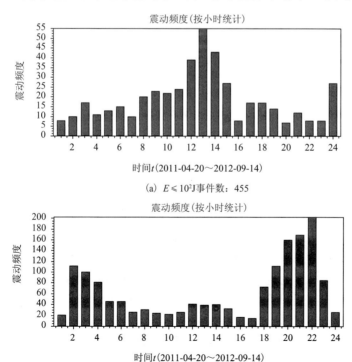

(a) $E \leqslant 10^2$J 事件数:455

(b) $10^2$J $\leqslant E \leqslant 10^4$J 事件数:1544

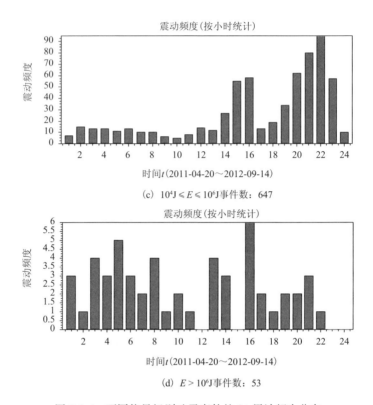

(c) $10^4$J≤$E$≤$10^6$J事件数：647

(d) $E$>$10^6$J事件数：53

图 6-6-4　不同能量级别矿震事件的 24 累计频次分布

无影响；$10^2$J≤$E$≤$10^4$J 和$10^4$J≤$E$≤$10^6$J 的中等能量矿震发生次数最多，而且主要发生在采取卸压解危措施后第一个采煤班内，说明此阶段内能量主要以小破裂形式释放，卸压解危效果明显；$E$≥$10^6$J 的高能量矿震发生次数最少，但是能量很高，危险性较大，主要发生在采取卸压解危措施后第二个采煤班内，说明此时卸压解危效果已减弱甚至基本结束，采煤作业扰动是此种矿震发生的主要诱因。

　　综上所述，在采煤作业中，检修班采取一定卸压解危措施后，卸压解危效果十分明显，有效地降低了矿震能量，从而降低了冲击矿压发生的概率。但是，卸压解危效果有一定的时间效应，只能持续一段时间。基于此种情况，应改善卸压解危措施或调整采煤作业班次，按照卸压解危能力和生产计划合理确定作业流程。一则可以通过加大卸压解危范围，增大有效卸压带或松动圈，确保 2 个采煤作业班次均处于有效卸压区范围和留出足够的安全屏障；二则可以将开采推进速度调整到 2 个采煤作业班次后，仍处于卸压区范围内且不导致大矿震发生；三则可改为每天 4 个不等时作业班次，如半班检修，一班采煤，半班检修，一班采煤，生产班和措施班相间设置，每个采煤生产班之前都经过充分的卸压解危；四则可以改进卸压解危措施，增长卸压解危效果时间，使 2 个采煤作业班次均处于卸压解危效果时间范围内。

## 6.7 断层附近微震活动规律

曲阜附近某煤矿 E3201 工作面是井田东区第一个进入千米开采阶段的设计工作面,该面开采水平在−820～−1080m,煤层埋藏深、倾角大、断层密集。该面运输巷道在掘进至由 DF65 断层、DF38 断层及 F14 断层形成的"三角形"断块中心位置时,掘进深度已达到−1030m 位置,该位置自巷道迎头向后约 50m 的区段内矿压显现逐渐增强,迎头向前继续施工受阻,钻杆在推入至 5m 左右位置时打钻异常困难,出现卡钻、吸钻等现象,煤粉量超标严重;强行推入钻杆后迎头上方顶板有强震现象出现,距离迎头远近不一,来源方向主要聚集在顶板,响声沉闷且带有岩块断裂的脆裂响声,较大震动过后顶板掉落煤粉和碎渣;迎头后方 15～30m 段巷道两帮上部及顶板变形量较大,部分区域顶板有沉降现象,最大下沉量达 700mm;底鼓缓慢,巷道顶板肩窝位置多次出现锚杆切断现象。该区域内微震监测结果如图 6-7-1 所示。

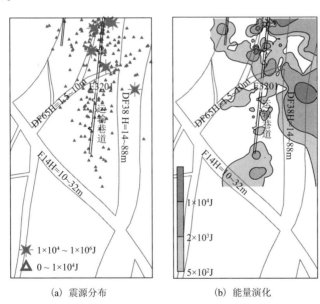

(a) 震源分布      (b) 能量演化

图 6-7-1 E3201 两集中巷微震活动分布变化

微震监测结果显示(张明伟等,2010):

(1)"三角形"断块区域内震动分布稀疏分散,震动次数少,日均 1.2 次,释放能量较小,震级在 1.0 级以上的震动仅在巷道迎头左前方约 30m 的位置发生1次,该次震动距离 DF38 与 F14 断层交叉区域较近。

(2)E3201 运输巷道掘进扰动影响范围较广,主要扰动距离约为巷道宽度的

6～8倍,震源偏向断层侧离散型分布,较大能级微震活动也围绕断层区域发生,断层构造趋于不稳定状态。

（3）微震活动随巷道掘进逐渐向前移动,迎头前方 6m 左右空间范围内震动较多,并随与 F14 断层距离的减小,微震活动向 F14 断层与 DF38 断层延展速度加快。

因此,认为"三角形"断块腹地偏向 DF38 与 F14 断层区域可能有高能量潜伏,具有发生较强煤岩动力现象的条件,预示了该区域较高的冲击危险程度。为此,实施了冲击矿压解危措施。矿压观测显示,除巷道迎头打卸压钻孔期间围岩应力强度较高之外,巷道向前推进相对较为容易,迎头后部围岩变形量明显减小,锚杆失效及锚索被切断现象消失;对该区域进行的微震监测结果也显示巷道围岩区域的震动活动明显减弱。微震活动在频次与释放能量方面的变化情况如图 6-7-2 所示。

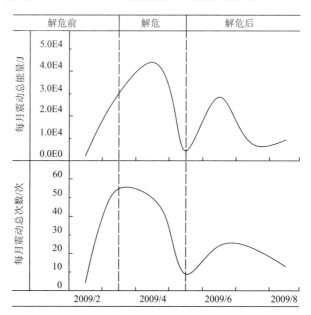

图 6-7-2　解危效果评价曲线

# 6.8　工作面过褶曲时微震活动规律

华亭某煤矿主采煤层为 5 煤,煤层厚度在 2.8～19.5m,平均厚度为 10m,倾角 5°～8°。煤层硬度为 $f=2\sim3$。工作面采区式布置,沿煤层走向开采,走向长度 1320m,倾斜长度 150m,区段保护煤柱 20m,采煤方法为综采放顶煤,采空区处理方式为全部垮落法管理顶板。

该矿正在回采 1103 工作面,回采工作面高程为+1250m,其接替面为 1104 工作面,从该矿安装微震系统以来,共发生了两次较大的矿压显现,分别在 6 月 26 和 8 月 4 日,发生地点在 1103 回采工作面。

该矿 2008 年 6 月 17～9 月 7 日微震震源的平面定位结果示意图和矿震记录统计表分别如图 6-8-1 和表 6-8-1 所示。

表 6-8-1 矿震统计表

| 能量等级/J | 矿震次数 | | |
| --- | --- | --- | --- |
| | 顶板($>$+1250m) | 工作面 | 底板($<$+1240m) |
| $0\sim10^3$ | 237 | 1012 | 747 |
| $10^3\sim10^4$ | 127 | 323 | 564 |
| $10^4\sim10^5$ | 12 | 37 | 52 |
| $10^5\sim10^6$ | 0 | 0 | 2 |
| $10^6\sim10^7$ | 0 | 0 | 1 |
| 总计 | 376 | 1372 | 1364 |
| 百分比 | 12.08 | 44.09 | 43.83 |

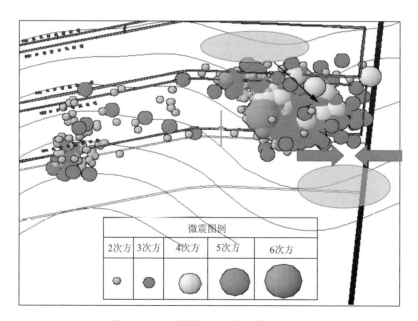

图 6-8-1 矿震震源平面定位结果示意图

从图 6-8-1 和表 6-8-1 中可以分析归纳出以下结论(李许伟等,2011;陈国祥等,2010a,2010b,2008;王国瑞等,2010):

(1)该煤矿微震震源空间分布主要集中在两个采动区域 1103 工作面和 1104

掘进工作面。这说明了该矿矿震与矿井的生产活动密切相关,即矿震主要为开采扰动所致。

(2) 在褶曲的两翼大部分矿震的能量都大于 $1\times10^3$ J,而且 $1\times10^4$ J 以上的矿震也频繁出现,发生最大能量的矿震是在褶曲的两翼部分,这是由于褶皱构造区具有初始地应力场分布的非均匀性,最大水平应力是压应力,主要集中在褶曲向斜、背斜内弧的波谷和波峰部位,即褶曲的两翼部分。

(3) 由矿震统计表可以看出,大部分矿震都发生在工作面(44.09%)和底板内(43.83%),而且在底板内大于 $1\times10^3$ J 的矿震占底板内总矿震的 50% 左右,最大的几次冲击矿压也都发生在底板内,说明在褶曲处布置工作面时,巷道的底板内压力比较大,容易发生底鼓。

如图 6-8-2 所示,为该矿 2008 年 6 月 17~9 月 7 日矿震次数、能量和日期分布示意图。

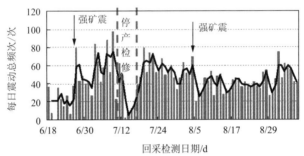

(a) 矿震次数-时间分布

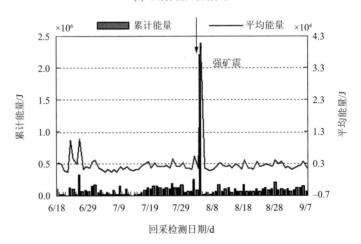

(b) 矿震能量-日期分布

图 6-8-2 矿震次数、能量和日期分布

从图 6-8-2 中可以分析归纳出以下结论：

（1）当能量聚集一段时间后，必定发生一次大的能量释放，这也可以从震动的频次上看出，随着能量的逐渐聚集，震动次数也在逐渐增加，说明岩体内部随着应力的集中，能量的聚集，岩体内部在加速破裂。

（2）微震活动受人为开采活动的影响比较大，在停产检修时期，矿震频度和能量明显减少，说明矿震与矿井的生产活动密切相关。

（3）冲击矿压发生前震动次数多但释放能量有限，接下来一段震动次数少，释放能量也小，然后是震动次数和能量释放急剧增加，而后容易发生冲击矿压。

# 7 矿震与冲击的监测预警

## 7.1 矿山震动的监测

矿山震动测量记录,其特点是连续不间断地测量和记录,即完全记录研究区域通过微震门限的震动现象,特别是清楚地记录震动的最小能量。

优化布置地震监测台网,以便能根据研究区域的特点和所给的条件,对震中进行准确定位,确定震中的坐标。

记录质量高,能够进行进一步的分析和应用。

所谓的微震监测台网,就是至少布置三台拾震器,记录三个垂直方向,即 $N$-$S$, $E$-$W$ 和 $Z$ 的震动。而所谓的观测区域,则是要考虑集中的区域、分布范围及震动能量的大小,有区域型的地震台网,矿井范围内的微震台网和局部微震台网。

经过震动仪器记录下来的就是震动波形图,是时间 $t$ 的函数。该函数主要是由如下因素综合作用的结果(Dubinski et al.,1995;Drzezla et al.,1993,1990, 1987)。

(1) 震动的传播过程及其源函数 $z(t)$,该函数将影响地震能、波传播特性、频谱特征等。

(2) 震动波通过岩体,从震中传播到拾震器的传播函数 $p(x,t)$。

(3) 震动测量仪特征函数 $k(t)$。

震动信息主要是根据震动波形图来应用的,而震动波形图的好坏则是震动仪器的反映。目前数字式震动仪器可以记录高质量的震动波形图,可以达到充分高效地利用震动信息的目的。

利用震动波形图,首先要较为准确、详细地识别震动波形和震动波初次进入观测站的时间。从震中传到观测站的震动波的好坏,主要取决于振幅的衰减,波的阻尼、离散以及在不同岩体弹性介质边界的折射与反射。

图 7-1-1 为不同类型的震动波形,主要区别是传播动力特征,纵波 P 是压缩波,首先出现;S 是剪切波,然后出现。当然,还有其他类型的波,如面波等。而图 7-1-2 为观测站的安设方式。

表 7-1-1 为不同的震动波在岩体中传播的速度。

表 7-1-1  纵波和横波在不同岩体中传播的速度

| 岩石种类 | 纵波速度/(m/s) | 横波速度/(m/s) |
|---|---|---|
| 砂岩 | 2500～5000 | 1400～3000 |
| 页岩 | 2200～4600 | 1100～2600 |
| 煤 | 1400～2600 | 700～1400 |
| 石灰岩 | 5200～6000 | 2800～3500 |
| 泥、沙 | 200～1000 | 50～400 |

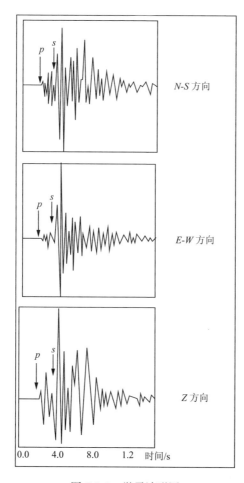

图 7-1-1  微震波形图

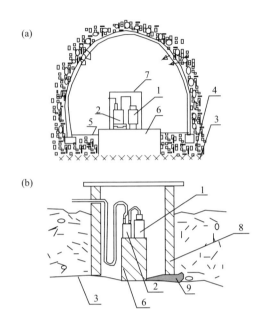

图 7-1-2　监测台站的布置方式

1-地震仪；2-调制器；3-硬地基；4-松动岩体；5-扩展裂缝；6-水泥基砖；

7-安全火花壳；8-水泥管；9-裂缝

## 7.2　矿震震源位置的确定

　　矿山震动中,最重要最基础的一条,就是对震源及冲击矿压的中心位置进行定位,震源是进一步分析震动特征的出发点。通过对震源的确定,可以进一步分析震动集中的区域,震动趋势预测,确定震动与开采方向的因果关系,选择最优防治措施等。

　　对震源定位,要求有较高的准确性,能够定位到巷道,甚至是巷道哪一部分及哪一层顶板岩层。下面介绍常用的震源定位法,详细介绍可参见相关文献(谢兴楠等,2014;吕进国等,2013;吴建星等,2013;朱权洁等,2013;董陇军等,2011;平健等,2010;陈炳瑞等,2009;潘一山等,2007a,2007b;李会义等,2006;逄焕东等,2004;Ge,2003;田玥等,2002;Dubinski et al.,1995;Marcak et al.,1994;Drzezla et al.,1993)。

### 7.2.1　纵波首次进入时间法——P 法

　　这是矿井微震监测台网中最常用的方法之一,其优点是:

　　(1) 首次出现的 P 波容易确认。

　　(2) 与其他波相比,P 波初次进入时间的确定误差较小。

（3）可以用计算机程序自动确定初次进入时间。

总的来说，震动波初次出现在观测站为 $r_i(x_i,y_i,z_i)$ 处的时间 $t_i(i=1,2,\cdots,n$ 观测站号)可用下式描述

$$t_i = t_0 + t(r_i,r_0) \tag{7-2-1}$$

式中，$t_0$ 为震源出现震动的时间；$r_0$ 为震源的位置矢量，$r_0(x_0,y_0,z_0)$。

考虑波传播的各个路径，从震源 $r_0$ 传播到地震观测站 $r_i$ 的最短时间 $t(r_i,r_0)$ 可由下式描述

$$t(r_i,r_0) = \int_{r_0}^{r_i} \frac{\mathrm{d}r}{v(x,y,z)} \tag{7-2-2}$$

式中，$v(x,y,z)$ 为震动波传播的速度。

由于采用任意传播速度 $v(x,y,z)$ 来确定传播时间是非常困难的，实际应用中，常进行简化，主要考虑：

$v(x,y,z)$＝常数——对于均质、各向同性介质

$v(x,y,z)\neq$常数——对于非均质、各向异性介质

对于均质、各向同性介质，式(7-2-2)可以写成

$$\sqrt{(x_i-x_0)^2 + (y_i-y_0)^2 + (z_i-z_0)^2} = v(t_i-t_0) \tag{7-2-3}$$

式中，$x_i,y_i,z_i$ 为第 $i$ 个观测站的坐标；$x_0,y_0,z_0$ 为震源的坐标；$v$ 为震动波的传播速度；$t_i$ 为震动波到达第 $i$ 个观测站的时间；$t_0$ 为震源发生震动的时间。

上述方程中，包括四个未知数 $(x_0,y_0,z_0,t_0)$。要解这个方程，就需要至少 4 个观测站的数据。如果波的传播速度未知，则需要增加一个观测站的数据；如果是平面问题，则可以减少一个观测站的数据。

P 法的定位效果可通过作图法和分析法来确定，主要采用双曲线和圆的切线法进行平面定位，如图 7-2-1 和图 7-2-2 所示。

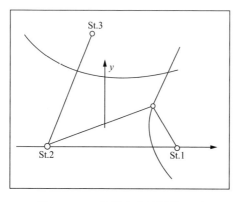

图 7-2-1　双曲线确定震源位置图

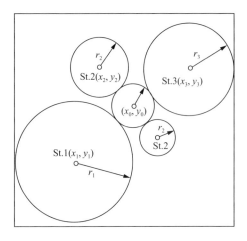

图 7-2-2　圆的切线法确定震源位置

解方程(7-2-1)是非常困难的,现常用计算机来完成该项任务,主要采用逼近法,让其误差函数之和为最小,即

$$F(\bar{x}) = \sum_{i=1}^{n} |r_i(\bar{x})|^p \tag{7-2-4}$$

式中,$n$ 为方程数量;$r_i$ 为第 $i$ 个方程的误差。对于均质、各向同性、空间 P 法,该误差为

$$r_i = t_i - f_i(\bar{x}) \tag{7-2-5}$$

其中

$$f_i = t_0 + \frac{\sqrt{(x_i - x_0)^2 + (y_i - y_0)^2 + (z_i - z_0)^2}}{v} \tag{7-2-6}$$

$p$ 为参数 $1 < p \leqslant 2$;$x$ 为 $(x_0, y_0, z_0, t_0)$ 未知矢量。

### 7.2.2　纵横波首次进入时间差法——P-S 法

该方法主要是根据不同类型的震动波在岩体中传播速度的不同,而确定其中心位置。常用的主要是好识别的 P 波和 S 波,其震源到观测站的距离可由下式表示

$$d = \frac{v_P v_S}{v_P - v_S} \Delta t_{S-P} \tag{7-2-7}$$

式中,$v_P$ 为纵波的传播速度;$v_S$ 为横波的传播速度;$\Delta t_{S-P}$ 为纵横波的时间差。

可采用圆的切线作图法来确定震源的位置。对于各观测站来说,其圆的半径为 $d_i$,这样就可以确定震源的位置,如图 7-2-3 所示。

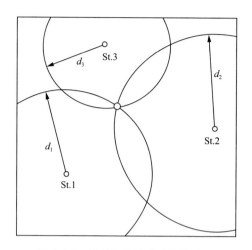

图 7-2-3　圆的切线法确定震源位置

对于均质、各向同性的岩体来说,式(7-2-6)可以写成

$$\sqrt{(x_i - x_0)^2 + (y_i - y_0)^2 + (z_i - z_0)^2} = k\tau_i$$

式中

$$k = \frac{v_P v_S}{v_P - v_S} \tag{7-2-8}$$

$$\tau = t_S - t_P \tag{7-2-9}$$

要解上述方程,则必需有 3～4 个观测站的数据,如果波的传播参数未知,则要求的观测站数目将会增加。

### 7.2.3　方位角法

为了快速确定震源的位置,特别是震源处在监测台网之外的情况,可以采用方位角法。方位角法可以是某一个观测站方位角方向的变化或一系列观测站方位角方向的变化。

在第一种情况下,观测站是三分量或至少是平面两个方向。对于单分量的一系列观测站,该观测的震动分量为垂直方向,并且尽量接近震动中心。

对于第一种情况,方位角——震源的方向由下式确定

$$\alpha = \arctan \frac{A_{EW}}{A_{NS}} \tag{7-2-10}$$

式中,$\alpha$ 为方位角(从北向开始量起);$A_{EW}$,$A_{NS}$ 为微震监测波形中第一个在 $EW$ 和 $NS$ 方向出现的实际振幅。

图 7-2-4 为用方位角法确定方位角的示意图。

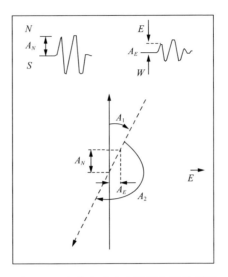

图 7-2-4　方位角法确定震源位置示意图

采用方位角法进行空间定位时,对于每一个观测站来说,每个方位角为

$$\frac{x-x_i}{A_{EW_i}} = \frac{y-y_i}{A_{WS_i}} = \frac{z-z_i}{A_{z_i}} \tag{7-2-11}$$

在理想状态下,震源应当处在上述三个方位上。

对于采用多个单分量观测站来确定方位角的方法,主要原理是根据图 7-2-5 所示的方式,确定平面波头从第一个观测站到下一个观测站的传播速度,从而确定其方位角。

$$\nu = \frac{r_i \cos(\alpha_i - A)}{t_i - t'} = \frac{1}{S} \tag{7-2-12}$$

式中,$t_i$ 为震动波出现在 $i$ 个观测站的时刻;$t'$ 为波出现在观测系统第一个点的时刻;$S$ 为延迟度。

方位角 $\alpha$ 的值为

$$\alpha = \arctan \frac{S_y}{S_x} = \arctan \frac{\Delta t_{31} \Delta x_{21} - \Delta t_{21} \Delta x_{31}}{\Delta t_{21} \Delta y_{31} - \Delta t_{31} \Delta y_{21}} \tag{7-2-13}$$

式中

$$\Delta t_{ij} = t_i - t_j$$
$$\Delta x_{ij} = x_i - x_j$$
$$\Delta y_{ij} = y_i - y_j$$

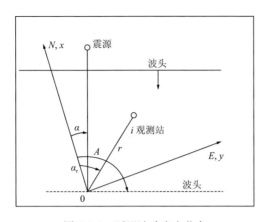

图 7-2-5　延迟法确定方位角

### 7.2.4　相对定位法

相对定位法就是采用人工炸药爆炸的方法,对已定位的震动中心位置进行修正。这种方法可以详细确定震动中心的坐标,甚至是非常复杂的地质条件下也可以达到精确定位的目的。其实质是在已知震动中心坐标(炸药爆炸点)的情况下,比较在其附近发生的实际震动波传播的时间,以便对其定位和对震源位置进行修正。

这种方法主要是采用逼近的方法,修正震动中心位移矢量及时间 $t_0$,建立逼近的优化方程组,即

$$x_0 = x_0^* + \delta x_0$$
$$y_0 = y_0^* + \delta y_0 \qquad (7\text{-}2\text{-}14)$$
$$z_0 = z_0^* + \delta z$$

或

$$\boldsymbol{u} = \boldsymbol{u}^* + \delta \boldsymbol{u} \qquad (7\text{-}2\text{-}15)$$

这里 $\boldsymbol{u} = (x_0^*, y_0^*, z_0^*, t_0^*)$ 是第一次逼近值。

这种方式在震动中心与激发中心很近时,能迅速、准确定位。

### 7.2.5　其他定位方法

除了上述定位方法,震动中心的定位方法还有:

(1) 以震动概率为基础,确定震动中心;

(2) 各种定位的综合,如 P 法、S 法和 S-P 法的组合,S-P 法和方位角法的组合。

(3) 震动中心的同时定位,即同时确定多次震动的震动中心,虽然方程组增加了,但未知数没有增加。

应当注意,上述定位只是在均质和各向同性介质条件下,即震动波 P 波和 S 波的传播速度不变的情况下适用。而对于实际岩体,其定位将是非常复杂的。

在使用计算机对定位方程进行解算时,有时其解是不正确的。在这种情况下应当:

(1) 详细研究地震网站的数据;

(2) 从不同的观测站开始进行定位;

(3) 尽量多地利用更多的观察站的数据;

(4) 采用几种定位方法,如 P 和 P-S 法,P,S 法或 P,S 和方位角法;

(5) 考虑震动中心实际出现的位置;

(6) 采用其他的控制定位法;

(7) 重建地震网络。

## 7.3　震动能量的计算

震动能量是岩体破坏的结果。在评价矿山危险和预测冲击矿压危险时,震动能量是非常重要的物理参数之一,而它可以通过合适的方法来计算。但应当注意,目前所测量的震动能量与整个岩体破坏所释放的能量相比是很小的一部分,约占 0.001~0.01 倍。从理论上来讲,震动的强度就是其振幅的大小。

微震方法中,震动能量的计算可采用如下方法,其中包括(窦林名,2012; Gibowicz et al.,1994):

(1) Gutenberg-Richter 法;

(2) 能量密度法;

(3) 震动持续时间法;

(4) 地震图积分法;

(5) 离散法。

### 7.3.1　Gutenberg-Richter 法

该方法的基础是波在某一弹性介质中传播的理论,其振动能量 $E$ 可用下式来表示

$$E = 2\pi^3 \rho \nu_K r^2 e^{2\gamma_i r} \sum_{i,k=1}^{n} (A_{ik} f_{ik})^2 \tau_{ik} \qquad (7\text{-}3\text{-}1)$$

式中,$\nu$ 为震动波的传播速度;$A,f$ 为波的振幅和频率;$\tau$ 为一组波的持续时间;$k$ 为波的类型,P 波或 S 波;$\rho$ 为介质密度;$\gamma$ 为震动波的阻尼系数;$r$ 为震源的距离。

震动波振幅的阻尼系数对于矿山震动而言,对于纵波——P 波:$\gamma_P = 2.5 \times 10^{-5} \text{m}^{-1}$;对于横波——S 波:$\gamma_S = 2.0 \times 10^{-5} \text{m}^{-1}$。

## 7.3.2　能量密度法

该方法是以测量点的地震能量密度为基础的。地震能量密度 $E$ 可以通过测量某个封闭球面积内的能量密度 $\varepsilon$ 来计算

能量密度可用下式表示

$$\varepsilon = \frac{\partial E}{\partial F} = \int_0^\tau \boldsymbol{V}\boldsymbol{n}\,\mathrm{d}t \tag{7-3-2}$$

式中，$\boldsymbol{V}$ 为约定矢量；$\boldsymbol{n}$ 为单位面积 $\mathrm{d}f$ 上的单位矢量。

在半正弦振动下，震动的持续时间及其范围明显的大，则上式可写成

$$\varepsilon(r) = 2\pi^2\rho \sum \gamma_k \, (A_k f_k)^2 \tau_k \tag{7-3-3}$$

下一步，计算震动能量密度 $\varepsilon(r)$ 在传播到半径为 $R=500\mathrm{m}$ 的值，并考虑振幅的阻尼系数 $\gamma$ 和波的传播函数 $n$，则

$$\varepsilon(R) = \varepsilon(r)F(r) \tag{7-3-4}$$

式中

$$F(r) = (2r)^{2n}\mathrm{e}^{\gamma(2r-1)} \tag{7-3-5}$$

最后一步是计算震动能量，它等于能量密度 $\varepsilon(R)$ 与半径 $R=500\mathrm{m}$ 球表面积之积，即

$$E = 10^6\pi\varepsilon(r)F(r) \tag{7-3-6}$$

## 7.3.3　震动持续时间法

这种方法是基于震动能量值与其持续时间之间存在的相互关系，可用下式来描述

$$\lg E = B\lg t + C\lg r + D\lg H + F \tag{7-3-7}$$

式中，$E$ 为震动能量，J；$r$ 为震动的距离，m；$H$ 为震源的深度，m；$t$ 为震动的持续时间，s；$B,C,D,F$ 为系数。

这种方法中最重要的参数是震动的持续时间，通过微震波形来确定时间 $t=(T_2-T_1)$，其中 $T_1$ 为微震波形图中震动波出现的时间，而 $T_2$ 为震动波信号消失的时间。

系数 $C$、$D$ 的值通常很小，可以忽略，这式(7-3-6)可简化为

$$\lg E = B\lg t + F \tag{7-3-8}$$

其中，系数 $B$、$F$ 为条件影响系数。这样，仪器参数的变化将使系数发生变化。这种方法是最简单最适用的方法之一，而且只有一个参数，震动的持续时间为 $t$，但会有一些误差，特别是高能量震动的情况。

### 7.3.4　地震图积分法

微震监测仪采用数字形式记录震动时,可以很精确地计算震动能量,且不需要将其简化为正弦形式。数字积分技术可以计算实际震动波形,其公式如下

$$E = K_1 \int_{t_1}^{t_2} |v(t)|^3 \mathrm{d}t \qquad (7\text{-}3\text{-}9)$$

式中,$E$ 为震动能量;$K_1$ 为 $4\pi\rho v_i r^2 \mathrm{e}^{\gamma r}$;$V(t)$ 为震动速度;$t$ 为时间,其中 $t_1$、$t_2$ 为某类波的时间。

利用式(7-3-9)计算震动能量时,要求已知测量仪器各通道的振幅、频率特征,以便计算 $K_1$ 的必要参数。

### 7.3.5　离散法

这种方法主要是以计算震动速度平方的 Snoke 积分因子为基础,即

$$E = K_2 I_i(f) \qquad (7\text{-}3\text{-}10)$$

式中

$$K_2 = 4\pi\rho v_i R^2$$

$R$ 为震源到拾震器之间的距离;$E$ 为震动能量;$I$ 为 Snoke 积分因子。

$$I_i = 2\int_0^\infty |v_i(\omega)|^2 \mathrm{d}f$$

式中,$i$ 为波的类型(纵波或横波);$(\omega)$ 为某频率时地层的震动速度,对于远波场 $\omega = 2\pi f$;$f$ 为震动频率。

### 7.3.6　里氏震级法

$$\lg E = a + bM_L \qquad (7\text{-}3\text{-}11)$$

式中,$M_L$ 为里氏震级。

## 7.4　微震监测台网的优化

### 7.4.1　台网布设的重要性

煤矿矿震定位的准确度依赖于以下几种因素(董陇军等,2013;高永涛等,2013;巩思园等,2012b,2012c,2010a,2010b;Mendecki,1997;Dubinski et al.,1995;Gibowicz et al.,1994;Marcak et al.,1994;Drzezla et al.,1993):微震台网布置、台站 P 波到时读入的准确性、背景噪音的特点和仪器的采样频率、求解震源算法、速度模型和区域异常(如采空区)所导致的传播路径的变化。其中,速度模型和区域异常等因素可通过联合震中测定技术来消除,而 P 波到时读入准确性和震

源到台站几何特征等随机因素则无法根本消除,只能通过优化台网布置和降低随机因素大小等手段降低求解震源的非线性方程组的条件数,提高台网的容差能力和求解系统的鲁棒性。

如图 7-4-1 所示,在相同输入误差下,台网布设优的区域抗误差能力强,求解的震源位置分布就越集中。当煤矿中出现定位误差较大时,多是由于台网布设不合理造成的,而又由于开采区域是不断移动的,因此台网布设还应根据现场实际情况进行调整,以获得准确的震源能量和震源位置求解结果。

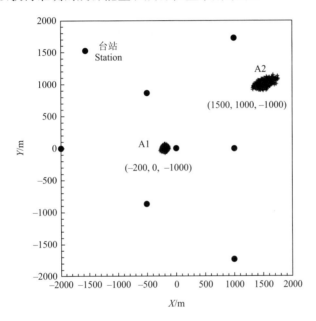

图 7-4-1  两震源在相同输入误差下的求解分布

## 7.4.2  监测区域和台网候选点确定原则

根据 $D$ 值优化理论,微震系统安装前,为提出台网布置方案,应首先根据影响冲击矿压危险状态的地质因素和开采技术因素确定矿区内重点监测的高微震活动区域。

为此,采用综合指数法(齐庆新等,2008;窦林名等,2001;Dubinski et al.,2000)通过对煤岩体的自然条件、特征及开采历史的认识,可近似确定区域内冲击矿压的危险状态及等级。$W_{t1}$ 为地质因素对冲击矿压的影响程度及冲击矿压危险状态等级评定的指数;$W_{t2}$ 为采矿技术因素对冲击矿压的影响程度及冲击矿压危险状态等级评定的指数;$W_t$ 为某采掘工作面的冲击矿压危险状态等级评定综合指数,取 $W_{t1}$ 和 $W_{t2}$ 中的最大值,并以此确定冲击矿压危险程度。

$$W_{t1} = \frac{\sum_{i=1}^{n_1} W_i}{\sum_{i=1}^{n_1} W_{i\max}} \tag{7-4-1}$$

$$W_{t2} = \frac{\sum_{i=1}^{n_2} W_i}{\sum_{i=1}^{n_2} W_{i\max}} \tag{7-4-2}$$

$$W_t = \max\{W_{t1}, W_{t2}\} \tag{7-4-3}$$

在分析已发生的各种冲击矿压灾害的基础上,利用综合指数法,计算各种因素的影响权重,然后将其综合起来评价各区域内的冲击危险程度,最后由冲击矿压危险状态等级综合指数确定区域内发生矿震的概率,如表 7-4-1 所示。

表 7-4-1　高微震活动区域内矿震发生概率

| 危险状态 | 冲击矿压危险指数 | 区域内发生矿震的概率 |
| --- | --- | --- |
| 无冲击 | 0~0.25 | 0.15 |
| 弱冲击 | 0.25~0.5 | 0.35 |
| 中等冲击 | 0.5~0.75 | 0.65 |
| 强冲击 | 0.75~0.95 | 0.85 |

确定危险区域后,由于煤矿中受巷道布置、开采、施工和现场条件等因素限制,并不是所有的地点都可以安装微震探头,所以初期必须根据一定的原则,选入一些可行的监测点作为台站位置的候选点,再进行优化组合选择,最终确定台网的布设方案。为尽可能避免随机因素中 P 波波速和 P 波到时读入误差的影响,减少震源定位的误差,候选点的选择还要考虑所处的环境因素和开采活动的影响。由此,确定选择候选点的一般原则为(巩思园,2010):

(1)危险区域周边应尽量在空间上被候选点均匀包围,候选点数不能少于 5 个,并避免近似形成一条直线或一个平面,并具有足够和适当的空间密度;

(2)一部分候选点应尽可能接近待测区域,避免较大断层及破碎带的影响。但是受巷道布置的客观条件影响,常见情况如图 7-4-2 所示,接近监测区域的探头只能安装在 A 和 B 两条直线巷道中,与原则(1)相悖。为尽量提高定位精度,一方面增加在 A 和 B 中备选探头的数目,但距超前支护段的距离不应小于 50m;另一方面结合客观条件考虑在监测区域其他方位的地面上选择合适的候选点。

(3)候选点应远离大型电器和机械设备的干扰,如皮带机头、转载机等,尽量利用现有巷道内的躲避硐室,远离行人和矿车影响。为减少波的衰减,探头尽量安装在底板为岩石的巷道内。

既要照顾当前开采区域,又要考虑未来一定时期内的开采活动。

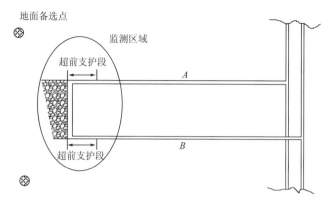

图 7-4-2　候选点选择的不利条件

### 7.4.3　台网布设方案的理论求解

受随机误差 $\xi_i$ 影响,从震源传播到台站的最短时间有如下普遍形式

$$t_i = T_i(\boldsymbol{H}, V, \boldsymbol{X}_i) + t_0 + \xi_i \tag{7-4-4}$$

式中,$\boldsymbol{H} = (x_0, y_0, z_0)$ 和 $\boldsymbol{X}_i(x_i, y_i, z_i)$ 分别为震源和第 $i$ 个台阶的坐标,$V$ 为 P 波波速,$t_0$ 为矿震的发震时刻,$\xi_i$ 为深入的 P 波初至到达时刻,$i = 1, 2, \cdots, n$,$n$ 是矿井中安装的台站数目。

通常在台网安装前,对台网内所有台站总是假设随机误差满足相同的正态分布 $\xi \sim N(0, \sigma^2 \boldsymbol{I})$,$\boldsymbol{I}$ 为单位矩阵,$\sigma$ 为随机误差的方差。

由以上假设,Gallant(2009)确定最小二乘估计参数 $\hat{\boldsymbol{\theta}}$ 近似满足正态分布

$$\hat{\boldsymbol{\theta}} \sim N(\boldsymbol{\theta}, (\boldsymbol{A}^{\mathrm{T}}\boldsymbol{A})^{-1}\sigma^2) \tag{7-4-5}$$

$\boldsymbol{C_\theta}(\boldsymbol{X}) = (\boldsymbol{A}^{\mathrm{T}}\boldsymbol{A})^{-1}\sigma^2$ 为求解参数 $\theta$ 的协方差矩阵,根据正态分布的特点,满足自由度为 $n-4$ 的 $\chi^2$ 分布为

$$(\boldsymbol{\theta} - \hat{\boldsymbol{\theta}})^{\mathrm{T}} \boldsymbol{C_\theta}^{-1}(\boldsymbol{X})(\boldsymbol{\theta} - \hat{\boldsymbol{\theta}}) \sim \chi^2(n-4) \tag{7-4-6}$$

式(7-4-6)的几何意义非常重要,描述了在某一置信区间下估计参数 $\hat{\boldsymbol{\theta}}$ 的分布特征。对不同的台网布设方案 $\boldsymbol{X}$,根据最小二乘法可获得不同的参数估计,参数估计的好坏则由此式表示的椭球体积大小来评价。体积越小,估计参数的分布就越集中,定位就越准确,布设方案 $\boldsymbol{X}$ 就越有利。由 $D$ 值优化准则知,椭球体体积与 $\sqrt{\det[\boldsymbol{C_\theta}(\boldsymbol{X})]}$ 成正比。协方差矩阵 $\boldsymbol{C_\theta}(\boldsymbol{X})$ 的行列式越小,椭球体体积越小。满足 $\det[\boldsymbol{C_\theta}(\boldsymbol{X})]$ 最小的台网设计方案 $\boldsymbol{X}^*$ 称为 $D$ 值最优台网布设方案(Gibowicz et al.,1994)。由估计参数 $\hat{\boldsymbol{\theta}}$ 的方差表达式可以看出,并不需要计算协方差矩阵,而可由偏微分矩阵 $\boldsymbol{A}$ 表示。求 $(\boldsymbol{A}^{\mathrm{T}}\boldsymbol{A})^{-1}$ 的行列式最小值同样满足 $D$ 值优化准则。

在考虑随机误差中 P 波波速的影响后,协方差可写成 $(\boldsymbol{A}^{\mathrm{T}}\boldsymbol{W}\boldsymbol{A})^{-1}$ 的形式,$\boldsymbol{W}$ 为对角矩阵,对角元素分别为

$$\boldsymbol{W}_{i,i} = \frac{1}{\left(\dfrac{\partial T_i}{\partial V_P}\right)^2 (\sigma_{V_P})^2 + \sigma_t^2} \tag{7-4-7}$$

式中,$\sigma_{V_P}$ 和 $\sigma_t$ 分别为 P 波波速和 P 波到时读入的方差,并且对于所有台站取值相同。

以上 $D$ 值优化准则仅适用于矿震集中在相对较小区域时,煤矿中实际情况更加复杂。由于许多矿井开采和掘进工作面不止一个,矿震活动危险区域较多,某点上的最优布设方案 $\boldsymbol{X}^*$ 由多个区域组成的整体区域上的最优方案 $\boldsymbol{\Omega}\boldsymbol{X}^*$ 所替代。假设在某点 $\boldsymbol{H}_j$ 上发生矿震的概率为 $p(\boldsymbol{H}_j)$,同样可表述为该点的重要性,则 $\mathrm{min}\det[\boldsymbol{C}_\theta(\boldsymbol{X})]$ 可以由整个区域 $\boldsymbol{\Omega}_H$ 中目标函数所替代

$$\min \int_{\boldsymbol{\Omega}_H} p(\boldsymbol{H})\det[\boldsymbol{C}_\theta(\boldsymbol{X})]\mathrm{d}\boldsymbol{H} \tag{7-4-8}$$

离散形式为

$$\min \sum_{j=1}^{ne} p(\boldsymbol{H}_j)\det[(\boldsymbol{A}^{\mathrm{T}}\boldsymbol{W}\boldsymbol{A})^{-1}] \tag{7-4-9}$$

式中,$ne$ 为冲击危险区域内需要计算的震源点数量。在计算偏微分矩阵 $\boldsymbol{A}$ 时,需要代入震位置 $\boldsymbol{H}_j$ 和台网布设方案 $\boldsymbol{X}$。

因为监测区域中的大部分震动都不能激发所有台站,且小的矿震是分析大震动的基础,是重要的信息源,所以偏微分矩阵 $\boldsymbol{A}$ 的行数必须是变化的。不同能量级的震动有不同的可探测距离,只有处于监测范围的探头才能被激发并包含于矩阵 $\boldsymbol{A}$。利用能量 $E$ 和可探测距离 $r$ 的经验公式 $E = \lambda r^q$(Mendecki,1997),$q$ 接近 2,$\lambda$ 为某一常值,可以确定某一能量下某一震源点的接收探头数目,且规定在可探测距离内至少要有 5 个通道能够接收到波形。可以看出,$q$ 值越大,可探测距离就越短,那么在同样能量下,能够触发的探头个数就越少。此时,最优台网布置就越紧密,所能覆盖的区域也越有限。

### 7.4.4　台网布设方案评价

Kijko(1977b)定义震中位置标准差为平面圆的半径,该圆的面积等于在 $(\boldsymbol{x}_0,\boldsymbol{y}_0)$ 处标准误差椭圆的面积,由此确定

$$\sigma_{xy} = \sqrt{\sqrt{\boldsymbol{C}_\theta(\boldsymbol{X})_{22}\boldsymbol{C}_\theta(\boldsymbol{X})_{33} - \boldsymbol{C}_\theta(\boldsymbol{X})_{23}^2}} \tag{7-4-10}$$

式中,$\boldsymbol{C}_\theta(\boldsymbol{X})_{i,j}$ 为协方差矩阵 $\boldsymbol{C}_\theta(\boldsymbol{X})$ 的元素,由于椭圆的两个轴对应协方差矩阵的特征值 $(\lambda_{x_0}, \lambda_{y_0})$,所以式(7-4-10)标准误差又可写成如下形式

$$\sigma_{xy} = \sqrt{\sqrt{\lambda_{x_0}\lambda_{y_0}}} \tag{7-4-11}$$

两式的区别在于,式(7-4-10)由协方差矩阵 $C_\theta(X)$ 对应 $X$ 轴和 $Y$ 轴的子矩阵计算而得,即式(7-4-11)中的 $(\lambda_{x_0}, \lambda_{y_0})$ 不是来自于协方差矩阵 $C_\theta(X)$,导致由式(7-4-11)计算的震中位置标准差可能会出现大于震源误差的情况。Kijko(1977a,b)没有定义相应的震源位置的标准差。与震中标准差定义类似,通过建立球体和椭球体等体积的关系式,利用 $X$ 轴、$Y$ 轴、$Z$ 轴方向的协方差矩阵 $C_\theta(X)$ 的特征值 $(\lambda_{x_0}, \lambda_{y_0}, \lambda_{z_0})$ 同样可以计算出 $\sigma_{xyz}$,即

$$\sigma_{xyz} = \sqrt[3]{\sqrt{\lambda_{x_0} \lambda_{y_0} \lambda_{z_0}}} \tag{7-4-12}$$

当 $\sqrt{\lambda_{x_0} \lambda_{y_0}} > \lambda_{z_0}$ 时,震中标准差大于震源标准差,与震源定位误差大于震中误差的理论情况不符。这多出现在台网立体分布较好而平面分布较差时。但在煤矿实际条件下,其出现的可能性较小,而多出现由于台网空间分布不均匀,密度不高,$\lambda_{z_0}$ 偏高的情况。而且由于标准误差椭圆或椭球置信区间为 39.4%,只能包含近 40% 的点,所以利用特征值计算的 $\sigma_{xy}$ 和 $\sigma_{xyz}$ 并不能恰当地反映台网的定位能力,当特征值差异比较大时,$\lambda_{z_0}$ 将被低估,计算的震源标准差偏低。

为体现台网的定位能力,一种简便的方法就是对监测区域进行大量的仿真实验,实验过程主要考虑随机因素 P 波波速和 P 波到时读入误差的影响。假设它们在所有台站分别服从相同的正态分布,即 $V_P \sim N(\hat{V}_P, \sigma_{V_P}), \xi \sim N(0, \sigma_t)$,受随机误差污染后,监测区域内 $H_j$ 点到台站 $X_i$ 的 P 波传播时间为

$$t_{i,j} = \frac{\text{Dist}(H_j, X_i)}{\langle V_P \rangle} + \langle \xi \rangle, \quad i = 1, \cdots, n \tag{7-4-13}$$

式中,$\text{Dist}(H_j, X_i)$ 为 $H_j$ 到台站 $X_i$ 的直线距离;$\langle V_P \rangle$ 和 $\langle \xi \rangle$ 为随机产生的样本值。根据微震定位理论,当 $n \geq 4$ 时,即可利用污染后的 $t_{i,j}$ 计算新的震源位置 $H_j'$,$H_j'$ 与 $H_j$ 的震中距离和震源距离,可作为污染后的定位误差,在多次重复实验(大样本)下,定位误差的期望值(7-4-14)即可作为对台网在 $H_j$ 上定位能力的评价

$$\begin{cases} \sigma_{xy}(H_j) = \dfrac{\sum\limits_{k=1}^{N_m} \sqrt{[(x_j')^k - x_j]^2 + [(y_j')^k - y_j]^2}}{N_m}, & \text{震中误差} \\[4mm] \sigma_{xyz}(H_j) = \dfrac{\sum\limits_{k=1}^{N_m} \sqrt{[(x_j')^k - x_j]^2 + [(y_j')^k - y_j]^2 + [(z_j')^k - z_j]^2}}{N_m}, & \text{震源误差} \end{cases} \tag{7-4-14}$$

式中,$N_m$ 为 $H_j$ 点上重复实验次数,一般大于 1000,求解震源位置算法选为鲍威尔算法。基于以上数值仿真模型,可编制相应的台网布设误差分析软件,如图 7-4-3 所示。

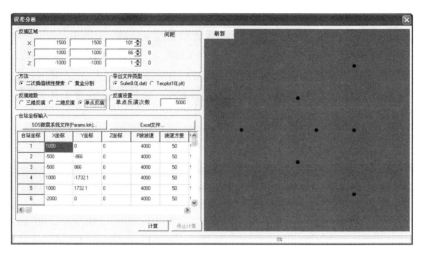

图 7-4-3　台网布设评价软件

　　由于仿真实验也可得到定位误差的期望值,所以该方法同样能对微震台网进行定位能力评价,并用于确定最佳台网布局。但是由于重复实验次数较多,而鲍威尔法用于定位计算又需要耗费一定的时间,将导致优化台网布设的计算成本过高。

# 7.5　冲击矿压的微震前兆规律/信息

## 7.5.1　厚煤层综放面冲击矿震前兆规律

　　某矿 2501 采区为二水平首采区,开采深度平均 700m。250101 工作面为首采工作面,已回采完毕。目前正在回采 250102 工作面,面长 200m,煤层倾角 3°~8°,煤层厚度 12m,综采放顶煤采煤法。工作面煤柱 20m。250101 工作面在回采过程中即已出现强矿震灾害,由于当时并没有安装矿井微震监测系统,所以没有震动参数的记录。02 工作面在掘进与开采过程,矿震频繁,并且强度明显高于 01 工作面,导致巷道变形严重,影响工作面正常回采。

　　自 250102 工作面回采以来(12 月 27 日~4 月 20 日),工作面转载机段已经发生了多次的强矿压显现,而事实上,在这些大的震动事件发生前,岩体已经出现了大量的微震活动。这些微震活动所发生的频次及能量的变化与冲击矿压发生有非常明显的关系。

　　1 月 29 日发生冲击前,从图 7-5-1 所示的震动的能量变化趋势来看,首先在 1 月 19 日~25 日期间存在一个岩体内发生震动的活跃期,活跃期内震动在时间尺度上分布比较均匀,并发生多次能量接近于 $1\times10^5$ J 的震动,之后进入能量的下降阶段,且 1 月 26 日全天未出现震动,随后能量开始上升,震动事件在时间尺度上相对比较集中,震动次数也比较稳定,但是从 1 月 28 日的 23:00 到 1 月 29 日的 15:52 近 17 个小时内出现了异常的沉寂区间,最后产生冲击。

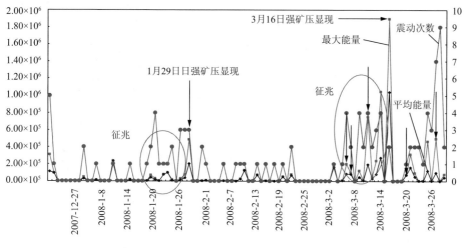

图 7-5-1　某矿冲击与矿震的关系监测结果(4 月 2 日冲击能量达 2.7×10⁶J)

3 月 16 日冲击矿压发生前,征兆就更加明显了,岩体总是出现活跃与平静的交替期,但每次平静后再出现的震动能量都会有所提升,这说明 250102 工作面监测区域内处于异常活动的时刻,工作面周围岩体处于能量释放的危险阶段,在出现 3 月 10 日～3 月 14 日一个能量释放比较大和震动次数上升的区间后,又在 3 月 14 日 18:40 分至 3 月 16 日 9:40 分内近 39 个小时内出现了一个异常的沉寂阶段,沉寂阶段内,未发生任何震动,之后产生了冲击,震动能量达到 1.9×10⁶J,造成了井下的破坏。

发生 3 月 16 日的大震动后,岩体随即进入一个沉寂的阶段,这是由于积聚在岩体的能量得到一定程度释放的原因,随着工作面进一步的推进,又出现了 3 月 24 日至 3 月 28 日的震动活跃期,期间 250102 工作面附近共发生了 4 次能量超过 10⁵ 的大震动,与 1 月 29 日在震动能量变化趋势上有非常大的类似点,之后进入下降阶段,岩体活动性降低,震动次数也出现了明显的下降,但随后两天岩体又开始出现活动,能量又有所回升,还出现了能量大于 10⁵ 的震动,紧接着危险的情况又出现了,从 4 月 1 日的 5:15 到 4 月 2 日下午 16:15 分近 35 个小时内出现了沉寂的情况,最后产生冲击,能量达到了 2.7×10⁶J,此次冲击造成了巷道的严重破坏,且出现了人员受伤的情况。

## 7.5.2　大断层活动诱发冲击矿震前兆信息

某矿 25110 工作面地表为乔店村东部的低山丘陵地带,煤系地层中下侏罗纪义马组。该面为 25 区东翼第一个综放工作面,采高达到 11m 左右,开采 2-1 煤层。地面标高＋551～＋596m,工作面煤层标高－390.0～－451.6m,可采走向上巷856m,下巷870m,平均863m。倾斜长191m,面积164833m²。井下四邻关系:东为23采区下山保护煤柱,南为25区下部未采煤层,东南部接近F16断层,西为25区下山煤柱,北为25090工作面。煤层上方,赋存有180～550m厚的砾岩层,如图7-5-2所示。

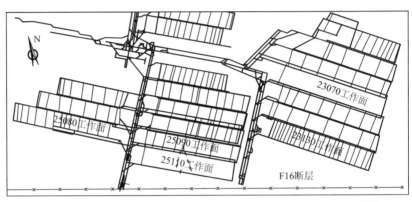

| 时代 | 层厚(m) | 岩性柱状 | 岩石名称 | 岩性描述 | 备注 |
|---|---|---|---|---|---|
| J₂² | 180-550 | | 砂岩、砾岩 | 块状、灰白色,具含水性。 | 老顶 |
| J₂¹ | 4 | | 砂质泥岩 | 深灰色,含植物化石。 | 1-2煤层直接顶 |
| | 0～2.5 / 1.5 | | 1-2煤层 | 黑色,块状,夹矸为炭质泥岩。 | 1-2煤层 |
| | 18 | | 泥岩 | 暗灰色,块状,易破碎,局部裂隙、节理发育。 | 2-1煤层直接顶 |
| | 8.4～13.2 / 11.5 | | 2-1煤层 | 黑色,块状易碎,有较厚矸层,夹矸为炭质、砂质泥岩。 | 2-1煤层 |
| | 4 | | 泥岩 | 深灰色,含植物化石。 | 直接底 |
| | 26 | | 砂岩 | 灰、浅灰色,成分以石英、长石为主。 | 老底 |

图 7-5-2　25110工作面平面图及煤层柱状图

冲击之一:2010 年 8 月 11 日下午 18 时 11 分 53 秒,25110 工作面下巷发生冲击矿压,震级为 2.7 级,能量为 $9 \times 10^8$ J。冲击范围:工作面下巷 500m 至工作面切眼,冲击长度 340m。冲击造成 25110 工作面下巷 O 形棚及门式支架严重损坏,图 7-5-3 为冲击位置。

25110 面回采期间冲击危险受巨厚砾岩、F16 断层影响最大,在分析震源的时空分布和演化方面微震监测预警具有很强的优势。

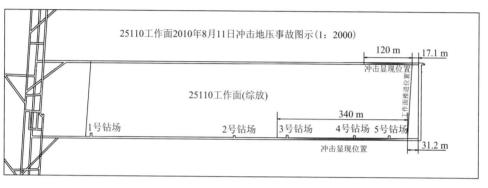

图 7-5-3　25110 工作面"8.11"冲击位置及范围

25110 面 700~1000m 掘进及切眼贯通期间微震活动频繁且能量大,这正是"11.8"冲击的位置,如图 7-5-4 所示。图 7-5-5 为 25110 工作面"8.11"冲击前后矿震分布规律。

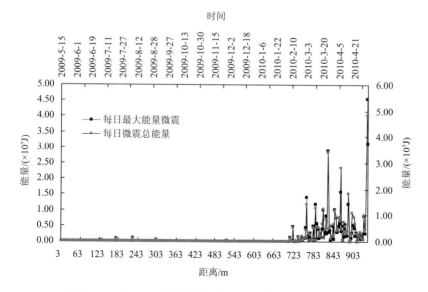

图 7-5-4　25110 工作面掘进及切眼贯通期间微震活动规律

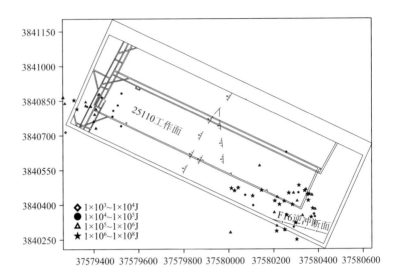

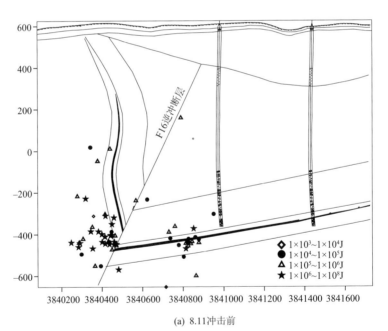

(a) 8.11冲击前

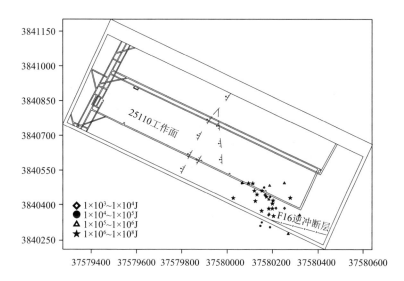

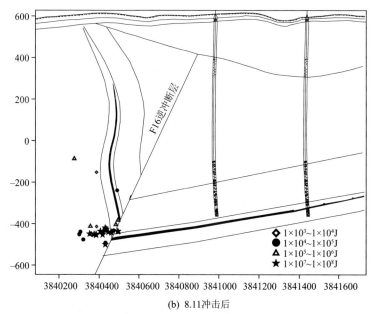

(b) 8.11冲击后

图 7-5-5　25110工作面"8.11"冲击前后矿震分布规律

冲击之二：2011年3月1日上午10时09分59秒，25110工作面下巷发生冲击矿压，震级为2.071级（矿震监测为3.2级），能量为$1.45 \times 10^8$J。当日上巷剩余637.3m；下巷剩余678.1m，震源距工作面268m，从工作面现场看破坏严重区域位于下巷330～352m，距工作面326m，如图7-5-6所示。

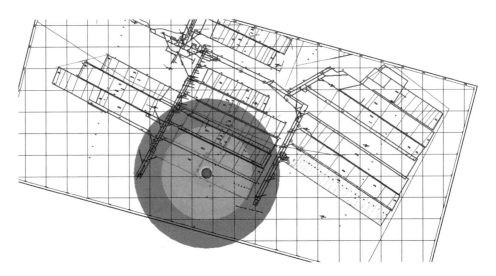

图 7-5-6　25110 工作面 3.1 冲击位置图

25110 工作面自 2010 年 7 月 17 日至 2011 年 8 月 5 日回采期间微震事件分布图如图 7-5-7 所示,2010 年 12 月份至 2011 年 3 月份的微震活动平面分布如图 7-5-8所示。由图可见,"3.1"冲击矿压主要发生在两个断层之间,而且在前期矿震集中区域。

微震可视化(日期: 2010-07-19~2011-08-05)

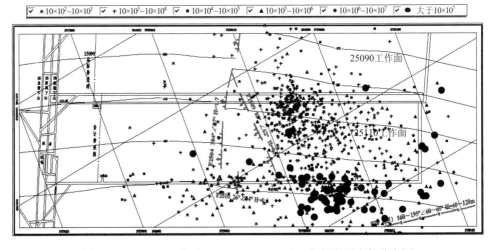

图 7-5-7　25110 工作面 2010-7-17~2011-8-5 期间微震事件分布图

微震可视化(日期：2010-12-01~2011-02-28)

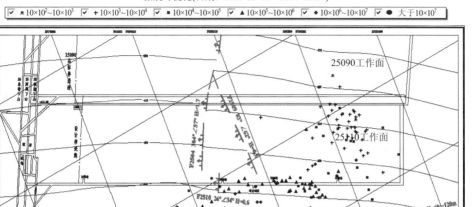

(a) 2010-12-1~2011-2-28

微震可视化(日期：2011-03-01~2011-03-31)

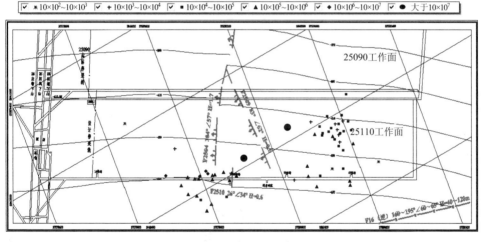

(b) 2011-3-1~2011-3-31

图 7-5-8　25110 工作面微震事件分布图

## 7.5.3　回风石门冲击矿震前兆信息

2011 年 11 月 27 日 9 点 20 分 14 秒和 9 点 20 分 57 秒,张小楼井微震监测系统监测到 95206 皮带机道三角门处(能量为 $1.13 \times 10^5$ J)和－1025 胶带石门三角门处(能量为 $3.44 \times 10^5$ J)发生两起强矿震,其扰动诱发－1166 回风石门 15m 范围内底板底鼓 0.5m 左右。冲击地点距离回采面约 100m,距设计停采线约 200m,当日工作面推进度 1.8m。

　　由微震监测系统监测数据可知,本次冲击现象发生数天前,冲击矿压来压预兆已十分明显。根据微震监测系统所监测数据,下面主要就来压预兆显现明显的震源平面分布图、矿震能量-频次变化规律、震源 Sindex 指标值三方面进行预警分析。

　　1) 震源分布与能量密度分析法

　　图 7-5-9 反映了 95206 工作面及其附近区域于 2011-11-01～2011-11-30 期间矿震震源($>10^3$ J)的平面分布及能量密度情况。

　　图 7-5-10～图 7-5-13 反映了 95206 工作面及其附近区域于 2011-11-01～2011-11-30 期间矿震震源($>10^3$ J)的演化规律及能量密度情况。

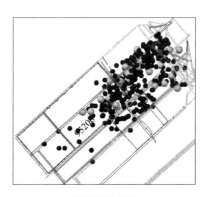

震源平面分布图

图 7-5-9　震源活动分布图(2011-11-01～2011-11-27)

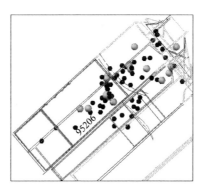

震源平面分布图

图 7-5-10　震源活动分布图(2011-11-01～2011-11-10)

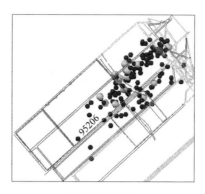

震源平面分布图

图 7-5-11　震源活动分布图(2011-11-11～2011-11-20)

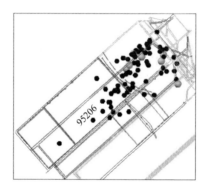

震源平面分布图

图 7-5-12　震源活动分布图(2011-11-21～2011-11-25)

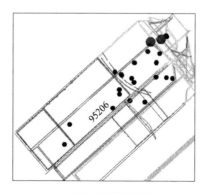

震源平面分布图(11.26~11.27)

图 7-5-13　震源活动分布图(2011-11-26～2011-11-27)

由图 7-5-13 知,95206 工作面能量介于 $1\times10^4\sim1\times10^5$ J 的矿震分布在工作面后方采空区及工作面前方附近,而能量大于 $1\times10^5$ J 的矿震共发生 3 次,全部分布在工作面下山侧附近,说明工作面前后附近顶板岩石破断呈规律性,顶板来压步距较小,无异常大能量矿震释放现象。而大能量震动集中发生在距工作面较远的下山侧,表明本区域静应力集中程度高,下山侧巷道受工作面顶板破断所产生的动载扰动较大,易导致大型煤炮和冲击现象的产生,属于典型的静载主导动载诱发的冲击类型,故需对本区域进行提前卸压。由图 7-5-10～图 7-5-13 知,随着工作面的回采,最大能量密度分布区域逐步向前偏移,表明下山侧易积聚大量的弹性应变能,受扰动后容易诱发释放,造成冲击灾害。

2) 矿震日震动能量与日震动频次分析法

集中度分析法就是利用微震监测系统采集到的矿震数据构建能够反应矿震活动规律的参数,利用这些构建的参数分析冲击矿压危险程度,从而对冲击危险进行预警的方法。目前,SOS 微震监测技术用于评价冲击矿压危险较为成功的应用参数是矿震总能量、矿震频次两个参量,很好地反映了矿震的活动性趋势。

图 7-5-14 为 2011-11-01～2011-11-30 期间日震动能量、日震动频次的活动趋势图。

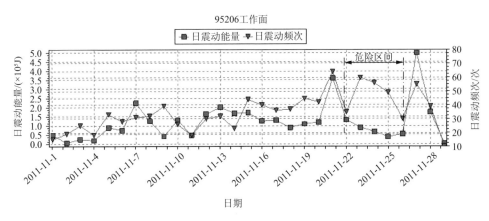

图 7-5-14　矿震活动能量-频次图(2011-11-01～2011-11-30)

由能量-频次图可知,2011 年 11 月 27 日冲击矿压来临前 5 天(2011-11-22～2011-11-26),即矿震日释放能量和频次在 2011 年 11 月 21 日高能量释放后双双呈连续下降趋势,表明岩石在历经长时间的能量积聚后积累了大量的弹性应变能。日震动频次于 2011-11-26 出现大幅度降低(由 25 日的 60 次降低为 30 次),矿震活动进入了沉寂期,说明冲击矿压即将到来。

3）矿震 Sindex 指标值分析法

为了反应矿震的空间发展趋势，根据矿震空间分布特点，采用主成分分析方法构建矿震的空间集中程度参数 Sindex(7.7.2 节将详细介绍)。Sindex 参数可通过 Plot2.0 直接做出，Sindex 越小反应矿震集中程度越高，反之矿震越分散；Sindex 曲线与震源震动频次曲线分离越明显，冲击危险程度越大。

由图 7-5-15 可见，Sindex 指标值从 2011-11-23～2011-11-25 整体较低，且 Sindex 曲线与震源震动频次曲线分离明显，冲击矿压危险性较高，若此时巷道抗冲击能力较弱，则很容易发生冲击矿压。冲击灾害发生后，Sindex 指标值出现大幅度升高，说明矿震能量经过释放后冲击危险性降低。

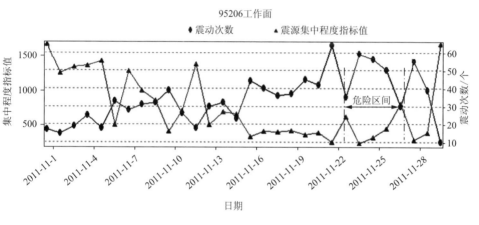

图 7-5-15　震源活动分布图

# 7.6　矿震冲击危险预警模型

在采矿中，应考虑矿震对采掘工作面的影响。在震动能量较大的情况下，可能会产生冲击矿压，动力将煤岩抛向巷道。为了解释这些现象，建立了冲击矿压与矿震的扩展模型和滑移模型。

## 7.6.1　扩展模型

如图 7-6-1 所示，为脆性岩石变形破坏的扩展模型。该模型能够描述岩石变形破坏过程的如下特征：裂隙闭和，弹性变形，裂缝扩展（出现微裂隙，开始扩涨）、裂隙加速扩展(Dubinski et al.，1995；Marcak et al.，1994)。

该模型中裂缝稳定扩展，产生非弹性变形，岩体结构形成非连续的微裂隙，岩体体积增大，称为扩涨。而释放的能量与岩体体积的扩涨紧密相关。

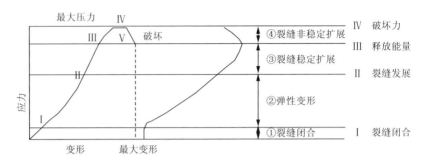

图 7-6-1　脆性岩石破坏的扩展模型

在开始破坏阶段,产生低能量的震动($10^2 \sim 10^4$J),破坏进一步发展,就可能出现高能量的震动($10^5 \sim 10^7$J),从而引发冲击矿压。从该模型可以解释震动能量及震动能量的变化,震源的位置及最终可能发生冲击矿压的区域。

### 7.6.2　滑移模型

滑移模型与顶板滑移、断层滑移紧密相关(Marcak et al.,1994),如图 7-6-2 所示。在刚度为 $\lambda$ 的弹簧受力 $F$ 时,岩层在裂隙表面滑移,其最大牵引力为

$$T = f \cdot Q \tag{7-6-1}$$

式中,$f$ 为摩擦系数。

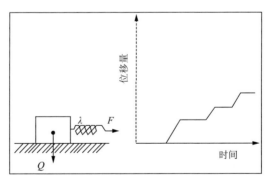

图 7-6-2　微震产生的滑移模型

当摩擦力与牵引力平衡时开始滑移,释放弹性能。应当注意,当 $F$ 一定时,滑移可能重复多次出现。实际情况也是如此,即震动沿某条线发生。在矿山生产实践中,这种现象经常出现在工作面接近断层附近或邻近层工作面的停采线附近。在工作面前方,压力的重新分布,特别是拉应力将会使摩擦力减小,容易引起滑移。小范围岩层的滑移释放能量为 $10 \sim 10^3$J。而对于较大的滑移则释放能量可以达到 $10^8 \sim 10^9$J,在这种情况下,虽然震源不在采掘工作面附近,但也会引发冲击矿压灾害。

# 7.7 冲击矿压的监测预警

与地震不同,矿震与煤矿采掘生产关系密切,在发生强矿震与冲击矿压之前,开采附近煤岩体内已经因回采发生破裂,并产生微震信号,它们是分析冲击危险与研究冲击矿压机理的重要信息源。

矿震法监测预警冲击矿压危险的实质是观测某个采掘工作面周围(即分区)矿震参量(如矿震频次、矿震能量、震源分布和震动波速)的变化情况,并确定该区域的冲击矿压的危险性的大小及危险性变化程度。

## 7.7.1 监测预警的分区

煤矿采掘生产区域不止一个,微震监测系统记录的矿震信号是多个采掘工作面共同影响的结果。由于各个生产区域的地质和开采技术条件不尽相同,即使是同一工作面,在回采过程中地质构造、上覆岩层结构也会发生改变。为区分在不同影响条件下产生的矿震,就要对煤矿中不同发生矿震的区域进行划分,以利于建立独立因素与产生矿震信号特征的关系,如褶曲、断层等地质因素。

分区的范围一般选取研究分析区域500m的范围。对于掘进工作面,一般选择以掘进工作面为中心,以500m为半径的区域进行分析研究;对于回采工作面,则选取以上下顺槽、开切眼及停采线为界外延500m范围的矩形区域。分区确定后即可统计一段时间段内的各参量变化规律,研究在不同开采技术与地质条件下微震参量的变化规律,从而应用于冲击危险的监测预警(江衡,2010;李志华等,2009)。

## 7.7.2 矿震参量的选择

矿震频次:一定条件下,一段时期(总分析天数)内,相同时间间距(一天或多天)内矿震发生次数的累加值。

矿震能量:一定条件下,一段时期(总分析天数)内,相同时间间距(一天或多天)内的矿震能量总和。

震源集中程度指标值:描述震源集中程度变化的指标,认为震源分布越集中或存在线性关系时,发生强矿震的可能性就越大。

假设某个区域内应力集中程度升高,破裂增加,那么围绕着这个区域所发生的震动就会增加,产生一个震动集中的群体,这个由 $X$、$Y$ 组成的向量群体可用图 7-7-1 来表示。从这个图中可以看出,后期震源分布比前期更接近破裂区域,故相对前期也更加集中,现实是有时这种震源分布的变化并没有图中显示的那么明显,这就需要构造一个参数来描述这种震源分布的变化,以识别强矿震的危险前兆信息。

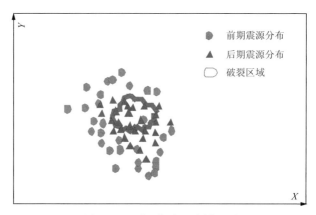

图 7-7-1　震源集中程度描述图

以破裂区域为中心,测量的 $X$、$Y$ 分布在中心的周围,其与中心的偏离可通过协方差矩阵来描述。协方差矩阵可由下式获得,其中破裂区域中心由 $E(X)$ 和 $E(Y)$ 确定

$$C = \begin{bmatrix} c_{11} & c_{12} \\ c_{21} & c_{22} \end{bmatrix} \tag{7-7-1}$$

式中,$c_{11} = E\{[X - E(X)]^2\}$,$c_{21} = c_{12} = E\{[X - E(X)][Y - E(Y)]\}$,$c_{22} = E\{[Y - E(Y)]^2\}$。

利用协方差矩阵,采用标准密度椭圆的面积即可作为震源集中程度描述的指标值,其表达式为

$$\text{Sindex} = \pi \sqrt{c_{11}c_{22} - c_{12}^2} \tag{7-7-2}$$

现场统计的该参量冲击危险判断依据为:震动频次升高后,若总是集中在一个较小的区域内释放能量,说明岩体的某个小区域内岩体活动加剧,是强矿震来临的一个前兆。当出现震动集中程度指标值与震动次数曲线在纵向上明显偏离的时段,且与之前的曲线偏离程度相比,震动次数越多,指标值越小,集中程度越高,发生强矿震的可能性就越大。

### 7.7.3　冲击危险界定及评价条件

#### 7.7.3.1　冲击危险界定

对掘进巷道:出现能量超过 $1 \times 10^4$J 的矿震,即为危险性矿震,说明该区域巷道在掘进过程中开始具有冲击危险。

对采煤工作面:出现能量超过 $1 \times 10^5$J 的矿震,即为危险性矿震,说明在工作面该区域回采过程中开始具有冲击危险。

### 7.7.3.2 冲击危险应对措施

当采掘工作面具有冲击危险性，应采取以下对策：

（1）若为危险性矿震，应及时与震源点附近区域取得联系，询问并记录现场矿压显现、动力现象及震动破坏情况；

（2）加强微震法监测与冲击危险性分析，并与其他监测方法结合综合应用于冲击危险预警；

（3）根据冲击危险级别确定相应的防治措施。

### 7.7.3.3 冲击危险评价条件

为了达到微震法确定观测区域内冲击矿压危险的目的，应将微震能量、微震频次与震源分布相关指标与下列因素联系起来：

（1）采掘工作面是否生产，若停产，微震活动将显著降低；

（2）开采技术条件，包括残留煤柱、停采线、相向回采或掘进、工作面见方；

（3）开采地质条件，如断层、褶曲、坚硬顶板；

（4）在具有近似开采条件的其他采掘面中的冲击矿压危险状况，尤其是掘进期间的冲击危险状况，一般掘进期间有冲击显现的地方，回采期间同样会发生。

## 7.7.4 微震趋势判别冲击危险

通过大量的监测实践，根据微震活动的变化、震源方位和活动趋势可以评价冲击矿压危险，对冲击矿压灾害进行预警。微震参量的每一次变化都是某个区域中应力变形状态变化的征兆，可以说明冲击矿压危险的上升或下降。

微震活动一直比较平静，持续保持在较低的能量水平（工作面小于 $1 \times 10^4$ J，掘进面小于 $1 \times 10^3$ J），处于能量稳定释放状态，此时采掘区域无冲击危险性。

强矿震发生前，矿震次数和矿震能量迅速增加，维持在较高水平，持续 2～3 天后会出现大的震动，之后矿震次数和矿震能量明显降低；

微震参量变化的原因应通过分析采掘工程条件和参数来识别。①对掘进面，当采矿技术与地质条件恶化（如遇到残留煤柱、断层、褶曲等）时，震动次数增加，并出现超过 $1 \times 10^4$ J 的矿震是冲击危险大幅度增加的征兆；当采矿地质条件改善，震动频次降低说明冲击矿压危险下降。②对回采工作面，当采矿技术与地质条件恶化（如遇到残留煤柱、断层、褶曲、见方等）时，矿震能量降低是冲击危险大幅度增加的征兆。

对回采工作面，岩体中能量的释放总是处于一种波动状态，对应积聚和能量释放的频繁转换中，而在具有冲击危险的情况时，这种波动状态开始加剧。震源总能量变化趋势首先经历一个震动活跃期（活跃期内出现能量超过 $1 \times 10^5$ J 矿震），之后出现较明显的下降阶段（正常生产条件下），开始具有冲击危险性，而在下降阶段再回升或下降阶段中出现比较长时间的沉寂现象后,或震动频次维持在较高水平时,此时具有强冲击危险性(图 7-7-2)。

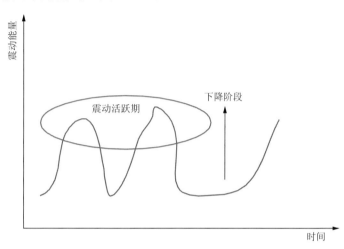

图 7-7-2　冲击危险前的矿震活动规律

如果微震强度参数的变化是在固定的时间内震动次数增加、推进量和工艺循环的增加:①在微震能量同时增加的情况下,这是冲击矿压危险上升的征兆;②在微震能量同时减少的情况下,这是冲击矿压危险下降的征兆。

如果微震强度参数的变化是在固定的时间内震动次数减少、推进量和工艺循环的减少:①当至少在几个生产循环(采煤工作面或巷道最少推进 20m)中维持这种情况时,这是冲击矿压危险下降的征兆;②当震动的微震能量增加时,这是冲击矿压危险上升的征兆。

震动相对于观测巷道的位置变化:①在震源向采煤工作面或巷道迎头接近时,冲击矿压危险上升;②当震源向离生产区域较近的断层、遗留煤柱、停采线等区域积聚时,这是冲击危险上升的征兆;③在震源向采空区方向远离采煤工作面或巷道迎头时,冲击矿压危险下降;④震动频次升高后,若总是集中在一个较小的区域内释放能量,说明岩体的某个小区域内岩体活动加剧,是强矿震来临的又一个前兆。当出现震动集中程度指标值与震动次数曲线在纵向上明显偏离的时段,且与之前的曲线偏离程度相比,震动次数越多,指标值越小,集中程度越高,发生强矿震的可能性就越大。

## 7.7.5　冲击危险的矿震监测预警

在某个矿井的某个区域内,在一定的时间内,已进行了一定的矿震观测。在这种情况下,就可以根据观测到的矿震能量水平,对冲击矿压危险进行预测预报。冲击矿压危险程度分为四级,根据不同的危险程度,可采用相应的防治措施,如

表 7-7-1 所示(窦林名等,2007)。

**表 7-7-1 冲击矿压危险状态分级及相应对策表**

| 危险等级 | 危险状态 | 危险指数 | 防治对策 |
|---|---|---|---|
| A | 无危险 | <0.25 | 所有的采掘工作可正常进行 |
| B | 弱危险 | 0.25~0.5 | 采掘过程中,加强冲击矿压危险的监测预报 |
| C | 中等危险 | 0.5~0.75 | 进行采掘工作的同时,采取强度弱化减冲治理措施,消除冲击危险 |
| D | 强危险 | >0.75 | 停止采掘作业,人员撤离危险地点。采取强度弱化减冲治理措施。采取措施后,通过监测检验,冲击危险消除后,方可进行下一步作业 |

### 7.7.5.1 矿震能量趋势预测法

如果将冲击矿压的危险性采用危险指数来表示,则可采用矿震能量趋势预测法预测冲击矿压危险程度(窦林名等,2000;Dou et al.,1998),即

$$\mu_{sj} = \overset{2}{\underset{i=1}{V}} \{\mu_{ei}(e_i)\} \tag{7-7-3}$$

其中

$$\mu_{ei}(e_i) = \begin{cases} 0, & e_i < a_i \\ \dfrac{e_i - a_i}{b_i - a_i}, & a_i \leqslant e_i < b_i \\ 1, & e_i \geqslant b_i \end{cases} \tag{7-7-4}$$

$$e_i = \lg E_i \tag{7-7-5}$$

式中,$i$ 为索引号;$e_1$ 为主要震动能量;$e_2$ 为偶尔发生的最大震动能量;$E_i$ 为震动能量;$a_i$,$b_i$ 为系数,对于不同的井巷,其值是不同的。其系数值如表 7-7-2 所示。

**表 7-7-2 不同采掘工作面的系数值**

| 震动能量＼类别 | 系数 | 垮落面 | 巷道 |
|---|---|---|---|
| $e_1$ | $a_i$ | 2 | 0 |
| | $b_i$ | 6 | 4 |
| $e_2$ | $a_i$ | 4 | 2 |
| | $b_i$ | 7 | 6 |

### 7.7.5.2 冲击危险的监测预警法

矿震监测预警法确定采掘面冲击矿压危险状况,主要是根据矿震能量等级,见表 7-7-3。

(1)震动能量的最大值 $E_{max}$ 和大多数的震动能量值;

（2）一定推进距释放的矿震能量总和（$\sum E$）。

同时，如果确定的冲击矿压的危险程度高，当上述参数降低后，冲击矿压危险性不能马上解除，必须经过一个昼夜，或一个循环周转后，逐级解除，一个昼夜最多只能降低一个等级。

**表 7-7-3　冲击矿压危险的微震监测预警指标**

| 危险状态 | 工作面回采 | 掘进巷道 |
|---|---|---|
| A<br>无危险 | 1. 一般：$10^2 \sim 10^3$ J，最大 $E_{max} < 5 \times 10^3$ J<br>2. $\sum E < 10^5$ J/每 5m 推进度 | 1. 一般：$10^2 \sim 10^3$ J，最大 $E_{max} < 5 \times 10^3$ J<br>2. $\sum E < 5 \times 10^3$ J/每 5m 推进度 |
| B<br>弱危险 | 1. 一般：$10^2 \sim 10^5$ J，最大 $E_{max} < 1 \times 10^5$ J<br>2. $\sum E < 10^6$ J/每 5m 推进度 | 1. 一般：$10^2 \sim 10^4$ J，最大 $E_{max} < 5 \times 10^4$ J<br>2. $\sum E < 5 \times 10^4$ J/每 5m 推进度 |
| C<br>中等危险 | 1. 一般：$10^2 \sim 10^6$ J，最大 $< E_{max} < 1 \times 10^6$ J<br>2. $\sum E < 10^7$ J/每 5m 推进度 | 1. 一般：$10^2 \sim 10^5$ J，最大 $E_{max} < 5 \times 10^5$ J<br>2. $\sum E < 5 \times 10^5$ J/每 5m 推进度 |
| D<br>强危险 | 1. 一般：$10^2 \sim 10^8$ J，最大 $E_{max} > 1 \times 10^6$ J<br>2. $\sum E > 10^7$ J/每 5m 推进度 | 1. 一般：$10^2 \sim 10^5$ J，最大 $E_{max} > 5 \times 10^5$ J<br>2. $\sum E > 5 \times 10^5$ J/每 5m 推进度 |

### 7.7.5.3　震动波 CT 成像预警技术

试验测试研究表明，震动波波速随应力的增加而增加，应力与波速之间应具有幂函数关系。震动波 CT 成像就是通过反演，获得研究区域内波速的大小，从而反映出应力的分布情况（窦林名等，2014；Hosseini et al.，2013；Dou et al.，2012；Hosseini et al.，2012a，2012b；Wang et al.，2012；Westman et al.，2012，2004，1996；He et al.，2011a；Mitra et al.，2009；Lurka，2008；Luxbacher et al.，2008；Luo et al.，2009；Glazer et al.，2007；Meglis et al.，2005；Iannacchione et al.，2004；Friedel et al.，1997；Friedel et al.，1995；Nur et al.，1969）。

工作面开采后，在其前后方形成应力集中区和应力降低区，如图 7-7-3 所示。根据震动波波速与应力之间的关系，裂隙带区域对应一个低波速区，而在应力集中区域则对应高波速区，在这两个区域之间是从高波速向低波速过渡的一个区域，即波速变化梯度较大的区域。研究表明，强矿震不仅发生在高波速区域，也发生在波速梯度变化明显的区域。所以梯度变化较大的区域也是冲击危险的区域。由矿压理论知，工作面回采后在底板也形成类似的应力分布特征，并与煤层上方顶板岩层具有近似对称性（窦林名等，2014）。

冲击矿压的预警主要是确定煤层中的应力状态和应力集中程度。由试验结果知，应力高且集中程度大的区域，相对其他区域将出现纵波波速的正异常，其异常值由下式计算。

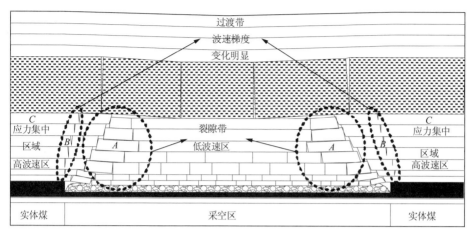

图 7-7-3 工作面开采后的上覆岩层结构及波速分布示意图

$$A_n = \frac{V_P - V_P^a}{V_P^a} \qquad (7\text{-}7\text{-}6)$$

式中，$V_P$ 为反演区域一点的纵波波速值；$V_P^a$ 为模型波速的平均值。

对波速的梯度变化,可采用波速梯度 $VG$ 值,它描述了相邻节点间波速的变化程度,对波速梯度 $VG$ 值的异常变化,可采用类似的公式进行描述,即

$$A_n = \frac{VG - VG^a}{VG^a} \qquad (7\text{-}7\text{-}7)$$

式中，$VG^a$ 为波速梯度 $VG$ 的平均值。由波速梯度 $VG$ 异常计算得到的波速梯度变化异常值 $A_n$ 对应的冲击危险性判别指标如表 7-7-4 所示。当波速梯度变化异常值 $A_n < 0$ 时,异常变化不明显,认为无危险特征,对应波速梯度变化异常值为 0。

表 7-7-4 指标异常值变化与冲击危险之间的关系

| 冲击危险指标 | 异常对应的危险性特征 | VG 异常 $A_n$/% |
| --- | --- | --- |
| A | 无 | <5 |
| B | 弱 | 5～15 |
| C | 中等 | 15～25 |
| D | 强 | >25 |

为进一步消除参数不确定性带来的影响,可采用应力集中系数的形式判断冲击矿震危险性。因波速大小受垂直应力和水平应力的共同影响,故计算得到的应力是水平应力和垂直应力的加权和值,即

$$\varphi = \frac{\left(\dfrac{V_P}{\varphi}\right)^{1/\psi}}{\sigma_P^a} \qquad (7\text{-}7\text{-}8)$$

式中，$\sigma_P^a$ 由模型波速的平均值 $V_P^a$ 估计得到。

利用以上构建的三个参数,采用震动波速 CT 成像技术就可进行冲击或强矿震危险的预警,震动波 CT 成像预警模型如图 7-7-4 所示(巩思园,2010;Luxbacher,2008)。

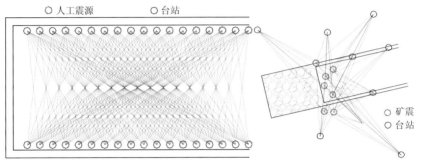

图 7-7-4　震动波 CT 成像模型

### 7.7.5.4　震动波 CT 应用实例一

兖州某矿 $103_{上}02$ 工作面的开采深度为 450m 左右。根据实验结果,在该深度下其岩层的震动波传播的波速为 3600m/s 左右。当应力达到 70MPa 时,岩层破坏。岩体破坏前,震动波传播的波速为 4500m/s 左右,震动波波速增加了 26%。

该矿 $103_{上}02$ 工作面矿震震动波速层析成像计算选取 2008 年 7 月的震动波形作为反演研究数据。2008 年 7 月 1 日～7 月 31 日期间满足的震动有 542 个,射线 4985 条,震源分布如图 7-7-5 所示。选取 $-500$ 水平纵波波速反演结果预测预报 $103_{上}02$ 工作面回采过程中的动力危险性。波速分布等值线如图 7-7-6 所示,表明在 $103_{上}02$ 工作面切眼附近存在一个高波速区域,并有向前扩大的趋势。

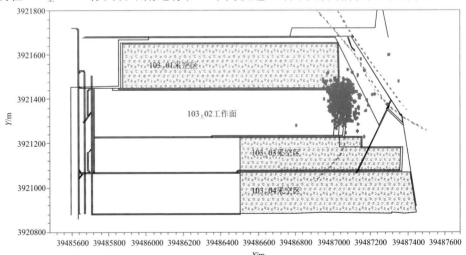

图 7-7-5　2008 年 7 月 1 日～7 月 31 日 $103_{上}02$ 工作面震源分布

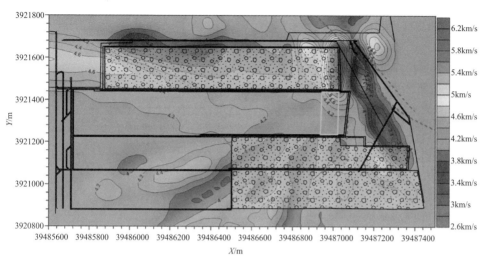

图 7-7-6　十采区矿震震动波速 CT 成像结果

　　为预测下个时段内的冲击矿震危险，采用上述预警指标绘制矿震危险分布图，如图 7-7-7 所示。根据综合分析，确定对工作面产生影响为两个危险区域[图7-7-7(d)]，且轨道顺槽一侧的危险区域具有强冲击危险特征。为验证预测结果，图 7-7-7(d)中绘制了未来 2008 年 8 月 1 日～8 月 31 日能量大于 $5.0 \times 10^3$ J 的震源位置，可发现一半左右的高能量震动都发生在强冲击危险区域内，中等危险区域附近则发生了一次能量处于 $1.0 \times 10^4$ J～$1.0 \times 10^5$ J 的震动。虽然，图 7-7-6 中几个冲击危险分析图中都显示断层的右侧也存在应力集中现象，但由于是在可信区域之外，所以附近发生的两次强矿震也没能预测出来，但也应受图中强冲击危险区域的影响。

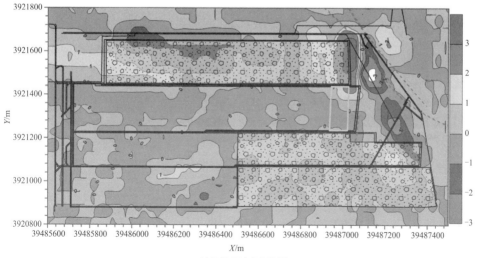

(a) 波速异常冲击危险图

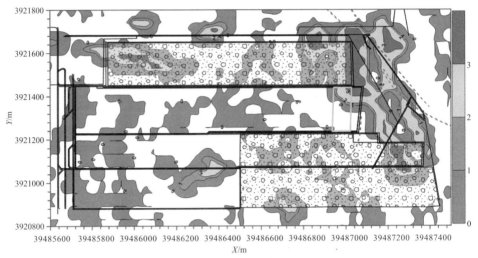

(b) VG异常变化冲击危险图

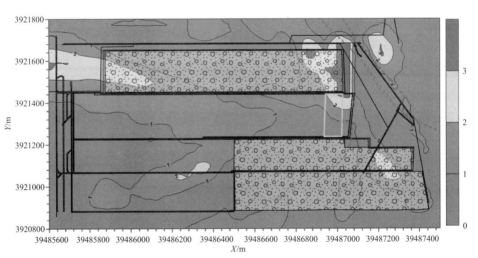

(c) 波速与应力试验关系模型确定的冲击危险分布图

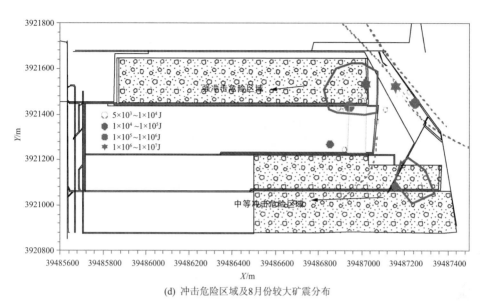

(d) 冲击危险区域及8月份较大矿震分布

图 7-7-7 十采区矿震震动波 CT 成像反演得到的冲击危险分布图

### 7.7.5.5 震动波 CT 应用实例二

大同某煤矿西翼盘区主采煤层为 11 煤,其平均厚度为 7m,采煤方法为低位综采放顶煤,采空区处理方式为全部垮落法。

11-2 号煤层:为该矿主采煤层之一,上距 11-1 号煤层 0.65～18.63m,平均 5.32m,赋存于井田北东。该层东三盘区部分与 121-2 号煤层合并,煤层平均厚 6.11m,中南部 11-1 号与该层合并,平均煤厚 4.01m,北西的西二盘区为 111-2-121-2号合并区,煤层平均厚8.74m。该层分布区煤层厚0.10～5.30m,平均 2.39m,结构单一,合并区除合并分叉处夹一层夹矸外,其他均为结构简单,属稳定型煤层。西一、东一、东二盘区开采已结束,西二盘区大部采空,其顶板为细砂岩,底板为粉砂岩。

西二盘区 8929 工作面相邻的工作面一侧为 8927 采空区,另一侧为 8931 未采工作面。

震动波 CT 反演计算选取 2008 年 5 月～7 月的震动波形作为研究数据。其中 2008 年 5 月 17 日～6 月 30 日期间满足的震动有 350 个,射线 2487 条。较大能量的震动激发的探头个数也较多,对于接收探头总数超过 9 个的震动,根据以上分析只采用最多 9 个探头上的 P 波首次到时进行震源定位,所有到时的标记都由人工进行,由此确定的震源分布如图 7-7-8 所示。

选取 1000 水平纵波波速反演结果预测预报 8929 工作面回采过程中的冲击危

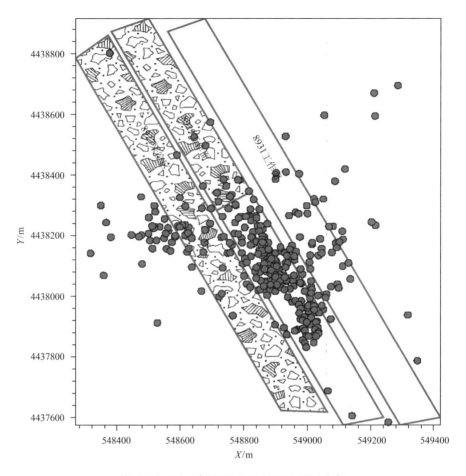

图 7-7-8 西二盘区 080517-080630 震源分布

险性。波速分布等值线如图 7-7-9 所示。图中黑色实线矩形框为 8929 工作面分别在 2008 年 5 月 17 日～6 月 30 日的推进度。

从图 7-7-9 的波速反演结果可很明显看出,存在明显的高波速区域。如图 7-7-10(a)所示,为预测预报下个时间段内的冲击危险,绘制冲击危险分布图。图 7-7-10(a)中在 8929 工作面推进的两边各存在一个波速异常区,靠 8927 采空区一侧范围较大,应是受 8927 工作面回采的影响。相比 5929 巷道,2529 巷周边也存在一个长条的波速异常区,但与 5929 不同的是,异常区更偏向实体煤侧,2529巷本身并没有落在异常区之内。回采区域附近的波速异常可利用超前支撑和侧向应力集中来解释,但是距工作面前方 230m 左右存在的一个波速异常区域则无法从常规角度去分析,而且在这个正异常区域的前方还存在一个负异常带,针对这种情况绘制了如图 7-7-10(b)所示的 VG 异常变化冲击危险图,该图也显示此区域达

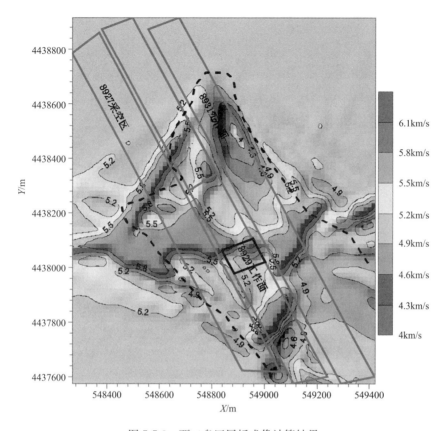

图 7-7-9　西二盘区层析成像计算结果

到了强冲击危险特征。图 7-7-10(c)的应力集中系数同样说明可信区域内存在三个对应异常区的应力集中区。但是,图 7-7-10(b)和(c)表现出了 2529 虽不处于危险带内,但比 5929 巷离危险源更近的特征。综合以上分析,确定三个冲击危险区域,如图 7-7-10(d)所示,它们都位于工作面的前方,5929 巷与 2529 巷上的危险带确定为中等冲击危险,而工作面前方 230m 处的危险带则确定为强冲击危险区域。为验证预测预报的准确性,图 7-7-10(d)中又绘制了下一时段 2008 年 7 月 1 日至 7 月 25 日能量大于 $5.0 \times 10^4$ J 的震源位置,可以发现大部分高能量震动都发生在预测的三个危险区域内,而其中三个发生的冲击矿压事件全部发生在预测的强冲击危险区域内,一方面说明了微震 CT 预警技术的有效性,另一方面也说明冲击危险预测指标的准确性。同时,大部分能量处于 $1.0 \times 10^5 \sim 5.0 \times 10^5$ J 的震动都落在 5929 巷附近,不过这与 5929 巷靠煤柱区更加危险的特征是符合的。

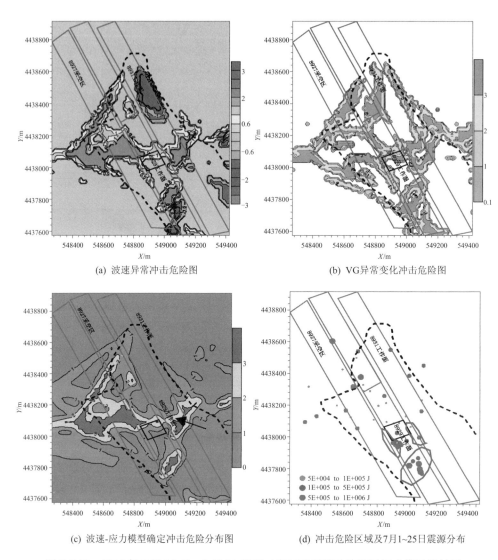

(a) 波速异常冲击危险图　　　　　　　　(b) VG异常变化冲击危险图

(c) 波速-应力模型确定冲击危险分布图　　　　(d) 冲击危险区域及7月1~25日震源分布

图 7-7-10　2008 年 5 月 17 日～6 月 30 日西二盘区矿震震动波速层析成像反演结果

### 7.7.5.6　震动波 CT 应用实例三

**1）义马某矿 25110 工作面概述**

　　义马某矿 25110 工作面采深 1000m 左右(地面标高＋551～＋596m,工作面煤层标高－390.0～－451.6m),为 25 采区东翼第一个综放工作面,平均采高 11m,主采 2-1 煤层。2-1 煤层平均厚度 11.5m,平均倾角 13°,煤层上方依次为 18m 泥岩直接顶、1.5m 厚 1-2 煤、4m 泥岩和 190m 巨厚砂岩老顶,下方依次为 4m 泥岩直接底和 26m 砂岩老底。井下四邻关系(图 7-7-11)：东为 23 采区下山保护煤柱,南为 25 区下部未采煤层,西为 25 采区下山保护煤柱,北为 25090 工作面(一分层已采),且 25110 上巷布置于 25090 采空区下方煤层中。

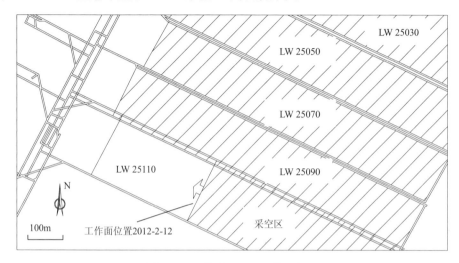

图 7-7-11 某矿 25110 工作面概况

2) 反演结果分析

反演采用的设备为现场安装的波兰 16 通道 ARAMISM/E 微震监测系统,如图 7-7-12 所示,实心圆为 ARAMISM/E 微震监测系统检波器。

探测方案如图 7-7-12 所示,选取 2012 年 5 月 8 日～6 月 7 日的震动波形作为反演数据。期间监测到微震事件总数 201 个,其中满足条件的有效微震事件 101

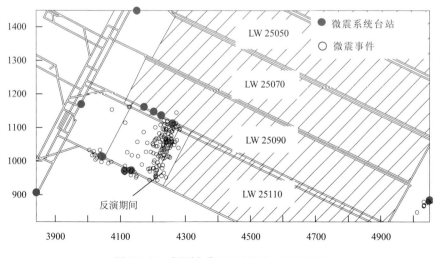

图 7-7-12 探测方案(20120508～20120607)

个,形成射线 599 条。大能量震动激发探头个数较多,对于接受探头总数超过 10 的震动事件,进行震源定位时采用最多 10 个探头,当中所有的 P 波首次到时的标记均由人工进行,由此确定的震源分布如图 4 所示的空心圆。

对形成的射线进行波速统计,得出最小波速 2.60km/s,最大波速 6.92km/s,平均波速 4.21km/s。通过统计每个波速区间内的射线条数可知(图 7-7-13),P 波波速主要集中在 3.87km/s 和 4.38km/s 附近,射线总数分别占总数的 52.6% 和 17.7%。统计分析说明,该反演区域 P 波波速变化较大,所以需建立层状模型进行计算,网格划分为 $50 \times 28 \times 4$,$X$、$Y$、$Z$ 方向间距为 $30m \times 30m \times 133m$,模型从上到下波速在 $2.60 \sim 6.00km/s$ 范围等梯度分布。

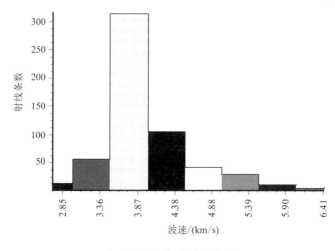

图 7-7-13    射线波速统计

选取 25110 工作面煤层平均标高 −400m 水平切片的波速异常系数 $A_n$ 和波速梯度变化系数 $VG$ 等值线云图作为 25110 工作面的探测评价结果,如图 7-7-14 和图 7-7-15 所示。根据波速正负异常变化与应力集中程度及弱化程度之间的关系,划分出 2 个强应力集中区域 $B1$ 和 $B2$(由图 7-7-14 中蓝色曲线圈出),以及 3 个强弱化区域 $R1$、$R2$ 和 $R3$(由图 7-7-14 中红色曲线圈出)。另外,根据波速梯度变化与冲击危险之间的关系(表 7-7-4),划分出 5 个强冲击危险区域 $G1$、$G2$、$G3$、$G4$ 和 $G5$(由图 7-7-15 中黑色曲线圈出)。

(1) $B1$ 区域。该区域的形成与工作面超前支承压力有关,为冲击矿压频发区域。该区域走向上分布范围为 100m 左右,与现场实际的工作面超前支承压力影响范围基本一致。

(2) $B2$ 区域。该区域为 25090 工作面停采线遗留煤柱影响区。25090 工作面回采结束后,遗留煤柱侧形成悬顶现象,进而在煤柱内侧形成侧向支承压力。随着 25110 工作面向停采线的靠近,25110 工作面超前支承压力将与该区域侧向支承压

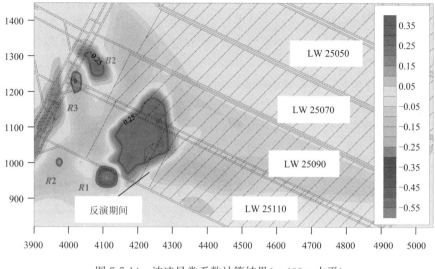

图 7-7-14　波速异常系数计算结果(−400m 水平)

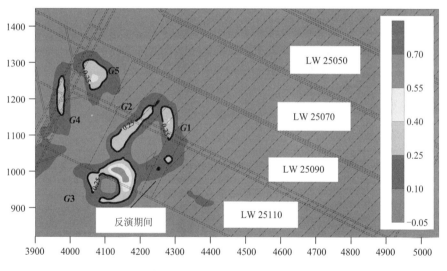

图 7-7-15　波速梯度变化系数计算结果(−400m 水平)

力叠加,此时该区域的冲击危险性将更为显著。

(3) $R1$、$R2$ 区域。该区域为现场卸压措施实施区域。

(4) $G1$、$G2$、$G5$ 区域。该区域为实体煤向采空区过渡的区域,如图 7-7-15 所示的区域 $B$。

(5) $G3$ 区域。该区域的形成与现场卸压措施实施有关。由于卸压措施的实施将松散煤岩体形成破碎带,使得该破碎带与实体煤之间形成一个过渡带,即波速梯度变化异常带。因此，当实体煤中应力集中程度较高时，实施卸压措施容易诱发冲击矿压灾害，此时施工人员应充分做好个体防护或远离施工区域。因此，该区域属于施工过程中的危险区域，至于施工后，该区域仍然属于卸压区域，不能作为下一时段的冲击危险区域。

（6）R3、G4 区域。该区域为因素未知区域。

3）探测结果验证

为验证探测评价结果，绘制了未来 2012 年 6 月 8 日～6 月 30 日的微震事件震源分布，如图 7-7-16 所示。由图可知，大部分微震事件发生在 B1、G2 区域，同时在 B2、G5 区域发生了一次 5 次方的大能量微震事件，而在 G3 区域仅发生了少量小能量微震事件，这与探测评价结果分析一致，从而验证了该技术的可靠性。

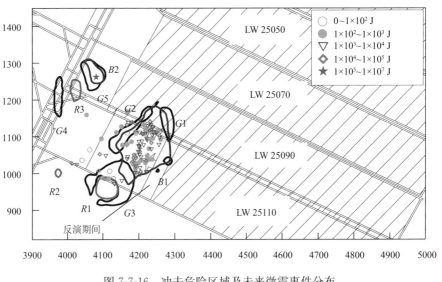

图 7-7-16　冲击危险区域及未来微震事件分布

4）卸压解危措施指导及效果检验

如图 7-7-17 所示，为 2012 年 4 月 16 日～5 月 8 日期间的震动波 CT 探测结果，反演结果显示出 5 个需要采取卸压措施的中等应力集中区域 A1、A2、A3、A4 和 A5。其中区域 A1 和 A2 位于采空区，远离工作面开采空间，卸压措施无法实施，同时该区域对工作面的安全也不构成威胁；区域 A3 和 A5 横穿工作面上下巷，由于 25110 工作面上巷位于采空区下方，卸压措施实施效果不佳，同时考虑到现场施工的难度，暂不在该区域的上巷采取卸压措施。最终确定在 A4 区域和 A3、A5 的下巷区域实施卸压措施，如图 7-7-17 所示。图中黑色直线表示大直径卸压钻孔（钻孔直径 133mm，孔深 30～57m，顺煤层布置）、蓝色表示煤体卸压爆破钻孔（孔深 20m，封孔长度 9m，装药量 18kg，顺煤层布置）、红色表示深孔断顶爆破钻孔（孔

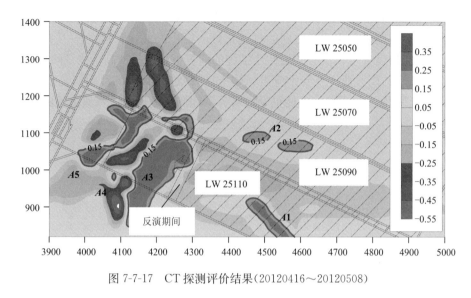

图 7-7-17 CT 探测评价结果(20120416~20120508)

深 20m,封孔长度 9m,装药量 18kg,钻孔角度 60°),直线长度表示钻孔实际实施的深度。

此次卸压解危措施效果检验采用 2012 年 5 月 8 日至 6 月 7 日期间的波速异常系数结果,如图 7-7-18 所示。从图中可以看出,A4 区域和 A5 下巷区域实施卸压措施后,波速异常指数由正异常转为负异常,表明该区域应力下降幅度很高,说明卸压效果很明显;A3 下巷区域实施卸压措施后,该区域不仅呈现出波速负异常,

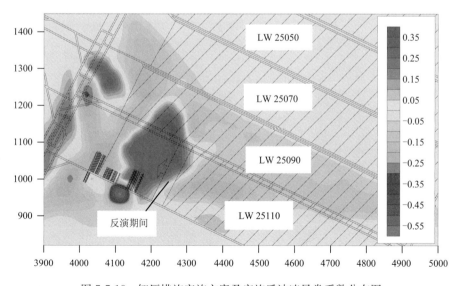

图 7-7-18 卸压措施实施方案及实施后波速异常系数分布图

同时还表现出高波速梯度异常,表明该区域实施的卸压措施通过松散煤岩体形成了破碎带,该破碎带与实体煤之间的过渡正好表征出高波速梯度异常。由此可以得出,高波速梯度异常在没有实施卸压措施的前提下才能表征高冲击危险性,而实施卸压措施后的高波速梯度异常应表征卸压措施效果的有效性,即弱化程度的显著性。综上所述,CT 探测技术能很好地对各项卸压解危措施进行效果检验。

# 8 煤岩变形破裂的声发射

采矿活动引发的动力现象分为两种：

(1) 强烈的,属于采矿地震的范畴;

(2) 较弱的,如声响、振动、卸压等则为采矿地音,也称为岩石的声发射。

岩石声发射现象的研究从 20 世纪 30 年代开始。首先是由欧伯特(Obert)在锌矿和铅矿测量地震波传播时开始,其后在美国的密歇根(Michgan)铜矿进行。随后声发射的研究在美国、日本、南非、波兰、德国、俄罗斯、捷克等国家展开。

岩石声发射研究的目的是确定岩体中的应力状态以及预测采掘面及周围岩体突然、猛烈的破坏(Kornowski,1994;袁振明等,1989),如冲击矿压、煤和瓦斯突出、垮落等。

声发射法就是以脉冲形式记录弱的、低能量的地音现象。其主要特性是振动频率从几十赫兹到至少 2000 赫兹或更高;能量低于 $10^2$J,下限不定;振动范围从几米到大约 200m。

采矿声发射方法主要用来确定正在掘进的巷道或正在开采的回采工作面的冲击矿压危险性,即:

(1) 确定采矿巷道或煤层部分的冲击矿压危险状态;

(2) 连续监测冲击矿压危险状态的变化;

(3) 冲击矿压防治措施的评价及其效果的控制。

采用的方法主要有站式连续监测和便携式流动地音监测。用来监测和评价局部震动的危险状态及随时间的变化情况。主要记录声发射频度(脉冲数量)、一定时间内脉冲能量的总和、采矿地质条件及采矿活动等。

## 8.1 声发射的物理基础

矿井中的声发射现象与岩石的动力现象及弹性波的发射有关。这是由于在岩本压力场作用下,岩体结构的非弹性变形或结构产生的非稳定状态的结果。

声发射源与岩石种类,信号的发射水平,塑性变形,微裂缝的形成与增长,已存在的裂缝及微裂缝等有关。

对于冲击矿压危险性的评价来说,主要是根据记录到的岩体声发射的参数与局部应力场的变化来进行。岩石破坏的不稳定阶段是岩石中裂缝扩展的结果,而声发射现象则是微扩涨(岩体中出现的破裂和零量裂隙缝)超过界限的表征,而该现象的进一步发展则表明岩石的最终断裂。根据矿山压力,最终断裂将引发高能量的震动,对巷道的稳定形成威胁,也可能引发冲击矿压。

# 8.2　岩石声发射的特点

### 8.2.1　岩石中的声发射源

声发射信号的形成是力学现象,可由多种因素引发,最常见的是岩石的变形和破断,也可能由岩石相位错动、摩擦滑动及其他引发。

对于最低能量信号,声发射源是断裂,就像金属研究中的结果一样。根据塑性变形的断裂理论,弹性波的发射仅在断裂速度的变化(即在断裂的加速或延缓)时发生。

对于较高能量的声发射信号,则是岩石的脆性破断、颗粒间的滑移以及在塑性滑移和塑性变形的边缘区域发生。而再大一些的能量信号则是岩石的宏观破断或不同部分的岩石位移产生的。

声发射在松软岩石和坚硬岩石变形时发生,但由于能量源及弹性波传播的阻尼,在松散岩石中很难记录到低频声发射信号。

### 8.2.2　岩石声发射信号的波形与频谱

图 8-2-1(a)介绍了煤层中记录到的声发射信号的加速度图和频谱图,煤层上方为砂岩顶板,脉冲信号来自煤层,中心距测点 60m,频率宽度不超过 1100Hz。而图 8-2-1(b)则为煤样在单轴压缩下声发射信号的加速度及频谱,频率宽度为 8.5~11.5kHz,信号持续时间比煤层中的短 30 倍(Kornowski,1994)。

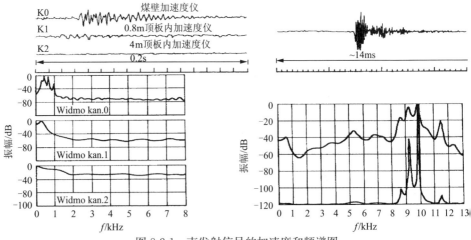

图 8-2-1　声发射信号的加速度和频谱图

图 8-2-2 所示为某矿煤样变形破裂的声发射信号波形。

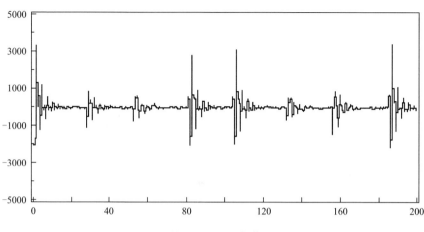

图 8-2-2 某矿原煤声发射信号波形图

# 8.3 岩石变形过程中的声发射

声发射现象与岩石变形过程有很大的关系。最初认为,根据声发射与岩石变形过程的关系,可以预测破坏的时刻。故研究集中在不同岩石试样、不同压载荷、拉载荷、剪载荷增长的情况下,声发射的规律。常用的参数为声发射频度或脉冲数量。

但是,在稳定常载荷下,对于蠕变,声发射频度与岩石变形速度有关。对于循环加载,声发射对前一循环的载荷有记忆效果,称为 Kaiser 效应。

岩石的声发射与岩石非弹性变形紧密相关。

声发射频度的变化类似于岩石非弹性体积变形速度的变化,而脉冲总数量的变化对应非弹性体积变形的变化。

## 8.3.1 载荷的增长对岩石声发射的影响

研究表明(Tang et al.,1997;Kornowski,1994),所有类型的岩石,随着载荷的增加,声发射的频度随之增长直至破坏或到其极限强度。脆性岩石受压时,声发射的增长与岩石开始错位有关。这种现象出现在大约 0.4~0.9 极限强度。在空隙岩石和少量围压及轴压时,声发射的增长与局部破裂和空隙有关。图 8-3-1 为砂岩试块单轴受压下声发射频度与信号总数的变化。

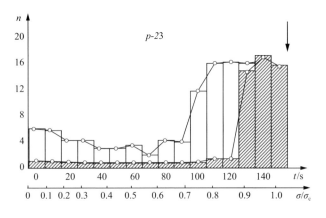

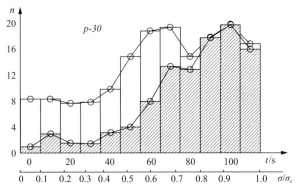

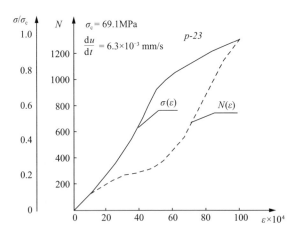

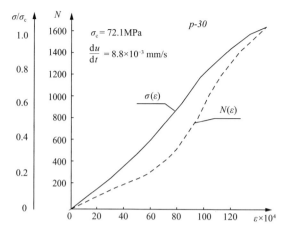

图 8-3-1 砂岩试块单轴受压下声发射频度与信号总数的变化

考虑矿山压力和地音特征,可以将岩石的变形过程分为如下阶段:

(1) 压缩,压密岩石中的裂缝和空隙。在该阶段,声发射频度有稍微上升,有时不明显。

(2) 线性变形。弹性或亚弹性变形。部分不可恢复的变形。在该阶段声发射波的频率很低。

(3) 扩涨或微扩涨与非弹性体积变形有关。在该阶段,声发射频度大量上升。

(4) 加速扩涨或宏扩涨,岩石的体积迅速增大伴随微裂缝产生及断裂,在该阶段为较高水平的声发射频度。当岩石变形趋向某个区段时,声发射频度可能在达到强度前下降。

(5) 岩石破坏阶段,超过强度极限后,随变形的增长,压力下降。而声发射在该阶段研究不多。声发射频率 200Hz～1MHz,认为该阶段声发射下降是因宏观裂缝的增长与发展有关。

因此,Mogi 总结了岩石结构与声发射信号之间的关系,为三类:

Ⅰ类——超过岩石强度极限后主震动(断裂)而且很强烈,预先没有信号而出现断裂(再次),这种岩石为均质,很小的空隙率和解理,应力分布均质。

Ⅱ类——主震动(断裂)比Ⅰ类弱,但预先有震动脉冲。这类为非均质,而空隙、解理、压力分布非均匀。

Ⅲ类——缺少明显的主震动。裂隙(震动)增加后减小,变形释放能量(一些塑性岩石与裂隙)。

图 8-3-2 为岩石非均质程度下,变形与声发射特征。由此可见,声发射与非弹性变形有关,甚至在微扩涨前出现。

Boyce,McCabe 和 Koerner 以地音发射频率为 0.1～100kHz 的研究为基础,在单向压力,加载速度为 77kPa/s 下,提出了四种岩石的声发射特征(Boyce et al.,1981)。

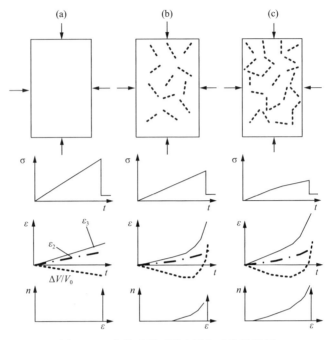

图 8-3-2　非均质岩石的变形与声发射特征

Ⅰ类——有空隙和裂隙的实质区($A$ 点),也有稳定破断区($C$ 点),该区预报了非稳定破断区和地音频度的迅速增长($D$ 点开始)。

Ⅱ类——缺少稳定破断区,立即出现非稳定破断($C/D$)。

Ⅲ类——岩石中不出现空洞和裂隙的压实区。

Ⅳ类——出现线性变形区的特点($A/B$—$C/D$)和预报破坏的破断区。

第Ⅰ类、第Ⅱ类为岩石中存在微裂缝及空隙,而第Ⅲ类、第Ⅳ类为坚硬岩石。

## 8.3.2　稳定载荷下声发射频度的变化

随着岩石非弹性体积变形的增长,声发射频度随之增长。在稳定载荷下,岩石蠕变变形时,声发射频度也增长。

研究表明,声发射的脉冲数量与岩石非弹性变形或者声发射频度与变形速度存在如下关系(唐春安,1993)

$$n = \frac{\mathrm{d}N}{\mathrm{d}t} = b\left(\frac{\mathrm{d}\varepsilon}{\mathrm{d}t}\right)^{p} \tag{8-3-1}$$

式中,$b$,$p$ 为常数,$p$ 稍大于 1。

岩石蠕变时,声发射频度的变化与蠕变变形相类似。而对于岩石的稳定性来说,重要的是确定第三阶段的蠕变。

第一阶段蠕变,较高的声发射频度;

第二阶段蠕变,声发射频度的增加有所下降;

第三阶段蠕变,声发射频度再次增加。如图 8-3-3 所示。

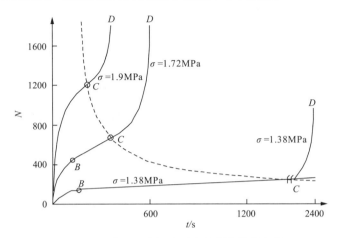

图 8-3-3 冻土试块蠕变时声发射信号的变化

### 8.3.3 循环载荷下声发射频度的变化

岩石在循环载荷下,声发射出现记忆效应。即在一定的压力差水平下,声发射水平与加载历史有差的关系,也就是说,声发射源具有不可逆转的特点。如果这部分的比例较大,岩石循环加载时,较大的声发射现象仅在超过了上次循环加载的最大压力后才出现。该最大压力的记忆效应称为 Kaiser 效应。如图 8-3-4 所示。

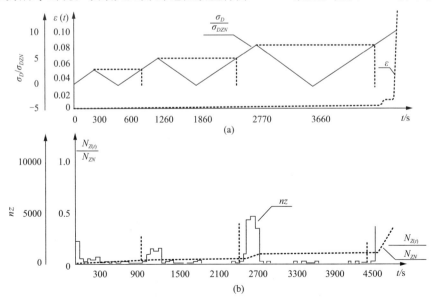

图 8-3-4 砂岩在循环加载时轴向变形与声发射的关系

### 8.3.4　温度对声发射的影响

　　岩石在高温(小于 660℃)下的声发射与低温下的类似。研究表明,声发射频度的最大值与岩石温度的最大梯度相关。存在某个温度限(对于花岗岩约为70℃),大于该限,声发射明显上升。但不取决于加热速度,加热速度仅对脉冲数量有影响,且成正比。

　　在岩石循环加热时(70~500℃至 600℃),对上次循环的最高温度有记忆。对于沉积岩来说,该记忆受时间影响,过了一定时间后,该记忆消失,如图 8-3-5 所示(Kornowski,1994)。

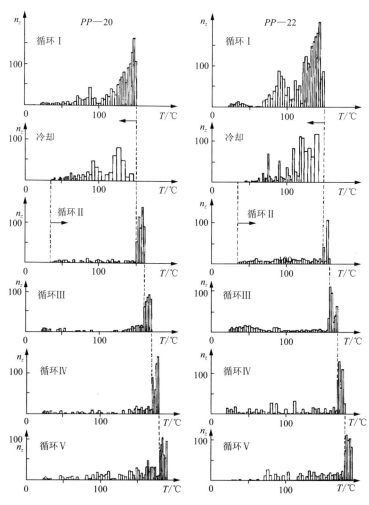

图 8-3-5　砂岩在循环加热情况下声发射规律

Ⅰ—加热到 $T_{\mathrm{I\,max}}\approx150℃$,冷却到 35℃;Ⅱ—加热到 $T_{\mathrm{II\,max}}\approx160℃$;Ⅲ—1 天后加热到 $T_{\mathrm{III\,max}}\approx170℃$;
Ⅳ—7 天后加热到 $T_{\mathrm{IV\,max}}\approx180℃$;Ⅴ—30 天后加热到 $T_{\mathrm{V\,max}}\approx190℃$

## 8.4　组合煤岩体变形破裂的声发射效应试验

### 8.4.1　组合煤岩样的加工实验系统

从三河尖煤矿、济三煤矿、古城煤矿、海孜煤矿以及星村煤矿采集煤岩样,遵照相关标准的有关规定,首先将煤岩块夹持在钻石机的平台上,用金刚石钻头钻取直径为 50 mm 的煤岩试样,然后用锯石机将煤岩试样锯成高 20 mm、30 mm、35 mm、70 mm 左右的圆柱体,最后在磨平机上将煤或岩石试件两端磨平,要求试件两端面不平行度≤0.01 mm,上、下端直径的偏差≤0.02 mm。

将加工好的试件,按不同的高度比和不同的强度组合形式,用 AB 强力胶粘合成 50 mm×100 mm 的标准试样。图 8-4-1 所示为部分组合试样的照片。

图 8-4-1　部分组合试样的照片

加载装置采用高精度能控制加载速度及调节油压的美国 MTS 公司的 MTS 815.02 电液伺服材料实验系统,用于进行组合试样加载和应力-应变全过程曲线的测定。实验系统如图 8-4-2 所示。该系统可以在试样发生不受外因控制的变形速率情况下获得应力-应变全过程曲线,这更符合现场发生冲击矿压时的实际情况。

声发射与电磁辐射信号采集工作采用美国 PAC 公司生产的 DISP-24 声电测试系统,该系统为当今世界上最先进、全数字声发射监测仪器之一,能同时采集 24 个通道的声发射和电磁辐射信号,其中 12 个通道能进行波形采集和实时或事后频谱分析。图 8-4-3 所示为 Disp-24 声电测试系统。

Disp-24 声电测试系统采用 4 个通道,其中 Ch1 通道采集声发射信号,Ch2、Ch3、Ch4 通道采集电磁辐射信号。声发射和电磁辐射前置放大均为 40 dB,声发

图 8-4-2　MTS电液伺服材料实验系统

图 8-4-3　Disp-24声电发射测试系统

射探头中心频率为 7.5 kHz,门槛值为 60 dB。电磁辐射点频天线中心频率分别为 20 kHz,800 kHz,门槛值分别为 90dB,50 dB,宽频电磁辐射天线门槛值为 95 dB。声电信号采样速率均为 2 000 kHz,采样长度为 5 k。

　　为了减少外界电磁信号干扰影响,采用了网格尺寸小于 0.5 mm 的铜网作为屏蔽系统。试验时,将电磁辐射天线、声发射探头、伺服材料实验机压头等一起放入屏蔽系统内。

### 8.4.2　顶板强度对声发射效应的影响规律

　　实验测定了 2 组不同强度顶板的组合试样在加载过程中的声发射信号,测试参数为计数率 $N$。2 组试样中顶板单轴抗压强度分别为 169.7MPa 和 65.2 MPa,底板均为粉细砂岩,2 组试样中顶板高度所占百分比均为 60%。图 8-4-4 所示为 2 组试样测试的声发射计数率分布。

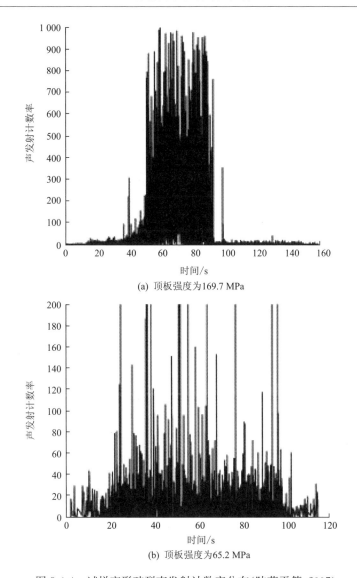

(a) 顶板强度为169.7 MPa

(b) 顶板强度为65.2 MPa

图 8-4-4 试样变形破裂声发射计数率分布(陆菜平等,2007)

从图 8-4-4 可知,试样中顶板强度越高,组合试样变形破裂越猛烈,且呈脆性爆炸式破坏,声发射信号的计数率相对集中且较高,说明顶板岩样强度越高,则变形破裂的声发射信号强度越强。

### 8.4.3 试样的顶板尺寸比例与声发射效应的耦合规律

试验测定了济三煤矿组合试样变形破裂直至冲击破坏的声发射信号。其中,试样 a 的顶板岩样比例为 69%,试样 b 为 45%。图 8-4-5 所示为 2 个试样循环加载测定的声发射计数率分布。

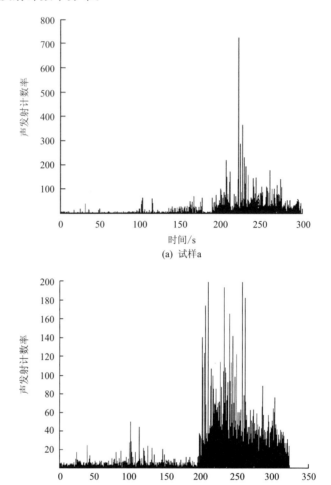

图 8-4-5 试样变形破裂的声电效应(陆菜平等,2007)

由图 8-4-5 可知,试样中顶板岩样尺寸越高,则变形破裂的声发射信号越强。这说明顶板岩样的尺寸对声发射信号强度产生显著影响。

### 8.4.4 试样冲击倾向性与声发射的耦合规律

图 8-4-6 所示为两个试样变形破裂时测定的声发射信号能量率分布,其中试样的冲击能指数分别为 10.12、2.39。

由图 8-4-6 可知,随着试样的冲击能指数的增加,声发射信号的能量率也随之增强。这说明试样的冲击倾向性越高,则声发射信号越强。

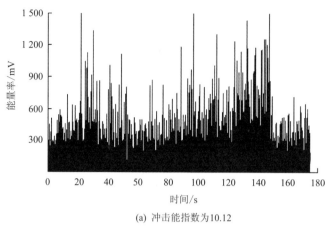

(a) 冲击能指数为10.12

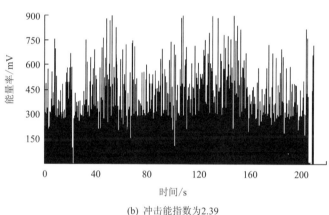

(b) 冲击能指数为2.39

图 8-4-6 试样变形破裂声发射能量率分布(陆菜平等,2007)

### 8.4.5 试样变形破裂的声发射效应规律

图 8-4-7 所示分别为组合试样在载荷作用下变形破坏的应力 $\sigma$ 与时间 $t$ 关系曲线、声发射计数率的分布。试验研究结果表明:

(1) 试样受载变形破裂过程的峰前阶段,声发射信号基本上随着载荷的增大而增强。第一次载荷最值点(26s 左右)声发射信号强度均出现一次明显增加,并达到最大值。第二次载荷最值点(71s 左右)及第三次(128s 左右)声发射信号亦如此。

(2) 组合试样在发生冲击性破坏以前,声发射信号强度增幅与载荷增幅呈正相关关系,而在冲击破坏前兆,声发射信号强度突然增加,冲击破坏之后产生突降。

(3) 组合试样应力开始卸载后,声发射信号产生突降,随着应力的进一步降

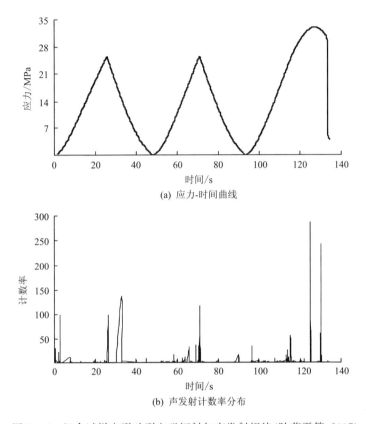

图 8-4-7　组合试样变形破裂电磁辐射与声发射规律(陆菜平等,2007)

低,声发射信号总体强度不再随着应力的降低而减弱,而是稳定在某一水平。再次进行加载时,载荷必须大于或等于之前的载荷极值,声发射信号才会明显显现。

由图可知,声发射信号强度在组合试样发生冲击破坏前,首先增加至极值,冲击破坏后,信号产生突降。

### 8.4.6　声发射信号的二阶段特性

声发射可定义为材料在形变过程中由于微破裂使聚集的能量突然释放而产生的一种弹性波。显然,那些微破裂是材料内部微损伤导致的结果。所谓声发射就是由于微损伤释放能量而产生向周围介质辐射的弹性波。因此。可以肯定在声电信号的强度和煤岩体的损伤程度之间存在着必然的联系,即声电信号的强度代表着煤岩体的微损伤破坏程度。

煤岩体单元一旦破裂,它在受载变形过程中积累的可释放弹性能便向周围介质辐射出去,形成声发射性质的弹性波。因此,从理论上可以假定煤岩体单元的破裂与声发射计数率具有一一对应关系,即每个单元的损伤破坏都会对声电信号的产生有一份贡献。

考虑到煤岩体单元的强度性质不仅具有统计性,而且具有随机性,因此,其对声电信号的贡献大小可用一随应变 $\varepsilon$ 变化的随机数来表达,即 $RND(\varepsilon)$,其值由计算机赋予,或者是 0 或者是 1。因此,煤岩体在加载过程中随应变 $\varepsilon$ 变化的声发射计数率如下式所示(蔡武等,2011a;杨圣奇等,2004;徐卫亚等,2002;唐春安,1993)

$$\varphi(\varepsilon) = RND(\varepsilon) \cdot \frac{m}{\varepsilon_0} \left(\frac{\varepsilon}{\varepsilon_0}\right)^{m-1} \exp\left[-\left(\frac{\varepsilon}{\varepsilon^0}\right)^m\right] \tag{8-4-1}$$

由上式可知,对于一个确定的煤岩试样,不论其加载方式如何,声发射信号的应变序列是确定的。此序列只与煤岩体本身的性质有关,与外部加载体的性质无关,称此声发射信号的应变序列为声发射计数率的本构序列。

因为在实验室测试的煤岩试样的声电信号都是随时间的序列,所以声发射信号的计数率可以表示成煤岩试样变形破裂事件数对时间 $t$ 的导数,即

$$n_t = \frac{dN}{dt} = \frac{dN}{d\varepsilon} \cdot \frac{d\varepsilon}{dt} = n_\varepsilon \frac{d\varepsilon}{dt} \tag{8-4-2}$$

式中, $N$ 为煤岩变形破裂声发射信号的累计计数率; $n_\varepsilon$ 为声发射信号累计计数率的应变序列; $n_t$ 为声发射信号累计计数率的时间序列。

由于利用平均场处理单元的破裂,因此,可以认为煤岩试样的应变正比于其位移,式(8-4-2)可以改写成

$$n_t = n_u \cdot \dot{u} \tag{8-4-3}$$

式中, $n_u$ 为声发射信号累计计数率的变形序列; $\dot{u}$ 为煤岩试样的位移速率。

从式(8-4-1)和式(8-4-3)可以看出,煤岩体在变形破裂过程中产生的声发射信号时间序列仅由煤岩体本身性质 $n_u$ 和加载系统的位移速率 $\dot{u}$ 决定。

对于煤岩组合试样而言,声发射信号的计数率主要包含顶板和煤层两个部分变形破裂所致。当载荷达到煤样的极限强度时,顶板试样开始屈服卸载。对于顶板试样而言,由于其抗压强度较高,并不会发生冲击破坏。煤样的变形破坏将导致顶板试样的回弹。在变形回弹期间,声发射信号的计数率将减小。同时在煤样变形破坏前兆,由于顶板试样开始卸载回弹,释放大量的弹性应变能,加速煤体的变形破坏,故此时声发射信号计数率将达到最大值,这也就是煤岩冲击破坏的声发射前兆信息。

因此,在煤岩组合试样变形破裂期间,声电信号计数率分为两个阶段。第一阶段声发射信号记录顶板和煤层组合试样变形破裂所产生的信号(式 8-4-2);第二阶段声发射信号主要记录的是煤样峰后变形破裂产生的信号。因为顶板试样在回弹期间,基本没有声发射信号产生,因此,煤岩组合试样变形破裂产生的声发射信号可以分成如下两个阶段

$$n_t = n_{u1} \cdot \dot{u}_1 + n_{u2} \cdot \dot{u}_2 \tag{8-4-4}$$

$$n_t = n_{u2} \cdot \dot{u}_2 \qquad\qquad (8\text{-}4\text{-}5)$$

式中，$n_{u1}$ 和 $n_{u2}$ 是与煤岩体本身性质有关，特别是与顶板和煤样的脆性以及单轴抗压强度密切相关的参数。因此，声发射信号的强度与煤岩组合试样的冲击倾向性、顶板的强度及厚度、煤样的强度呈正相关关系。图 8-4-8 和图 8-4-9 所示为组合试样变形破裂直至冲击失稳阶段测试的声发射信号计数率的时间序列。

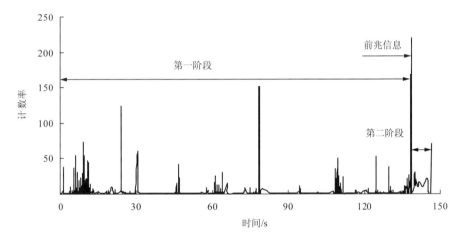

图 8-4-8　声发射计数率时间序列曲线（冲击能指数 $KE=2.5$）

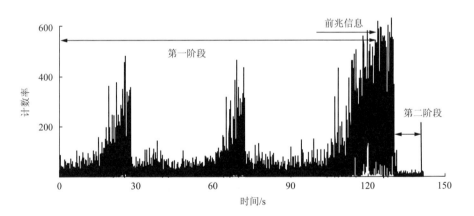

图 8-4-9　声发射计数率时间序列曲线（冲击能指数 $KE=5.8$）

从上图可知，煤岩组合试样在反复加卸载直至冲击破坏过程中测试的声发射计数率具有明显的二阶段特征。第一阶段声发射信号的计数率随着加载应力的增加而增加，且信号较强。在煤岩组合试样冲击破坏的前兆，声发射信号的计数率达到最大值；第二阶段声发射信号主要记录煤体在峰后阶段变形破裂所产生的信号，数值较低，且较为平稳。另外，声发射信号的强度与煤岩组合试样的冲击倾向性呈正相关关系,即试样的冲击倾向性越强,声电信号的计数率越高。

## 8.5　声发射的观测方法

　　岩体声发射的特征与岩体微震的特征类似,故声发射观测与测量的原则也相似。声发射测量主要由探头、声发射信号的传输、数据的记录与处理等组成。

　　对于矿山动力现象——冲击矿压的监测与预报,声发射法主要有两种形式。一种是固定式的连续监测,另一种是便携式的流动监测。

### 8.5.1　固定式连续声发射监测探头的布置

　　这种监测方式类似于微震监测,有固定的监测站,可以连续监测煤岩体内声发射现象的连续变化,预测冲击矿压危险性及危险程度的变化。图 8-5-1 为声发射探头的布置示意图(Kornowski,1994)。

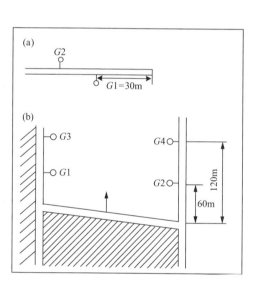

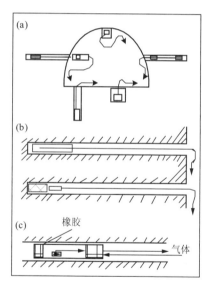

图 8-5-1　声发射探头布置示意图

　　声发射探头总是布置在上下两平巷的煤壁或顶板之中。探头一般安设在深为1.5m 以上的钻孔中,以便避开巷道周边的破碎带。在回采工作面进行监测时,近的探头距工作面 40m,远的探头距工作面 110m。如果探头的去噪效果较好的话,探头可以布置在距工作面 20m 处。在掘进巷道进行监测时,探头应布置在距掘进面 30～100m。一般来说,探头的布置应避开断层、煤层尖灭、老巷等阻尼大的地点。

### 8.5.2    流动声发射监测探头的布置

采用激发声发射法(Kornowski,1994)对冲击矿压的危险性进行监测时,其探头一般布置在深 1.5m 的钻孔中,距探头钻孔 5m 处打一个深 3m 的钻孔,其中装上激发所用的标准重量炸药(1kg)。如图 8-5-2 所示。记录炸药爆炸前后一段时间内产生的微裂隙形成的弹性波脉冲,每次测量进行 32 个循环,每循环记录 2min,其中放炮前 20min,10 个循环,这样爆炸后 44min,22 个循环。

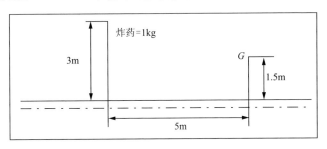

图 8-5-2    激发声发射法探头等布置示意图

# 8.6    冲击矿压动力危险的声发射预警

### 8.6.1    站式连续监测

站式连续监测主要记录声发射频度(脉冲数量)、一定时间内脉冲能量的总和、采矿地质条件及采矿活动等,主要用来评价局部震动的危险状态及随时间的变化。

声发射频度为单位时间内的脉冲总数,而地震能量则采用距震中 50m 的振幅平方来计算,则

$$\omega = 50k^2 r \qquad (8-6-1)$$

式中,$r$ 为震中到探头的距离(或探头到工作面);$k$ 为测量的振幅。

### 8.6.2    危险性监测的基础

实验研究表明,岩石的声发射与岩石在载荷作用下破坏的过程紧密相关。简单地说,在单轴增载荷的作用下,岩石试块的声发射强度与非弹性(破坏)体积变形(扩张)紧密相关。绝大多数的试验表明,这种关系特别是在蠕变的第二阶段,可以说是成正比。假设某个时刻,地音发射的能量大小 $w(t)$ 与扩张速度,即破坏速度 $\varepsilon'(t)$ 的关系可以写成(Dou et al.,1998;Kornowski,1994)

$$\varepsilon'(t) = C w(t) \qquad (8-6-2)$$

对上式两边积分可以得到

$$\varepsilon(t) = \varepsilon_0 + C \int w(t)\mathrm{d}t = \varepsilon_0 + C_a W(t) \tag{8-6-3}$$

式中，$\varepsilon(t)$ 为从加载开始到时间 $t$ 的总破坏变形；$W(t)$ 为与岩石微破坏有关的地音事件总能量；$C$、$C_a$ 为常数。

在一定的条件下，如果试块破坏时存在某个破坏变形的标准值，记为 $\varepsilon_c$，式 (8-6-3) 两边由该值相除，并记 $C_0 = \varepsilon_0/\varepsilon_c$，$C_1 = C_a/\varepsilon_c$，则

$$0 \leqslant Z(t) = C_0 + C_1 W(t) \leqslant 1 \tag{8-6-4}$$

式中，$Z(t)$ 为 $t$ 时刻岩体破坏的危险状态值，$Z(t) = \varepsilon(t)/\varepsilon_c$ 确定了 $t$ 时刻岩石在载荷影响下实际破坏的危险程度。

式 (8-6-4) 表明了地音与岩石破坏过程和岩石破坏危险之间的关系。

对于井下采掘作业来说，考虑一个固定点或者是采掘面推进过程中的某个运动点意义不大。因为采掘工作面是向未破坏的原始煤体推进的。因此，采掘工作面前方的破坏程度和危险性有两个过程：

(1) 随着时间的增长，破坏程度（完全破坏或接近于破坏）和危险性增加；

(2) 采掘工作面推进到没有破坏的区域。

从理论上讲，岩体破坏的速度可以由工作面开采速度来限制，但实际很难做到。通常在岩体破坏速度与采掘工作面推进速度之间有一个平衡状态。该平衡状态的特点是接近于一个稳定的危险程度和每吨煤或者每平方米出露顶板的声发射值接近于一个稳定值。对于该状态来讲，声发射的较小变化通常是一个概率事件，证明岩体破裂的危险性有小的变化。声发射的较大变化和较长的持续时间说明了平衡状态的变化和危险性的变化——危险性增加或降低。上述观点就是连续声发射监测法的基础。

设 $E$ 为过去 1h 内声发射的能量或事件数，$\bar{E}$ 为一段时间内这些值的平均值，$d$ 为能量或事件数的偏差值。偏差值定义为

$$-1 \leqslant d = \frac{E - \bar{E}}{\bar{E}} \tag{8-6-5}$$

假设存在一个函数 $F_0$，它与单位时间内因岩体危险程度平均值的变化 $\Delta Z$ 而变化的平均偏差值 $d(t)$ 有关。函数 $F_0$ 是未知的，但可以由近似值 $F_1$ 来代替。则对于连续时间段来说

$$\bar{Z}(t) = \bar{Z}_0 + \int_0^t F_0(\bar{d}(t))\mathrm{d}t = \bar{Z}_0 + \int F_1(\bar{d}(t))\mathrm{d}t \tag{8-6-6}$$

其中，变量上面的横线表示其平均值；$Z_0$ 为初始岩体破坏危险状态值。

对于以小时为单位时间的，则可以写为

$$\bar{Z}(t) = \bar{Z}_0 + \sum F_1(\bar{d}(t)) \tag{8-6-7}$$

这样，采用连续监测的地音法，可以通过岩体破坏危险状态值来确定采掘工作面的冲击矿压危险程度。

### 8.6.3　冲击矿压危险性评价指标的确定

由上可知,岩体中声发射的地音强度及事件数增加,说明岩体内应力的增加及冲击矿压危险性的增加。对于采掘工作面,为评价冲击矿压的危险性,以如下八个地音指标为基础来确定地音强度和事件数的偏差(窦林名等,2000;Dou et al.,1998;Kornowski,1994)。

(1) 采煤班的班平均事件数 $\bar{N}_{wt}$;

(2) 非采煤班的班平均事件数 $\bar{N}_{st}$;

(3) 采煤时间的小时平均事件数 $\bar{N}_{wh}$;

(4) 非采煤时间的小时平均事件数 $\bar{N}_{sh}$;

(5) 采煤班的班平均地音强度 $\bar{E}_{wt}$;

(6) 非采煤班的班平均地音强度 $\bar{E}_{st}$;

(7) 采煤时间的小时平均地音强度 $\bar{E}_{wh}$;

(8) 非采煤时间的小时平均地音强度 $\bar{E}_{sh}$。

对于给定的单位时间,可以确定上述每个指标的偏差值。如对于采煤班的班平均事件数 $\bar{N}_{wt}$,其偏差值为

$$d = \frac{N - \bar{N}_{wt}}{\bar{N}_{wt}} \times 100\% \qquad (8\text{-}6\text{-}8)$$

其余类推(式中,$N$ 为观测班的事件数)。

### 8.6.4　冲击矿压危险状态的分类

采用地音法对冲击矿压的危险性进行评价时,可将冲击矿压的危险程度分为四级,即:

a 级,无冲击危险。所有的采矿作业按作业规程进行。

b 级,弱冲击危险。此时,所有的采矿作业可按作业规程规定的进行;加强冲击矿压危险状态的观测及采矿作业的监督管理。

c 级,中等冲击危险。在这种危险状态下,下一步的采矿作业应当与冲击矿压的防治措施一起进行。对观测结果和控制情况测量记录在案,观测的危险程度不再增长。

d 级,强冲击危险。此时,应停止采矿作业,不必要的人员撤离危险区域;生产矿长应当确定限制和降低冲击矿压危险程度的方法和措施,并检验防治措施的效果,确定实施冲击矿压防治措施的工作人员。如果采取措施后,冲击矿压危险程度有了降低,则采矿作业可继续进行;如果危险状态不变,必须继续采取防治措施;如果冲击矿压危险程度继续升高,则所有的采矿作业必须停止,暂停或关闭采掘面及巷道。通过

专家分析,研究出处理意见,经上级批准,方可实施防治措施及进行采矿作业。

### 8.6.5　冲击矿压危险状态的预测

#### 8.6.5.1　班危险性状态的评价

根据班地音事件数及地音强度的偏差(采煤班或非采煤班的地音事件数及地音强度的偏差),对冲击矿压危险状态进行评价。通过归一化处理,采掘工作面的危险性程度可表示为(窦林名等,2000;Dou,1998)

$$\mu_{d0}=\begin{cases}0, & d<0\\0.25d, & 0\leqslant d<400\%\\1, & d\geqslant400\%\end{cases}\qquad(8\text{-}6\text{-}9)$$

式中,$\mu_{d0}$为以本班数据为基础确定的危险状态;$d$为地音事件数或地音强度的偏差值。

图 8-6-1 介绍了采用地音法对采掘工作面进行冲击矿压危险状态班评价的具体实施方法。

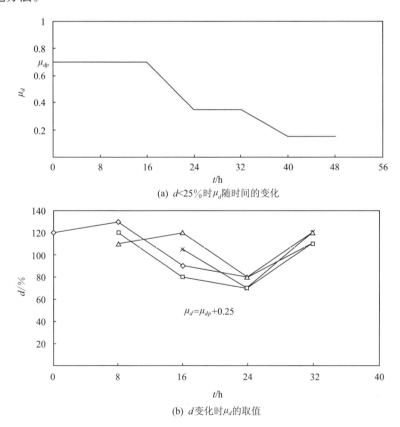

(a) $d<25\%$时$\mu_d$随时间的变化

(b) $d$变化时$\mu_d$的取值

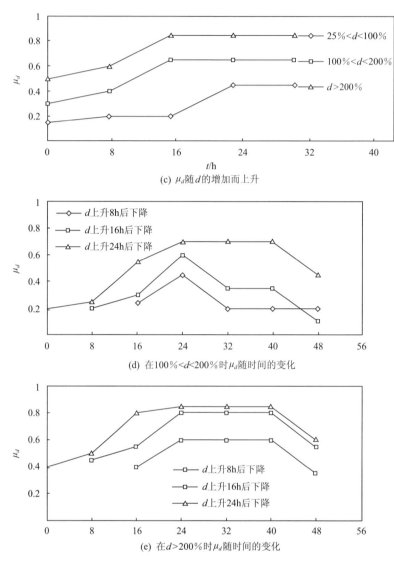

(c) $\mu_d$ 随 $d$ 的增加而上升

(d) 在 $100\% < d < 200\%$ 时 $\mu_d$ 随时间的变化

(e) 在 $d > 200\%$ 时 $\mu_d$ 随时间的变化

图 8-6-1　冲击矿压危险状态 $\mu_d$ 与偏差值 $d$ 和时间关系

### 8.6.5.2　小时冲击矿压危险性状态的评价

根据小时地音事件数及地音强度的偏差（采煤小时或非采煤小时地音事件数及地音强度的偏差），可评价冲击矿压的危险状态。通过归一化处理，采掘工作面的危险程度可表示为

$$\mu_d = \begin{cases} \max\{\mu_{d0}(d) - 0.15(4-t), 0\}, & t < 4\text{h} \\ \mu_{d0}(d), & t \geqslant 4\text{h} \end{cases} \qquad (8\text{-}6\text{-}10)$$

$$\mu_{d0} = \begin{cases} 0, & d < 0 \\ 0.25d & 0 \leqslant d < 400\% \\ 1 & d \geqslant 400\% \end{cases} \qquad (8\text{-}6\text{-}11)$$

式中，$\mu_d$ 为以本班及前几个班数据为基础确定的该班实际危险状态；$d$ 为小时地音事件数及地音强度的偏差值；$t$ 为偏差持续的小时数；其余符号意义同前。

对于目前在煤矿采用的三八工作制度来说，如果下一个小时的偏差值 $d$ 是下降的，则冲击矿压的危险状态由下式来计算

$$\mu_{d1} = \begin{cases} \mu_{dp} + 0.125\left[1 - \sqrt{1 - \dfrac{d}{\sqrt{8}}}\right], & d \leqslant \sqrt{8} \\ \mu_{dp} + 0.125\sqrt{\dfrac{d}{\sqrt{8}}}, & d > \sqrt{8} \end{cases} \qquad (8\text{-}6\text{-}12)$$

$$\mu_{dp} = \min\{\mu_{d1}, 1\} \qquad (8\text{-}6\text{-}13)$$

以小时地音事件数及地音强度的偏差为基础，通过上述关系式确定危险状态时，其冲击矿压危险程度应不低于该班开始时的危险程度。表 8-6-1 为根据小时地音事件数及地音强度的偏差对采掘工作面冲击矿压危险状态进行评价的具体实施方法。

表 8-6-1　根据小时地音事件数及地音强度的偏差评价冲击危险

| 持续时间/h | $\mu_d$ | | | |
|---|---|---|---|---|
| | $d < 100\%$ | $d = 100\% \sim 200\%$ | $d = 200\% \sim 300\%$ | $d > 300\%$ |
| 1 | 0 | 0~0.05 | 0.05~0.30 | >0.30 |
| 2 | 0 | 0~0.20 | 0.20~0.45 | >0.45 |
| 3 | <0.10 | 0.10~0.35 | 0.35~0.60 | >0.60 |
| 4 | <0.25 | 0.25~0.50 | 0.5~0.75 | >0.75 |
| 5 | <0.25 | 0.25~0.50 | 0.5~0.75 | >0.75 |
| 6 | <0.25 | 0.25~0.50 | 0.5~0.75 | >0.75 |
| 7 | <0.25 | 0.25~0.50 | 0.5~0.75 | >0.75 |
| 8 | <0.25 | 0.25~0.50 | 0.5~0.75 | >0.75 |

### 8.6.6　固定连续声发射监测冲击危险

#### 8.6.6.1　ARES-5/E 地音监测系统概述

ARES-5/E 地音监测系统是采用地音监测法进行矿井冲击危险性评估的专用

设备,能够对监测区域范围内的地音事件进行实时监测。布置在井下的地音探头监测到地音事件并将其处理为模拟信号,然后经过井下发射器处理后,由通信电缆传输至地面。系统可以监测震动频率为 28～1500Hz、能量小于 1000J 的地音事件,其监测范围与微震监测系统形成了很好的互补。应用该系统可以实现对监测区域内较弱震动事件进行实时监测,经过系统软件的统计分析后,可以对监测区域当前的危险等级进行评估,并对其下一时段的危险等级进行预测,为预防可能发生的冲击危险争取了宝贵的时间,对提高冲击矿压防治工作效率、有效控制冲击矿压事件的发生有很大的帮助。

ARES-5/E 地音监测系统具有以下特点:

(1)地面集中供电,无需井下供电;

(2)供电与信号传输共用一路通信电缆;

(3)地面集中控制,系统设置简便;

(4)系统监测精度高,监测范围大,地音探头布置方便;

(5)实现地音现象的不间断、持续测量;

(6)GPS 时钟精确计时;

(7)实时显示监测区域地音事件统计数据;

(8)可以对监测区域进行冲击危险等级评价。

### 8.6.6.2　ARES-5/E 地音监测系统工作原理

地音是煤岩体破裂释放的能量,以弹性波形式的向外传递过程中所产生的声学效应。在矿山,地音是由地下开采活动诱发的,其震动能量一般为 $0～10^3$J;震动频率高,为 150～3000Hz。相比微震现象,地音为一种高频率、低能量的震动。大量科学研究表明,地音是煤岩体内应力释放的前兆,利用地音现象与煤岩体受力状态的关系,可以监测到局部范围内未来几天可能发生的动力现象。

地音监测就是应用监测网络对现场进行实时监测,其监测区域一般集中在主要生产空间(主要包括回采工作面和掘进工作面)。地音监测系统的工作原理是:通过提供统计单位时间监测区域内地音事件的数量和释放的能量,来判断监测区域的冲击危险等级;经过长期监测后,可以在已有数据的基础上,对下一时段内监测区域危险等级进行预测,从而实现对监测区域的危险性评价和预警。

ARES-5/E 井下传感器对地音事件进行实时监测,并将监测得到的数据发送到井下发射器内;发射器对监测信号进行放大、过滤后,将其转化为电压信号,传送到地面中心站;地面中心站会对接收到的信号进行分类、统计,并将其转化为数字信号,然后发送到系统分析软件内;最终,由系统分析软件根据实时监测数据对监测区域的冲击危险性进行综合评价,并给出相应统计图表。

### 8.6.6.3 ARES-5/E 地音监测系统结构

地音监测技术涉及计算机技术、软件技术、电子技术、通信技术、应用数学理论和地球物理学,是相关学科交叉集成的应用结果。ARES-5/E 地音监测系统结构如图 8-6-2 所示,包括以下部分:

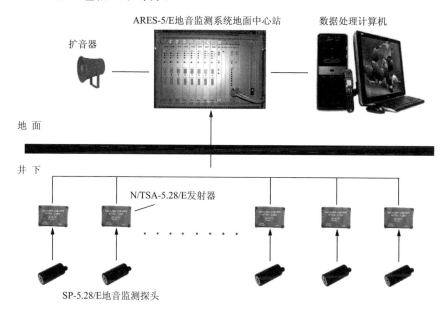

图 8-6-2 ARES-5/E 系统结构图

(1) 系统地面部分。

安装在系统数据分析服务器上的 OCENA_WIN 软件。软件的主要功能是统计地音事件数量及其释放的能量,并以此为依据对监测区域危险等级进行评估。

ARES-5/E 地面中心站。主要由信号接收模块、信号处理模块、TRS-2 安全变压器及 SR15-150-4/11 I 供电装置组成。其功能是接收发射器发送的信号,经过数字化处理及分类统计后,将数据发送到 OCENA_WIN 软件进行分析。

(2) 系统井下部分。

SP-5.28/E 探头。其功能是实时监测震动信号,并将数据发送至发射器。

N/TSA-5.28/E 发射器。其功能是接收 SP-5.28/E 探头监测到的信号,经过放大、过滤处理后,通过通信电缆传输至地面中心站。

### 8.6.6.4 ARES-5/E 地音监测系统功能

ARES-5/E 地音监测系统配备了 OCENA_WIN 软件,系统能够监测矿山井下地音事件,主要提供以下功能:

（a）可以将岩体破裂过程中发出的声音频率转化为电信号；

（b）对电信号进行放大、过滤并传输到地面中心站；

（c）能够实现通道检测；

（d）连续记录地音信号并转化为数字形式；

（e）自动监测地音事件；

（f）连续记录地音事件数字波动曲线；

（g）连续记录信号波动曲线参数：开始时间、持续时间、最大振幅；

（h）测量超出正常范围的地音信号频率；

（i）以报告和图表形式实现地音信号处理结果的可视化；

（j）向装有 OCENA_WIN 软件的电脑传输数据；

（k）通过 GPS35-LVS 或 GPS16-LVS 型卫星接收器实现几个 ARES-5/E 地面中心站的同步使用。

系统软件运行的界面如图 8-6-3 所示。软件界面友好，保证用户方便地使用系统的各个功能，可以直接输入命令对系统进行操作；同时，系统软件提供了连续自动显示来自中心站记录信息的功能。用户可以在现有屏幕上设置一个新的窗口，如数据和平均值每小时的变化，将一个通道监测得到的能量强度和地音变化的数据用不同形式的图表示出来，监测曲线每分钟变化更新一次。

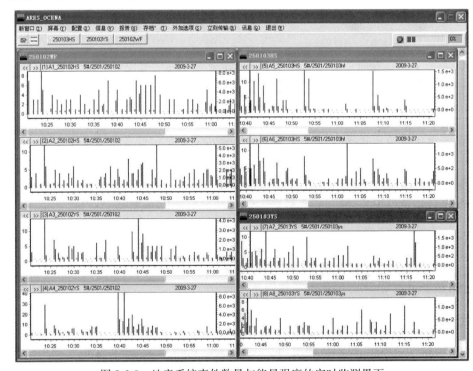

图 8-6-3　地音系统事件数量与能量强度的实时监测界面

如图 8-6-4 所示为地音监测系统软件输出的地音探测器的支距列表。图中列出了各探测器距离工作面的距离，方便用户查看各个探测器的支距情况，对用户能够做到及时挪动探测器起到指导作用。

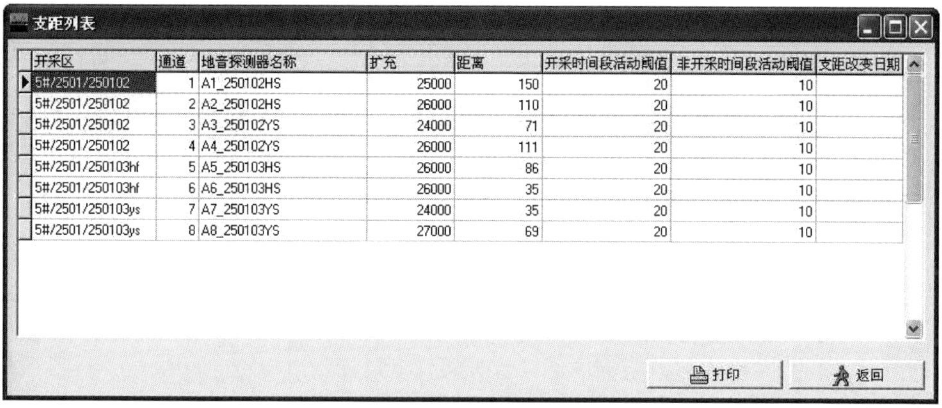

| 开采区 | 通道 | 地音探测器名称 | 扩充 | 距离 | 开采时间段活动阈值 | 非开采时间段活动阈值 | 支距改变日期 |
|---|---|---|---|---|---|---|---|
| 5#/2501/250102 | 1 | A1_250102HS | 25000 | 150 | 20 | 10 | |
| 5#/2501/250102 | 2 | A2_250102HS | 26000 | 110 | 20 | 10 | |
| 5#/2501/250102 | 3 | A3_250102YS | 24000 | 71 | 20 | 10 | |
| 5#/2501/250102 | 4 | A4_250102YS | 26000 | 111 | 20 | 10 | |
| 5#/2501/250103hf | 5 | A5_250103HS | 26000 | 86 | 20 | 10 | |
| 5#/2501/250103hf | 6 | A6_250103HS | 26000 | 35 | 20 | 10 | |
| 5#/2501/250103ys | 7 | A7_250103YS | 24000 | 35 | 20 | 10 | |
| 5#/2501/250103ys | 8 | A8_250103YS | 27000 | 69 | 20 | 10 | |

图 8-6-4　地音探测器的支距列表

如图 8-6-5 所示，为地音监测系统软件输出的各监测通道危险状态列表，包括每小时、每工作班地音事件数量和能量的危险等级。用户可以根据需要选择工作班和小时。

**建立危险状态事件表格**

日期/时间　2009-5-7 17:00

| 开采区 | 地音探测器 | 每小时 | 每小时 | 开采 | 每工作班 | 每工作班 | 开采时 | |
|---|---|---|---|---|---|---|---|---|
| 5#/2501/250102 | (1)A1_250102HS | a | a | W | a | a | W | A1_250102F_HS |
| | (2)A2_250102HS | a | a | W | a | a | W | A2_250102F_HS |
| | (3)A3_250102YS | a | a | W | a | a | W | A3_250102ys |
| | (4)A4_250102YS | a | a | W | a | a | W | A4_250102ys |
| 5#/2501/250103hf | (5)A5_250103HS | a | a | W | a | a | W | A5_250103hs |
| | (6)A6_250103HS | b | b | W | b | b | W | A6_250103hs |
| 5#/2501/250103ys | (7)A7_250103YS | a | a | W | a | a | W | A7_250103ys |
| | (8)A8_250103YS | b | b | W | a | b | W | A8_250103ys |

工作班　　　　小时　　　　　✔执行　　　　　🏃返回
<　> 　　　<　>

图 8-6-5　监测通道危险状态列表

如图 8-6-6 所示,为地音监测系统软件输出的 250102 工作面运输顺槽 4 通道地音事件的记录列表,包括自安装运行以来所有的数据。图中灰色背景数字表示偏差值过大,应引起注意。

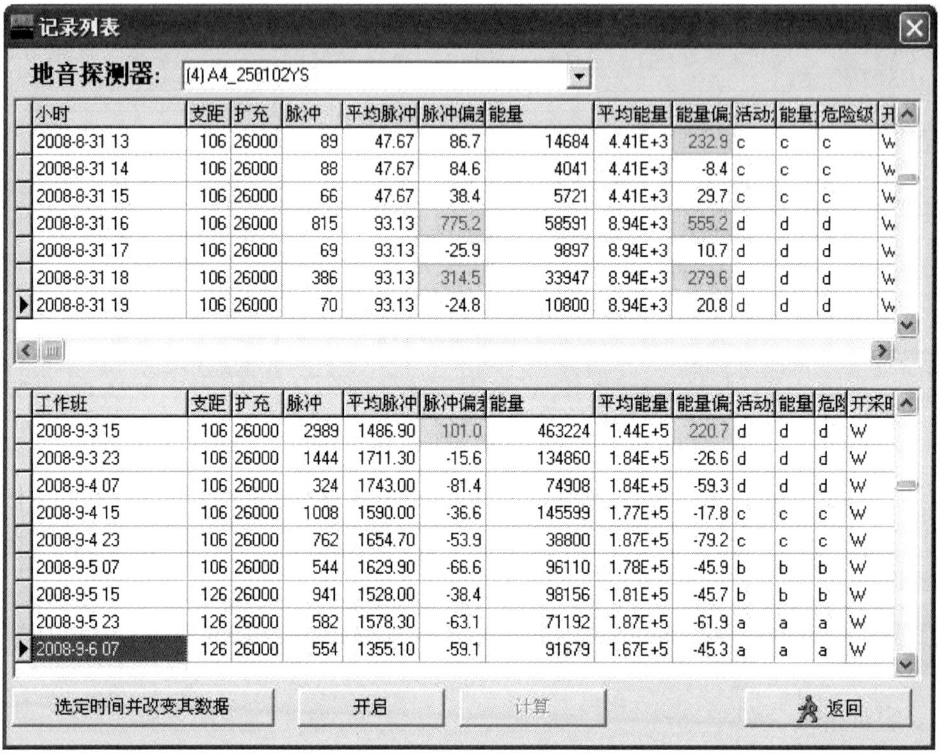

| 小时 | 支距 | 扩充 | 脉冲 | 平均脉冲 | 脉冲偏差 | 能量 | 平均能量 | 能量偏 | 活动 | 能量 | 危险级 | 开 |
|---|---|---|---|---|---|---|---|---|---|---|---|---|
| 2008-8-31 13 | 106 | 26000 | 89 | 47.67 | 86.7 | 14684 | 4.41E+3 | 232.9 | c | c | c | W |
| 2008-8-31 14 | 106 | 26000 | 88 | 47.67 | 84.6 | 4041 | 4.41E+3 | -8.4 | c | c | c | W |
| 2008-8-31 15 | 106 | 26000 | 66 | 47.67 | 38.4 | 5721 | 4.41E+3 | 29.7 | c | c | c | W |
| 2008-8-31 16 | 106 | 26000 | 815 | 93.13 | 775.2 | 58591 | 8.94E+3 | 555.2 | d | d | d | W |
| 2008-8-31 17 | 106 | 26000 | 69 | 93.13 | -25.9 | 9897 | 8.94E+3 | 10.7 | d | d | d | W |
| 2008-8-31 18 | 106 | 26000 | 386 | 93.13 | 314.5 | 33947 | 8.94E+3 | 279.6 | d | d | d | W |
| 2008-8-31 19 | 106 | 26000 | 70 | 93.13 | -24.8 | 10800 | 8.94E+3 | 20.8 | d | d | d | W |

| 工作班 | 支距 | 扩充 | 脉冲 | 平均脉冲 | 脉冲偏差 | 能量 | 平均能量 | 能量偏 | 活动 | 能量 | 危险 | 开采时 |
|---|---|---|---|---|---|---|---|---|---|---|---|---|
| 2008-9-3 15 | 106 | 26000 | 2989 | 1486.90 | 101.0 | 463224 | 1.44E+5 | 220.7 | d | d | d | W |
| 2008-9-3 23 | 106 | 26000 | 1444 | 1711.30 | -15.6 | 134860 | 1.84E+5 | -26.6 | d | d | d | W |
| 2008-9-4 07 | 106 | 26000 | 324 | 1743.00 | -81.4 | 74908 | 1.84E+5 | -59.3 | d | d | d | W |
| 2008-9-4 15 | 106 | 26000 | 1008 | 1590.00 | -36.6 | 145599 | 1.77E+5 | -17.8 | c | c | c | W |
| 2008-9-4 23 | 106 | 26000 | 762 | 1654.70 | -53.9 | 38800 | 1.87E+5 | -79.2 | c | c | c | W |
| 2008-9-5 07 | 106 | 26000 | 544 | 1629.90 | -66.6 | 96110 | 1.78E+5 | -45.9 | b | b | b | W |
| 2008-9-5 15 | 126 | 26000 | 941 | 1528.00 | -38.4 | 98156 | 1.81E+5 | -45.7 | b | b | b | W |
| 2008-9-5 23 | 126 | 26000 | 582 | 1578.30 | -63.1 | 71192 | 1.87E+5 | -61.9 | a | a | a | W |
| 2008-9-6 07 | 126 | 26000 | 554 | 1355.10 | -59.1 | 91679 | 1.67E+5 | -45.3 | a | a | a | W |

选定时间并改变其数据　　　开启　　　计算　　　返回

图 8-6-6　地音监测系统记录列表

如图 8-6-7 所示,为地音监测系统软件处理后输出的 250102 工作面回风顺槽 1 通道地音事件数量变化图。

在一段时间数据统计的基础上,系统通过分析地音事件的发生规律,可以自动对相应监测区域在下一时间段内的危险等级进行预测,如图 8-6-8 所示。图的右侧区域即为系统对不同监测区域危险等级的预测结果。

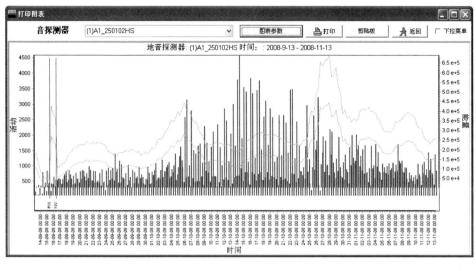

图 8-6-7　地音监测结果统计图

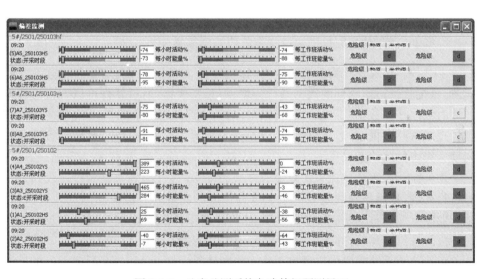

图 8-6-8　地音监测系统危险等级预测界面

### 8.6.6.5　ARES-5/E 地音监测系统技术参数(表 8-6-2)

**表 8-6-2　地音监测系统技术参数表**

| 监测通道 | 8 个(最多可扩容至 8 个地面中心站,64 个通道) |
|---|---|
| 信号传输距离 | 如果通信电缆电容 ≤ 0.6μF、电阻 ≤ 700Ω 时,传输距离 ≤ 10 km |
| 监测频率范围 | 28～1500Hz |
| 传感器 | SP-5.28/E 探头 |
| 信号传输形式 | 数字式、二进制 |
| 信号的最大采样频率 | 10kHz |
| 信号传输信噪比 | 54 dB |
| 井下设备安全类型 | 地面以下为本质安全型 |
| 传输线电压 | (32±1)V |
| 传输线电流 | 40mA |
| 系统井下部分安全等级 | IP54 |
| 系统井下部分防爆等级 | EExiaI(可用于任何瓦斯条件下) |

### 8.6.6.6　ARES-5/E 地音监测系统的监测数据分析方法

ARES-5/E 地音监测系统的监测网络起到了对监测区域地音事件的连续实时监测,系统软件对监测到的数据进行分类、汇总及保存,通过软件可以方便地提取监测时域内任何数据。系统自运行以来,时间达到一年有余,期间保存了大量的数据。提取这些数据,并通过分析,可以找到很多地音事件的规律,对矿压管理及煤岩动力灾害的防治意义重大。

地音监测系统通过探头接收煤岩体破裂信号,通过信号采集器将接收到的信号进行处理,最后得到的是表征破裂事件强度的能量和一段时间内的地音次数。地音监测方法侧重的是破裂事件的变化,即地音事件偏差值,并以此为根据对工作面的危险性进行评价,并给出危险等级和相应的对策。

地音监测系统接收的主要是工作面的微破裂信息,因此,探头具有一定的接收范围,地音监测系统探头最低接受的频率为 28Hz,所以在探头接收频率之外的震动不会被系统接收到。

虽然地音监测法的工作原理是以震动事件的变化为基础的,但通过对系统接收到的时间序列信息,对其进行统计分析,依然能够得到类似微震的变化规律。从一个角度反映了地音可以和微震相互配合,取长补短,从而达到更好的效果。

### 8.6.6.7 实例分析

**1) 波兰卡托维兹(Katowice)矿**

波兰卡托维兹(Katowice)矿是一个高冲击矿压危险的矿井,其中所有的巷道、工作面都采取了冲击矿压危险性评价的地音法。图 8-6-9 给出了一个月时间内,采用地音法对 535b 垮落法工作面、535a 充填法工作面、535c 工作面的开切眼及 535a 的斜巷冲击矿压危险性评价的结果(窦林名等,2000;Dou,1998)。实践表明,这些工作面的冲击矿压危险性评价比较准确。

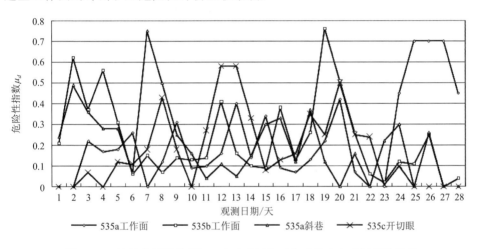

图 8-6-9 波兰卡托维兹(Katowice)矿四个工作面的冲击矿压危险状态

**2) 华亭煤矿**

ARES-5/E 地音监测系统监测区域主要包括:长壁回采工作面和掘进工作面。地音探头的安装地点必须保证能够接收到监测区域的地音信号,安装地点与监测区域间不得存在干扰弹性波传播的地质破碎区(如工作面、断层、采空区等)。华亭煤矿主要生产工作面为 250102 回采工作面、250103 回风顺槽掘进工作面和 250103 运输顺槽掘进工作面,根据华亭煤矿现场实际情况,主要监测区域及井下探测器在回采工作面和掘进工作面的布置如图 8-6-10 所示。

ARES-5/E 地音监测系统在华亭煤矿安装运行将近一年,取得了丰富的监测数据。统计系统自安装运行以来的监测数据,通过对比系统的日工作班评价结果与矿压显现情况,可知系统对监测区域的危险状态做到了准确评价。

表 8-6-3 为系统运行期间对监测区域的危险状态做出准确评价的实例。

通过整理分析系统运行以来的数据,总结得出了以下结论(贺虎等,2011;窦林名等,2000):

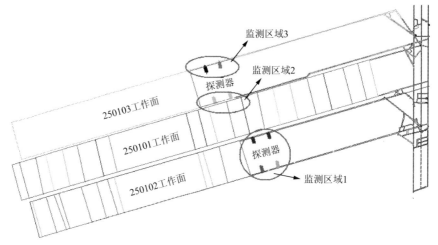

图 8-6-10 地音监测区域及探测器布置图

**表 8-6-3　250102 工作面运输顺槽矿压事件**

(a) 事件一

| 通道 | 1 | 2 | 3 | 4 | 1 | 2 | 3 | 4 | 1 | 2 | 3 | 4 | |
|---|---|---|---|---|---|---|---|---|---|---|---|---|---|
| 工作班 | 活动危险级 | | | | 能量危险级 | | | | 危险级 | | | | 矿压显现情况 |
| 2008-8-30 15:00 | a | a | a | a | a | a | b | b | a | a | b | b | 2008 年 8 月 31 日 10 时 54 分,能量为 $8.0 \times 10^4$ J,震源位置在回采线后 3.2m,距运输顺槽 28m。煤爆声造成棚顶下沉压在转载机封顶板上。 |
| 2008-8-30 23:00 | a | a | a | c | a | a | c | c | a | a | c | c | |
| 2008-8-31 07:00 | a | a | a | c | a | a | b | c | a | a | b | c | |
| 2008-8-31 15:00 | a | a | a | c | a | b | b | d | a | b | b | d | |
| 2008-8-31 23:00 | a | a | a | c | a | b | b | d | a | b | b | d | |

(b) 事件二

| 通道 | 1 | 2 | 3 | 4 | 1 | 2 | 3 | 4 | 1 | 2 | 3 | 4 | |
|---|---|---|---|---|---|---|---|---|---|---|---|---|---|
| 工作班 | 活动危险级 | | | | 能量危险级 | | | | 危险级 | | | | 矿压显现情况 |
| 2008-10-4 07:00 | a | d | d | d | a | d | d | d | a | d | d | d | 2008 年 10 月 5 日 6 时 30 分,煤爆声造成上沿帮 3 至 4 公寸 7 个皮带上托辊靠死,能量为:$9.8 \times 10^3$ J,震源在运输顺槽向出 80m 处。 |
| 2008-10-4 15:00 | a | d | d | d | a | d | d | d | a | d | d | d | |
| 2008-10-4 23:00 | a | d | d | c | a | d | d | d | a | d | d | d | |
| 2008-10-5 07:00 | a | d | d | c | a | d | d | d | a | d | d | d | |
| 2008-10-5 15:00 | a | d | d | b | b | d | c | c | b | d | d | c | |

（1）地音频次和能量值的变化趋势能够反映工作面的危险程度。当其值稳定在一个数值周围时，工作面处于安全状态；当数值突然升高或者降低时，工作面处于危险状态。

（2）地音频次和能量绝对值的高低并不反映工作面的危险程度。当地音事件的能量很高时，并不代表工作面的危险程度高；当地音能量和频次具有很好的相关性时，则工作面处于安全状态，否则预示着冲击危险程度升高。

（3）当地音事件频次和能量的其中一个指标有较大变化时，也预示着工作面危险性的增大。

（4）在采掘活动都很正常的情况下，出现地音事件的沉寂，即能量和频次都处于一个较低水平，也预示着危险性的提高。

（5）地音系统接收到的信号一般为高频信号，高频信号容易衰减，所以系统的每个探头都有一定的有效范围，即通常情况下，地音事件同一信号被所有探头接收到的可能性很小，但是如果一段时间内有较多的通道数（大于 3 个）同步变化，各通道能量和次数都表现出很强的一致性，则说明此时煤岩体内部活动剧烈且范围较大。这种情况持续一段时间，通过微震监测若没有较大能量的释放，则预示着工作面的危险性将会非常高。

## 8.7 激发声发射法监测预警

激发声发射监测方法的基础是在岩体受压状态下，局部较小应力的变化（如少量炸药的爆炸）将引起岩体微裂隙的产生，而应力越高，形成的裂缝就越大，持续时间就越长，也可以说岩体中能量的聚积和释放程度就越高，冲击矿压发生的危险程度就越高。炸药爆炸产生的微裂隙，其中的部分可以通过声发射仪器测到，并以脉冲的形式记录下来。这样，就可以比较放炮前后声发射活动的规律，确定应力分布状态，从而确定冲击矿压危险状态（Kornowski，1994），如图 8-7-1 所示。

研究表明，炸药爆炸后，岩体中释放的声发射的振幅值及持续时间（从爆炸开始测量的声发射值，回到爆炸前的声发射水平）与岩体中的应力状态成正比。

一般情况下，炸药爆炸后，声发射脉冲的分布可近似按下式表示

$$n(t) = n_0 + Ae^{-bt} + e_1' \tag{8-7-1}$$

$$w(t) = n(t)w_1 + e_2' \tag{8-7-2}$$

式中，$n_0, A, b, w_1$ 为通过测量确定的参数；$w(t)$ 为聚积的能量；$e_1', e_2'$ 为随机误差。

则冲击矿压危险程度可用下式表示

$$0 \leqslant Z = a_0 + a_1 n_0 + a_2 A + a_3 b^{-1} + a_4 w_1 \tag{8-7-3}$$

其中，$a_0, \cdots, a_n$ 按测量数据的统计规律确定。则冲击矿压危险性为：

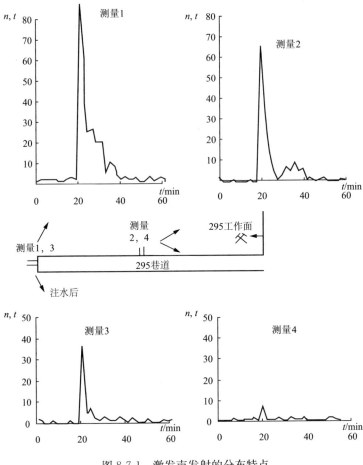

图 8-7-1　激发声发射的分布特点

1,2—煤层注水以前；3,4—煤层注水以后

(a) 无冲击危险 $Z < 0.5$；

(b) 弱冲击危险 $0.5 \leqslant Z < 1.5$；

(c) 中等冲击危险 $1.5 \leqslant Z < 2.5$；

(d) 强冲击危险 $Z \geqslant 2.5$。

图 8-7-2 为波兰 ManifestLipcowy 矿在工作面三个位置测试的结果。其中,位置②为部分卸压区域的测试结果,位置①为下方 507、510 煤层停采线处的测试结果,而位置③则为 507、510 煤层的煤柱区域测试的结果。从图中可以看出,①点处的冲击矿压危险最大,③点的比较小,而②的最小。这与分析的结果是一致的。

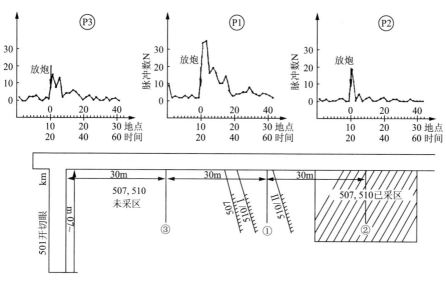

图 8-7-2　工作面不同位置采用激发声发射法测试的结果

# 8.8　声发射的其他应用

采用声发射原理,可以进行岩体动力破坏现象的监测,包括冲击矿压、煤和瓦斯突出;岩土工程稳定性监测,包括边坡、坝基、公路、涵洞、隧道等;混凝土结构稳定性监测,包括井架、桥梁、建筑物、桩基等;金属压力容器的监测与检测,管路破损监测与检测等。例如,对于在役压力容器声发射检测为声发射无损检测,可用于容器出厂及在役容器检修水压试验时的检测。检测范围包括石化系统的各类容器、储罐及各个行业的锅炉。检测的目的是发现使用中产生的危及压力容器安全的缺陷和受载情况下的活动性缺陷,其主要内容是发现超过一定尺寸(特别是缺陷在板厚方向的自身高度及离表面的距离)、危险性较大的平面缺陷(裂纹、未焊透、未熔合)等。

# 9 煤岩变形破裂的声波探测技术

采矿声波法主要用来解决开采方面的技术问题和地质问题的。20 世纪 30 年代声波法首次用来研究开采层的连续性及揭露其构造的非均匀性。其测量参数为地震波的传播速度,其后用它们来确定矿压参数,特别是用来确定巷道周围的应力应变状态。

由于测量仪器的限制,该方法直到 60～70 年代才有了较大的发展。目前在采矿中使用该方法的国家有德国、英国、俄罗斯、捷克、美国、波兰、中国等。而波兰主要用该方法来提前确定工作面或巷道前方的应力应变状态以及煤层的连续性问题。例如,认识应力集中区的参数,特别是冲击矿压危险区域;评价冲击矿压危险措施方法的效果;确定煤层的冲击倾向性。

采用声波法的特点是声波研究的非破坏性、从较大范围的岩体内直接获得信息。与其他方法相比,声波法具有获取信息成本低,声波方法技术含量高,在岩体原有或开采引发的应力变化时观测的声波参数信息量准确的优点。

## 9.1 声波探测的物理基础

采矿声波法主要集中在研究与采矿作业引起的矿山动力现象、确定岩体的物理力学参数、提前认识矿床构造特点等问题。

### 9.1.1 矿山地质动力问题

在采用声波技术来评价因开采引发的采矿动力危险(冲击矿压,煤和瓦斯突出)时,其基本原理是冲击矿压等采矿动力危险是岩体中的应力状态形成的,与岩体的物理力学特性有关;而岩体中的应力分布状态与岩体的物理力学参数的大小与声波参数的分布有关。声波测量的基本参数是:不同类型的地震波的传播速度阻尼系数的影响下,振幅和能量的变化。

上述声波参数,特别是地震波的传播速度与岩体中的应力应变状态有很大的关系。另外,岩体中重要的矿山压力参数为裂隙率。如果岩体的破坏过程伴随着裂隙区域的变化,对应着声波波长参数的变化及范围的变化,那么该区域就可以通过测量波速来辨别。

声波波速与岩体结构之间的关系可用岩体破坏过程发展的扩展模型来描述多轴受压时,变形(线性变形,特别是体积变形)和应力的增加与声波波速的变化很好的相关性。

总的来说,根据地震波传播速度的变化可以很好地确定岩石结构破坏过程及发展的各个阶段。例如,弹性阶段的高应力对应着较大的声波异常,表明采面接近时较大的震动与冲击矿压的危险。岩石破坏的最后阶段将可能发生高能量的震动甚至冲击矿压。

一般异常区域的范围从几米到几十米,这样要求波长为几米,所用的频率频谱为几十赫兹到 2000 赫兹。

## 9.1.2　岩体的物理力学参数

对于矿山压力问题来说,主要是根据地震波不同类型波的传播速度来确定岩体的物理力学特性。其基础是在一定的区域内,地震波的传播与岩体的结构、物理力学参数有关。对于均质、各向同性体,其关系为(Jaeger et al. ,2009;Brady,2004;Gibowicz et al. ,1994):

对于纵波

$$v_P = \sqrt{\frac{\lambda + 2\mu}{\rho}} \tag{9-1-1}$$

对于横波

$$v_S = \sqrt{\frac{\mu}{\rho}} \tag{9-1-2}$$

式中,λ 为拉梅(Lame)常数,则

$$\lambda = \frac{E\nu}{(1+\nu)(1-2\nu)} \tag{9-1-3}$$

μ 为横向弹模,则

$$\mu = G = \frac{E}{2(1+\nu)} \tag{9-1-4}$$

ρ 为介质密度。

体积压缩模量则为

$$k = \frac{E}{3(1-2\nu)} \tag{9-1-5}$$

上述采用声波法确定的动态参数与实验室岩块实验的静态很大差异。

下面是根据纵波波速 $v_P$ 和横波波速 $v_S$ 值确定的几个岩体的物理力学参数关系式(Jaeger et al. ,2009;Brady,2004;Gibowicz et al. ,1994):

线弹性模量为

$$E = \frac{\rho v_S^2 (3v_P^2 - 4v_S^2)}{2(v_P^2 - v_S^2)}, \quad 0 < \nu < 0.5 \tag{9-1-6}$$

白松系数为

$$\nu = \frac{v_P^2 - 2v_S^2}{2(v_P^2 - v_S^2)} \tag{9-1-7}$$

横向弹模为

$$\mu = \rho v_{\mathrm{S}}^{2} \tag{9-1-8}$$

体积压缩模量为

$$k = \rho \left( v_{\mathrm{P}}^{2} - \frac{4}{3} v_{\mathrm{S}}^{2} \right) \tag{9-1-9}$$

拉梅(Lame)常数为

$$\lambda = \rho \left( v_{\mathrm{P}}^{2} - 2 v_{\mathrm{S}}^{2} \right) \tag{9-1-10}$$

### 9.1.3 地质构造问题

矿井中存在许多地质构造问题需要解决,如对断层、侵蚀、煤层厚度的确定和定位等,这些问题不仅复杂,而且解很不唯一。

实际解决这些问题的物理基础是基于如下两种现象:

(a) 地震波在煤层中传播的通道性;

(b) 传播速度的异常和上述区域内能量或振幅阻尼系数的变化。

一般情况下,煤层是低速波的岩层,而顶底板岩层是高速波岩层。地震波能量具有通道性,在低速波岩层(煤)的传播有一定特征。在这种情况下,震源发出的地震波能量的大多数在低速岩层内部的两个边界(顶底板)形成反射和折射,并且干涉形成通道波,该波以平面二维的形式(平面波)传播,而且平行于上述界面。因此,当煤层的连续性出现问题时,这些波的传播通道将出现非正常波图,或者通道波的振幅减小,甚至全部消失,这取决于煤层构造破坏的程度。如果波在传播过程中受到了阻碍(如冲刷边界),将形成反射通道波。据此来解决许多地质构造问题。

## 9.2 声波探测方法与原理

根据采矿地质条件及研究目的,采矿声波方法有以下几种测量方式(Marcal et al.,1994):

(a) 采矿巷道中的声波剖面法;

(b) 巷道之间的声波透视法;

(c) 钻孔中的声波剖面法;

(d) 钻孔之间的声波透视法。

### 9.2.1 巷道中的声波剖面法

巷道中的声波剖面法主要是测量巷道沿剖面线的声波参数(主要是速度)。测量时,在剖面线上安装地震波的激发点和接收点,以便激发地震波和接收地震波。这通常称为纵向剖面,如图 9-2-1 所示。

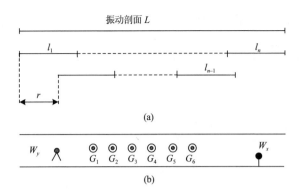

图 9-2-1 巷道声波剖面示意图

*a*—地震剖面几何布置;*b*—激发点与接收点示意图;*L*—声波剖面长度;$l_1,\cdots l_n$—测量单位长度;*r*—剖面步距;
*W*—激发点;*G*—接收点

长 $L$ 的地震剖面由几或十几个基本测量单位长度 $l$ 构成,每一段完成所有的测量过程,即激发、接收和记录。结束了本次测量循环后,将其位移 $\gamma$ 称为剖面步距,在保持几何不变的情况下进行下一次测量。

### 9.2.2 巷道间的声波透视法

采矿巷道中的剖面法技术只获得沿剖面线的一维声波剖面分布,而且只考虑测量段的地质采矿条件。为了消除这些缺陷,采用声波透视法,可以测量煤层平面,通常由两条平行的巷道切割的部分组成,其中之一为激发,第二个为接收,如图 9-2-2 所示。

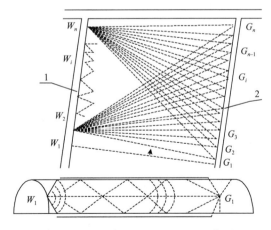

图 9-2-2 巷道间的地震透视法示意图

### 9.2.3 钻孔中的声波剖面法

钻孔中的声波剖面技术与巷道中的声波剖面技术类似,只是将巷道用钻孔代替了。但由于钻孔尺寸有限,故测量比较困难。因此,这种方法主要用来解决特殊的问题,例如,采用地球物理法确定煤层的冲击倾向性;以及采用简单的方法不能实现的问题,如为消除邻近煤层的停采线对研究区域的影响等。钻孔中的声波剖面法的布置如图 9-2-3 所示。

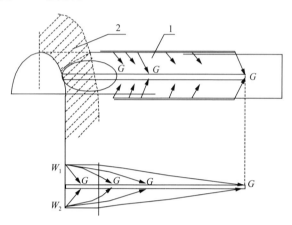

图 9-2-3　钻孔中的声波剖面法布置示意图

测量时,钻孔中布置接收探头,并按一定的距离移动探头。每次测量时,在钻孔进行激发,记录弹性波在钻孔中传播的特征。

### 9.2.4　钻孔之间的声波透视法

这种方法是用来测试两个或多个钻孔之间岩体的应力应变变化规律。常用的是相互平行的两个钻孔,其中一个安设激发点,另一个安设接收探头。钻孔之间的间距一般为 10～20m,在激发能量较高的情况下,钻孔之间的距离可达 50m,如图 9-2-4 所示。

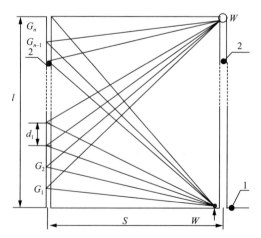

图 9-2-4　钻孔之间的声波透视法示意图

# 9.3 煤岩应力异常的声波探测模型

## 9.3.1 测量方法选择的原则

声波测量方法的选择主要是根据具体的采矿地质条件和所要解决的问题而定。通过多年的研究和生产实际中使用的效果，对于不同的问题，可选用较优化的声波方法，如表 9-3-1 所示。

**表 9-3-1 解决问题所用的声波方法**

| 问题种类 | 声波方法 |
| --- | --- |
| 确定停采边界及相临煤层的残留区范围内应力异常情况 | 巷道剖面法、巷道透视法 |
| 确定与开采工作面有关的应力异常参数 | 巷道剖面法、巷道透视法、钻孔剖面法 |
| 确定与煤巷有关的应力异常参数 | 钻孔剖面法、钻孔透视法 |
| 确定与煤层采空区边界有关的应力异常参数 | 巷道剖面法、巷道透视法 |
| 确定与断层区域有关的应力异常参数 | 巷道剖面法、钻孔剖面法、巷道透视法 |
| 顶板冲击矿压危险区域的定位与参数确定 | 巷道透视法、巷道剖面法、钻孔透视法 |
| 确定开采卸压层的卸压参数 | 巷道剖面法、巷道透视法 |
| 放炮震动卸压参数的确定 | 钻孔透视法、巷道透视法、钻孔剖面法 |
| 确定煤层注水区域的参数 | 巷道透视法、钻孔透视法、钻孔剖面法 |
| 确定煤层的冲击倾向及评价岩层的物理力学参数 | 钻孔剖面法、巷道剖面法、巷道透视法、 |

## 9.3.2 冲击矿压危险预测的标准

声波方法测量主要是地震波在介质中的传播速度及其振幅的阻尼系数等参数。这些参数的分布特点是岩体结构特征及开采引起的岩层移动结果，可以采用不同的表现方式：如按点确定（如钻孔剖面法）；沿剖面线的一维速度分布曲线；传播速度值；二维速度等值线或振幅阻尼系数等值线确定岩体平面透视；速度差值或分布图。

解决不同的任务，可采用不同的方法，其标准也是不同的。但主要是通过测量声波参数的异常变化来达到我们的探测目的。最常用的是某种类型的波声波速度的分布，其常用参数如下：

声波正异常

$$A_n = \frac{v_P^{\max} - v_P^0}{v_P^0} \cdot 100\%$$ (9-3-1)

声波负异常

$$A_{\text{od}} = \frac{\upsilon_{\text{P}}^{\min} - \upsilon_{\text{P}}^{0}}{\upsilon_{\text{P}}^{0}} \cdot 100\% \qquad (9\text{-}3\text{-}2)$$

声波差异常

$$A_{\text{r}} = \frac{\upsilon_{\text{P}}^{(2)} - \upsilon_{\text{P}}^{(1)}}{\upsilon_{\text{P}}^{(1)}} \cdot 100\% \qquad (9\text{-}3\text{-}3)$$

式中,$\upsilon_{\text{P}}^{0}$为基础速度值;$\upsilon_{\text{P}}^{\max}$为速度最大值;$\upsilon_{\text{P}}^{\min}$为速度最小值;$\upsilon_{\text{P}}^{(2)}$为第二测量循环值;$\upsilon_{\text{P}}^{(1)}$为第一测量循环值。

上述异常类型可以是纵波——P 波,也可以是横波——S 波。

### 9.3.3　煤层内应力状态的确定

冲击矿压预测预报的基础是确定煤层中的应力状态和应力集中程度。在应力高,集中程度大的区域,将出现地震波纵波波速的正异常,依此可进行冲击矿压的预测预报工作。表 9-3-2 为 GZM 条件下在采深 500~900m 时,波速的异常变化与应力集中程度之间的关系。

**表 9-3-2　波速异常变化与应力集中程度关系**

| 应力集中程度 | 应力集中特征 | 震动异常 $A_n$/% | 应力集中概率 $\Delta\upsilon_{\text{P}}/\upsilon_{\text{P}}^{0}$/% |
|---|---|---|---|
| 0 | 无 | <5 | <20 |
| 1 | 弱 | 5~15 | 20~60 |
| 2 | 中等 | 15~25 | 60~140 |
| 3 | 强 | >25 | >140 |

### 9.3.4　顶板震动危险的确定

当坚硬厚层顶板断裂后产生滑移、或由于弱面的原因而产生滑移,将很容易引起顶板冲击矿压。在这种非均质岩体周围以及周围煤层中,地震波波速将显著降低。波速的异常与顶板岩层结构弱化程度成正比,而与其距离成反比,其波速异常变化程度如表 9-3-3 所示。

**表 9-3-3　波速异常变化与顶板震动之间的关系**

| 危险程度 | 危险特征 | GR 参数值/(%/m) | |
|---|---|---|---|
| | | 煤层中的纵波 P | 顶板中的纵波 P |
| 0 | 无 | <0.25 | <0.2 |
| 1 | 弱 | 0.25~0.5 | 0.2~0.4 |
| 2 | 中等 | 0.5~1.0 | 0.4~0.8 |
| 3 | 强 | >1.0 | >0.8 |

表 9-3-3 中,参数 $GR$ 为波速变化的梯度,由下式确定

$$GR = \frac{(v_0 - v_{\min})}{v_0 w} \times 100\% \qquad (9\text{-}3\text{-}4)$$

式中,$v_0$ 为异常区域以外的波速值;$v_{\min}$ 为异常区域内的波速最小值;$w$ 为测量点距异常区域的平均最小距离。

## 9.3.5 开采卸压效果的确定

我们知道,通过开采煤层的卸压层可以破坏顶底板岩层的结构,使顶底板岩层产生裂隙,达到防治冲击矿压的目的。而岩体裂隙的多少与地震波波速有一定的函数关系,根据这个原理,可以采用声波法评价开采卸压层的卸压效果。表 9-3-4 为 GZM 条件下在采深 500～900m 时,波速的异常变化与开采卸压效果之间的关系。

**表 9-3-4 波速的异常变化与开采卸压效果之间的关系**

| 卸压程度 | 卸压效果特征 | 震动异常 $A_{od}/\%$ | 应力降低概率 $\Delta v_p / v_p^0 / \%$ |
|---|---|---|---|
| 0 | 无 | 0～-7.5 | <25 |
| 1 | 弱 | -7.5～-15.0 | 25～55 |
| 2 | 中等 | -15.0～-25.0 | 55～80 |
| 3 | 强 | >-25.0 | >80 |

## 9.3.6 卸压爆破有效性的确定

卸压爆破的作用与开采解放层进行卸压的作用相类似。卸压爆破产生的震动,使煤层产生裂隙,弱化煤岩体的结构,这样就使得地震波的波速降低,振幅的阻尼增加。依此可以采用声波法评价卸压爆破的卸压效果。表 9-3-5 为 GZM 条件下在采深 500～900m 时,波速的异常变化与卸压爆破效果之间的关系。

**表 9-3-5 波速的异常变化与卸压爆破效果之间的关系**

| 卸压程度 | 卸压效果特征 | P 波震动异常 $A_r/\%$ |
|---|---|---|
| 0 | 无 | <-10.0 |
| 1 | 弱 | -10.0～-25.0 |
| 2 | 中等 | -25.0～-35.0 |
| 3 | 强 | >-35.0 |

## 9.3.7 煤层注水效果的确定

试验及现场应用表明,增加煤的湿度将会降低煤层聚积弹性能的能力,煤的冲

击倾向性将会降低。在煤层中注水,不仅会增加煤层的湿度,也会使微裂隙增加。这样将会改变煤层中不同方向地震波的波速,特别是纵波的波速。

注水前后,地震波波速的异常变化可用下式表示:

对于纵波

$$\upsilon_P^* / \upsilon_P = \sqrt{\frac{(1-\nu^*)(1+\nu)K^*}{(1+\nu^*)(1-\nu)K}} \qquad (9\text{-}3\text{-}5)$$

对于横波

$$\upsilon_S^* / \upsilon_S = \sqrt{\frac{(1-2\nu^*)(1+\nu)K^*}{(1+\nu^*)(1-2\nu)K}} \qquad (9\text{-}3\text{-}6)$$

式中,$\upsilon_P$,$\upsilon_S$ 为纵横波的波速;$\nu$ 为泊松比;$K$ 为体积压缩模量;* 为注水后测量的次数。

上述两种波速的异常现象仅与煤体的泊松比有关,即在小裂隙的煤层中注水后湿度增加,$F(\nu)$ 与泊松比的变化成比例。

$$F(\nu) = \frac{\upsilon_P^* / \upsilon_P}{\upsilon_S^* / \upsilon_S} = \sqrt{\frac{(1-2\nu)(1-\nu^*)}{(1-2\nu^*)(1-\nu)}} \qquad (9\text{-}3\text{-}7)$$

而注水后,裂隙的变化可用地震横波的变化来表示,即

$$G(\varepsilon) = \frac{\upsilon_S^*}{\upsilon_S} \qquad (9\text{-}3\text{-}8)$$

式中,$\varepsilon$ 是裂隙的密度。

分析上述 $F(\nu)$ 和 $G(\varepsilon)$ 两者之间的关系,就可以评价煤层注水的效果,如图 9-3-1 和表 9-3-6 所示。

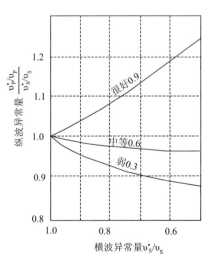

图 9-3-1　煤层注水效果与纵横波异常之间的关系

表 9-3-6 煤层注水效果评价表

| 有效程度 | 注水效果特征 | 参数值（根据图 9-3-1） |
|---|---|---|
| 0 | 无 | $<0.3$ |
| 1 | 弱 | $0.3 \sim 0.6$ |
| 2 | 中等 | $0.6 \sim 0.9$ |
| 3 | 强 | $>0.9$ |

## 9.3.8 煤岩体冲击倾向性的确定

由于煤岩体的变形模量、泊松比与地震波波速有关，因此可用其确定煤岩体的冲击倾向性。其关系式如下

$$G_{\mathrm{d}} = \rho v_{\mathrm{S}}^2 \tag{9-3-9}$$

$$\nu_{\mathrm{d}} = \frac{1 - 2k^2}{2(1 - k^2)} \tag{9-3-10}$$

式中，$G_{\mathrm{d}}$ 为动态变形模量；$\nu_{\mathrm{d}}$ 为动态泊松比；$k = \dfrac{v_{\mathrm{P}}}{v_{\mathrm{S}}}$。

对于煤层来说，其冲击倾向性的确定如图 9-3-2 所示，其中 Ⅰ 为无冲击倾向性，Ⅱ 为弱冲击倾向性，Ⅲ 为强冲击倾向性。

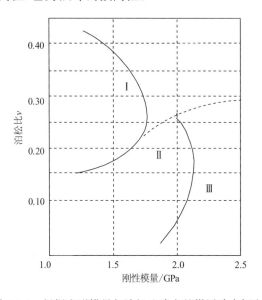

图 9-3-2 根据变形模量与泊松比确定的煤层冲击倾向性

对于岩层来说，可以地震波的波速来表示冲击倾向性，即

（a）无冲击倾向性 $v_{\mathrm{P}} < 2500 \mathrm{m/s}$；

（b）弱冲击倾向性 $2500\mathrm{m/s}<\upsilon_\mathrm{P}<3500\mathrm{m/s}$；

（c）中等冲击倾向性 $3500\mathrm{m/s}<\upsilon_\mathrm{P}<4500\mathrm{m/s}$；

（d）强冲击倾向性 $\upsilon_\mathrm{P}>4500\mathrm{m/s}$。

# 9.4　冲击危险的弹性波 CT 监测预警技术

### 9.4.1　理论基础

强度理论认为，当煤岩体所受的应力超过煤岩体本身的强度极限时，即满足强度条件，才有可能发生冲击矿压。关系式如下：

$$\frac{\sigma}{\sigma_C} \geqslant 1 \tag{9-4-1}$$

式中，$\sigma$ 为煤岩体所受应力；$\sigma_C$ 为煤岩体强度。

对于均质、各向同性连续介质体，震动波的传播与煤岩体物理力学参数及其在煤岩体中产生的动载荷可表示为

$$\frac{\upsilon_\mathrm{P}}{\upsilon_\mathrm{S}} = \sqrt{\frac{2(1-\nu)}{1-2\nu}} \tag{9-4-2}$$

$$\begin{cases} \sigma_{d\mathrm{P}} = \rho\upsilon_\mathrm{P}(\upsilon_{pp})_\mathrm{P} \\ \tau_{d\mathrm{S}} = \rho\upsilon_\mathrm{S}(\upsilon_{pp})_\mathrm{S} \end{cases} \tag{9-4-3}$$

式中，$\nu$ 为柏松比，$0 \leqslant \nu \leqslant 0.5$；$E$ 为弹性模量；$\sigma_{d\mathrm{P}}$、$\tau_{d\mathrm{S}}$ 分别为 P 波、S 波产生的动载；$\rho$ 为煤岩介质密度；$\upsilon_\mathrm{P}$、$\upsilon_\mathrm{S}$ 分别为 P 波、S 波传播的速度；$(\upsilon_{pp})_\mathrm{P}$、$(\upsilon_{pp})_\mathrm{S}$ 分别为质点由 P 波、S 波传播引起的峰值震动速度。

综上所述，对于同一性质的煤岩体，根据地震波的传播速度可确定煤岩体的物理力学特性。深入分析发现，地震波波速间接反映了冲击矿压发生的强度条件、能量条件和动载诱冲条件。

（1）强度条件：研究结果表明，应力与波速之间存在幂函数关系，即震动波越高，所受应力越大，超过其煤岩体强度的可能性就越大，冲击危险性就越高，反映了强度条件。

（2）能量条件：式（9-1-6）、式（9-4-2）表明，弹性模量与波速在弹性阶段呈正相关关系，即波速越大，对应的弹性模量就越大，则煤岩体变形储存能量的能力越高，刚度也就越强，抵抗变形破坏的能力就越大，反映了能量条件。

（3）动载诱冲条件：式（9-4-3）表明，震源能量越大，传播到煤岩介质质点速度的峰值速度就越大，动载荷就越高，越容易形成冲击。另外，对于同一性质的煤岩体，介质密度相等，此时，波速越高的区域受到强矿震扰动比其他低波速区域更容易形成冲击矿压。

## 9.4.2 弹性波 CT 技术原理

弹性波 CT 层析成像技术就是地震层析成像技术,是采矿地球物理方法之一。其工作原理是利用地震波射线对工作面的煤岩体进行透视,通过观测地震波走时和能量衰减参数,对工作面的煤岩体进行成像。地震波传播通过工作面煤岩体时,煤岩体上所受的应力越高,震动传播的速度就越快。通过震动波速的反演,可以确定工作面范围内的震动波速度场的分布规律;根据速度场的大小,可确定工作面范围内应力场的大小,从而划分出高应力区和高冲击矿压危险区域,为这种灾害的监测防治提供依据。

弹性震动波 CT 透视技术是在回采工作面的一条巷道内设置一系列震源,在另一条巷道内设置一系列检波器。当震源震动后,巷道内的一系列检波器接收到震源发出的震动波。根据不同震源产生震动波信号的初始到达检波器的时间数据,重构和反演煤层速度场的分布规律。弹性震动波 CT 透视技术主要采用震动波的速度分布 $v(x,y)$ 或慢度 $S(x,y) = 1/v(x,y)$ 来进行。假设第 $i$ 个震动波的传播路径为 $L_i$,其传播时间为 $T_i$,则(Hosseini et al.,2013,2012b;Luxbacher et al.,2008;Luxbacher,2008)

$$T_i = \int_{L_i} \frac{\mathrm{d}s}{v(x,y)} = \int_{L_i} S(x,y)\mathrm{d}s \tag{9-4-4}$$

式(9-4-4)是一曲线积分,其中 $\mathrm{d}s$ 是弧长微元,$v(x,y)$ 和 $L_i$ 都是未知的,$T_i$ 是已知的。这实际上是一个非线性问题。在速度场变化不大的情况下,可以近似地把路径看成是直线,即 $L_i$ 为直线,实际上地下介质地质情况是复杂的,射线路径也往往是曲线。现在把反演区域离散化,如图 9-4-1 所示,假如离散化后的单元个数目为 $N$,每个单元的慢度为一对应常数,记为 $S_1$、$S_2$、$\cdots$、$S_n$。这样,第 $i$ 个射线的

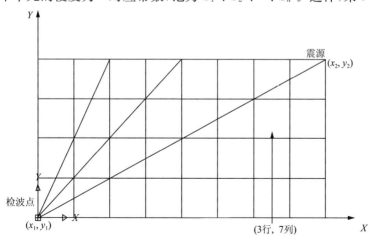

图 9-4-1 反演离散区域示意图

传播时间表示为

$$T_i = \sum_{j=1}^{N} a_{ij} s_j \qquad (9-4-5)$$

式中，$a_{ij}$ 为第 $i$ 条射线穿过第 $j$ 个网格的长度。当有大量射线（如 $M$ 条射线）穿过反演区域时，根据式（9-4-5）就可以得到关于未知量 $S_j (j = 1, 2, \cdots, N)$ 的 $M$ 个方程 $(i = 1, 2, \cdots, M)$，$M$ 个方程组合成一线性方程组为

$$\begin{cases} T_1 = a_{11}S_1 + a_{12}S_2 + a_{13}S_3 + \cdots + a_{1j}S_j \\ T_2 = a_{21}S_1 + a_{22}S_2 + a_{23}S_3 + \cdots + a_{2j}S_j \\ \quad\vdots \\ T_i = a_{i1}S_1 + a_{i2}S_2 + a_{i3}S_3 + \cdots + a_{ij}S_j \end{cases} \qquad (9-4-6)$$

写成矩阵形式如下

$$\boldsymbol{AS} = \boldsymbol{T} \qquad (9-4-7)$$

其中，$\boldsymbol{A} = (a_{ij})_{M \times N}$ 称为距离矩阵；$\boldsymbol{T} = (T_i)_{M \times 1}$ 为旅行时向量，即接收器得到的初至旅行时；$\boldsymbol{S} = (S_i)_{N \times 1}$ 为慢度列向量。通过求解方程组（9-4-7）就可以得到离散慢度分布，从而实现井间区域的速度场反演成像。值得注意的是，在地震层析成像过程中矩阵 $\boldsymbol{A}$ 往往为大型无规则的稀疏矩阵（$\boldsymbol{A}$ 中每行都有 $N$ 个元素，而射线只通过所有 $N$ 个像元中一小部分），而且常是病态的。实际应用中要反复求解式（9-4-7）来得到重建区域的速度场。

### 9.4.3　震动波 CT 离散图像基本算法

1）BPT 算法

求解方程组（9-4-6）的最简单和粗糙的离散图像重构方法之一是反投影方法，它是一种非迭代方法。将走时沿射线分配给每一个像元，分配时以第 $j$ 条射线在像元内的长度与射线总长度 $\sum_{i=1}^{I} a_{ji}$ 之比为权，然后把通过像元在加权后的走时对所有射线相加，并除以单元内总射线长度求得该单元的介质慢度。

$$\hat{f} = \sum_{j=1}^{J} a_{ji} \left( \tau_j \Big/ \sum_{i=1}^{I} a_{ji} \right) \Big/ \sum_{j=1}^{J} a_{ji} \qquad (9-4-8)$$

估计式中 $I$ 为反演区域像元总数，$J$ 为地震波射线总数。

BPT 方法适用于地质体慢度成像时计算简单快速，但是分辨率较低，只可用于走时反演的初始模型。

2）ART 算法

代数重建技术是由 Hounsfield（1973）在 CT 的专利说明书中提出的，代数重建是按射线依次修改有关像元的图像向量的一类迭代算法。在方程（9-4-8）中令图像向量产生一增量 $\Delta f$，有

$$\Delta \tau_j = \sum_{i=1}^{I} \Delta f_i a_{ij} \quad (j = 1, 2, \cdots, J) \qquad (9-4-9)$$

式中对射线经过的像元 $i$ 求和。

作为迭代算法,要根据第 $j$ 条射线的走时差 $\Delta\tau_j$ 求慢度的修改增量 $\Delta f_i$。由于方程可能是欠定的或病态的,可以用它作为约束求 $\Delta f_i$ 的 $L^2$ 模的极小解。由拉格朗日乘子法,令目标函数为

$$Q = \sum_{i=1}^{I}(\Delta f_i^2 - \lambda\Delta f_i a_{ji}) + \lambda\Delta\tau_j = \min \qquad (9\text{-}4\text{-}10)$$

式中,$\lambda$ 为拉格朗日乘子。由 $\partial Q/\partial(\Delta f_i) = 0$ 得

$$\Delta f_i = \frac{\lambda}{2}a_{ji} \qquad (9\text{-}4\text{-}11)$$

代入式(9-4-9)有

$$\Delta\tau_j = \sum_{i=1}^{I}\frac{\lambda}{2}a_{ji}^2 \qquad (9\text{-}4\text{-}12)$$

即

$$\frac{\lambda}{2} = \Delta\tau_j / \sum_{i=1}^{I}a_{ji}^2 \qquad (9\text{-}4\text{-}13)$$

因此,结合式(9-4-11)和式(9-4-14)便可写出对第 $j$ 条射线及第 $i$ 个像元求波慢修改增量的公式,即

$$\Delta f = a_{ji}\Delta\tau_j / \sum_{i=1}^{I}a_{ji}^2 \qquad (9\text{-}4\text{-}14)$$

这就是加法修正的公式,或称为 ART。

当然,也可以取任意阶的模(如模 $L^{2P}$)极小来求慢度的修改增量,其中 $P = 1, 2, \cdots$。由向量范数定义可知,此时目标函数可取为

$$Q = \left(\sum_{i=1}^{I}|\Delta f_i|^{2p}\right)^{1/2p} + \lambda\left(\Delta\tau_i - \sum_{i=1}^{I}a_{ji}\Delta f_i\right) \qquad (9\text{-}4\text{-}15)$$

令 $\partial Q/\partial(\Delta f_i) = 0$ 及 $\partial Q/\partial\lambda = 0$,最后可得

$$\Delta f_i = \frac{a_{ji}^{1/(2p-1)}}{\sum_{i=1}^{I}a_{ji}^{2p/(2p-1)}} \qquad (9\text{-}4\text{-}16)$$

此式虽然可以用作迭代修改,但是当 $P > 1$ 时涉及开方运算,速度太慢,一般很少采用。只有在令 $P \to \infty$ 时,可导出 ART 迭代的最简单修正公式

$$\Delta f_i = \Delta\tau_i / \sum_{i=1}^{I}a_{ji} \qquad (9\text{-}4\text{-}17)$$

这说明走时差平均地分配给每一条射线 $j$ 通过的单元,而不考虑像元内射线的长短。这种 ART 修正方法虽然粗糙,仍不失为 ART 的一种常用方法。

由式(9-4-13)和式(9-4-17)可得 ART 方法迭代公式

$$\begin{cases} f(0) \text{ 初值任取}, \\ f_i^{(k+1)} = f_i^{(k)} + a_{ji} \dfrac{\tau_j - (a_j, f^{(k)})}{\sum\limits_{i=1}^{I} a_{ji}^2}, (P=1) \end{cases} \tag{9-4-18}$$

或

$$\begin{cases} f(0) \text{ 初值任取}, \\ f_i^{(k+1)} = f_i^{(k)} + \dfrac{\tau_j - (a_j, f^{(k)})}{\sum\limits_{i=1}^{I} a_{ji}}, \quad (P=\infty) \end{cases} \tag{9-4-19}$$

式中，$i = 1, 2, \cdots, I$ 为单元号；$j = 1, 2, \cdots, J$ 为射线号；$a_{ji}$ 为系数矩阵 $\boldsymbol{A} = (a_1, a_2, \cdots, a_J)^{\mathrm{T}}$ 的分量；$k = 0, 1, \cdots$ 为迭代次数。

当 $\| f^{(k+1)} - f^{(k)} \|_\infty < \varepsilon$ 时，取 $\hat{f} = f^{(k+1)}$，其中 $\varepsilon$ 为给定允许误差。

ART 类方法的特点是要求内存少，但迭代的收敛性能较差，并依赖于初值选取。

3）SART 算法

联合代数重建法（SART）是 ART 的一种改进方法，它通过改进 ART 的误差修正计算，能有效地抑制代数重建法所带来的模糊性和收敛慢等缺点，因而得到了不断地完善和发展。

SART 的迭代公式如下

$$x_j^{(k+1)} = x_j^{(k)} + \frac{\sum\limits_{i=1}^{I} \dfrac{r_{ij} e_i}{\sum\limits_{j=1}^{J} r_{ij}}}{\sum\limits_{i=1}^{I} r_{ij}} \tag{9-4-20}$$

其中，定义投影误差

$$e_i = y_i - \sum_{j=1}^{J} r_{ij} x_j \tag{9-4-21}$$

对于一个特定的投影方向，求和遍及与第 $j$ 个像素相交的所有扫描光束（由表征）。只有当所有的像素元 $x_j^{(k)}$ 都已修正后，才去改变待测场的估计值 $x_j$。即在一个像素内，具有特定扫描角的所有扫描线束的投影误差是被联合考虑用作修正的，因此它能够抑制 ART 所带来的模糊性。而且，由于 SART 在每次迭代过程中包含了所有投影数据，因此其收敛速度比 ART 要快，重建精度要高。

4）SIRT 算法

联合迭代重建技术是由 Gilbert（1972）首先提出。与 ART 类重建技术不同，典型的 SIRT 算法不但利用同一迭代的第 $j$ 条射线的修改值来计算第 $j+1$ 条射线的修改值,而且把第 $k$ 轮迭代中由所有射线得到的修改值保存起来,在本轮对射线迭代结束时求某种平均 $\Delta \bar{f}$,然后由 $f^{(k+1)} = f^{(k)} + \Delta \bar{f}$ 对每个像元的慢度作修改,并留作下一轮迭代使用。

在方程组(9-4-10)中,简单地略去了误差向量 $e$,有可能使本方程无解或有无穷多个解。为此,只能用一个或多个优化准则使得解估计唯一。如果假设 $\tau$ 和 $e$ 都是服从高斯分布的随机向量,则式(9-4-8)的最小二乘解估计是找使

$$\| e \|_2 = \| \tau - Af \|_2 = (\tau - Af)^\mathrm{T}(\tau - Af) \tag{9-4-22}$$

极小的解估计,而最大似然解估计是找使得

$$(\tau - Af)^\mathrm{T} C_r^{-1}(\tau - Af) \tag{9-4-23}$$

极小的解估计,即以数据的协方差矩阵的逆 $C_r^{-1}$ 加权的最小乘解估计。相应地,最小方差解估计是找使得

$$(f - \bar{f})^\mathrm{T} C_r^{-1}(f - \bar{f}) \tag{9-4-24}$$

极小的解估计,其中 $\bar{f}$ 是数字化图像的平均密度,$C_r$ 为图像向量的协方差矩阵。

当 $\bar{f}$ 固定时,式(9-4-24)取极小等效于找加权的最小范数解估计,或同时使 $\| f \|_2$ 和 $f^T C_r^{-1} f$ 取极小的解估计。于是,可以去找使

$$f^\mathrm{T} C_r^{-1} f + f^\mathrm{T} f = f^\mathrm{T}(C_r^{-1} - I)f \tag{9-4-25}$$

极小的解估计。

根据折衷准则,即分辨率和方差不能同时达到最小,将式(9-4-23)和式(9-4-25)组合起来,优化准则写为使得

$$\alpha(\tau - Af)^\mathrm{T} C_r^{-1}(\tau - Af) + f^\mathrm{T}(I + \gamma C_r^{-1})f \tag{9-4-26}$$

极小的解估计,其中折衷参数 $\alpha$ 和 $\gamma$ 为非负实数。以式(9-4-26)为准则求出的解估计叫最小二乘最小范数解估计,当 $\gamma = 0$ 时为最大似然解估计,$\alpha = 0$ 时为加权最小范数解估计。

优化准则(9-4-27)还可以进一步推广到更一般的情况,即求使

$$Q(f) = \alpha(\tau - Af)^\mathrm{T} W(\tau - Af) + (f - f_0)^\mathrm{T}(\beta B + \gamma C^{-1})(f - f_0) \tag{9-4-27}$$

取极小的解估计。式中,$\alpha$、$\beta$、$\gamma$ 为非负实数;$W$ 为对称矩阵;$B$ 为非负定矩阵;$C$ 为对称正定矩阵;$f_0$ 为与 $f$ 同维的向量,与图像数值的某种先验知识有关。式(9-4-27)是二次最优化准则的普遍公式。矩阵 $W$、$B$、$C$ 和 $f_0$ 要根据实际问题来选择,如对最小二乘最小范数解估计选 $W = C_r^{-1}$,$B = I$ 及 $C = C_r$,$f_0$ 可作为初始猜测。

由于图像重建问题不适定,式(2-33)取极小的解估计仍然可能不唯一,因此,可要求由式(9-4-27)作二次优化时解估计处于解空间的解集之内,即

$$\| D^{-1} f \| = \min \tag{9-4-28}$$

其中,$D$ 为某一对称正定矩阵。于是,图像重建问题变为在满足(9-4-28)的所有解估计中找同时使式(9-4-28)取极小的解估计。

由于 $C$ 是正定矩阵,必存在一个矩阵 $C^{1/2}$,使得

$$C^{1/2}C^{1/2} = C \tag{9-4-29}$$

其中,$C^{1/2}$ 也是正定矩阵,且存在它的逆 $C^{-1/2}$ 使 $C^{-1/2}C^{-1/2} = C^{-1}$。这样引入新向量

$$u = C^{-1/2}(f - f_0) \tag{9-4-30}$$

使得

$$f = C^{-1/2}u + f_0 \tag{9-4-31}$$

同时把式(9-4-27)变为

$$\begin{aligned} Q(C^{-1/2}u+f_0) &= \alpha[\tau - A(C^{-1/2}u+f_0)]^T W[\tau - A(C^{-1/2}u+f_0)] \\ &\quad + (C^{-1/2}u)^T(\beta B + \gamma C^{-1})(C^{-1/2}u) \\ &= u^T[\alpha C^{-1/2}A^T WA C^{-1/2} + \beta C^{-1/2}BC^{-1/2} + \gamma I]u \end{aligned} \tag{9-4-32}$$

令 $\partial Q/\partial u^T = 0$,即当 $Q$ 取极小值时有

$$\hat{u} = P^{-1}Z \tag{9-4-33}$$

代入到式(9-4-31)得到关于图像向量的二次最优化解估计

$$\hat{f} = C^{1/2}\hat{u} + f_0 \tag{9-4-34}$$

则二次优化的问题转化为方程(9-4-34)求解问题。当矩阵 $\beta B + \gamma C^{-1}$ 为正定(即 $B$ 为非负定)时,$P$ 为非负定矩阵,方程组(9-4-32)有唯一解,如果不是非负定矩阵,则可以用附加条件(9-4-28)求最小范数解,其结果也可以用式(9-4-34),只不过此时 $P$ 与矩阵 $D$、$W$ 和 $A$ 有关。

在联合迭代重建算法中,迭代过程的每一步都使方程(9-4-33)中的误差同时得到修正,即令

$$u^{k+1} = u^k + u^k(Z - Pu^k) \tag{9-4-35}$$

其中,$u^k$ 为第 $k$ 轮迭代时的松弛系数。如式(9-4-35)的迭代格式在数值分析中被称为 Richardson 方法。根据式(9-4-31),第 $k$ 轮迭代时

$$f^k = C^{1/2}u^k + f_0 \tag{9-4-36}$$

将式(9-4-35)代入上式得

$$\begin{aligned} f^{k+1} &= C^{1/2}[u^k + u^k(Z - Pu^k) + f_0] \\ &= f^k + u^k[\alpha CA^T W(\tau - Af^k) + (\beta CB + \gamma I)(f_0 - f^k)] \end{aligned} \tag{9-4-37}$$

这就是 SIRT 典型的迭代修正公式,其中的矩阵 $B$ 和 $C$ 称为平滑矩阵。

从式(9-4-37)可以看出,SIRT 重建算法的特点是在某一轮迭代中,所有像元的值(即 $f^{k+1}$ 图像向量)都用前一轮的迭代结果 $f^k$ 来修正,而不像 ART 算法那样逐条射线进行修正。为了和 ART 算法的修正公式进行比较,可考虑最简单情况下的 SIRT 迭代修正公式。令式(9-4-37)中 $\beta = \gamma = 0$,适当选取矩阵 $W$、$C$ 和重新

定义不随迭代变化的松弛系数 $\mu$，则式(2-43)可写成

$$f_i^{k+1} = f_i^k + \frac{\sum\limits_{j=1}^{J}\left\{a_{ji}\left[\tau_j - (a_j, f^k)\right]/\sum\limits_{i=1}^{I}a_{ji}\right\}}{\mu + \sum\limits_{j=1}^{J}a_{ji}} \tag{9-4-38}$$

式中，$i = 1,2,\cdots,I$ 为单元号；$j = 1,2,\cdots,J$ 为射线号；$\boldsymbol{a}_j$ 为系数矩阵 $\boldsymbol{A} = (a_1, a_2, \cdots, a_j)^{\mathrm{T}}$ 的分量；$k = 0,1,\cdots,L$ 为迭代次数。

为了加快计算速度，并突出短射线的作用，平均化算法更为实用，即

$$\Delta f_i^k = \frac{\sum\limits_{j=1}^{J}\left[(\tau_j - (a_j, f^k)/N_j^4 L_j\right]}{\sum\limits_{j=1}^{J}N_j^{-4}} \tag{9-4-39}$$

式中，$L_j = \sum\limits_{i=1}^{I}|a_{ij}|$ 表示第 $j$ 条射线的总长度 $L_j$；$N_j$ 表示第 $j$ 条射线穿过模型的网格数。SIRT 迭代算法的主要优点是不会出现解的奇异现象，同时能平稳收敛，计算简便快捷等；缺点是收敛较为缓慢，迭代次数较多(Hosseini et al., 2012b; Jackson et al., 1996)。

### 9.4.4　弹性波 CT 的探测应用

#### 9.4.4.1　弹性波 CT 现场应用实例一

1) 兖州某矿 16302C 工作面概述

16302C 工作面为 3 下煤层一孤岛工作面，位于十六采区中部，工作面面长 135.5m，推进长度 742.4m，平均采深达 670m。该工作面设计停采线南距北区回风巷巷中 80m，切眼中心线南距北区回风巷巷中 826m。东部为 163 下 02 采空区，西部为 163 下 03 采空区。16302C 工作面切眼位置位于 16303 面采空区中部位置，以薄煤区 2.0m 厚煤层及 KF69 断层确定，设计长度为 140m。工作面停采线与相邻两工作面停采线位置一致，如图 9-4-2 所示。

2) 反演结果分析(Dou et al., 2012)

图 9-4-3 显示的是 16302C 工作面弹性波波速反演结果。不同颜色代表不同速度值的高低，速度由高到低所对应的颜色分别是红色、黄色、绿色和蓝色等；红色和黄色对应着高波速，即高应力，而蓝色则代表着低波速区，即低应力。对于煤层来说，其高应力区主要集中在开切眼一侧中间巷附近(图中标注的 A 区域)、工作面中部断层右侧条带(图中标注的 B 区域)和停采线附近辅顺工作面一侧的条带(图中标注的 C 区域)等三处。煤层切眼附近的应力集中区(A 区域)的范围较大。另外，对比此处的煤层厚度等值线，发现煤层厚度等值线较密，说明煤层厚度在此的变化较大，而煤层

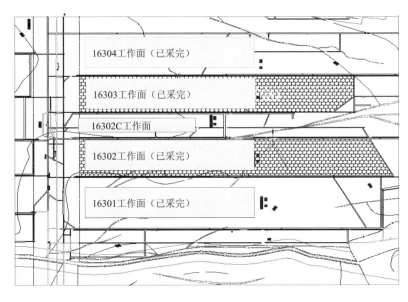

图 9-4-2　16302C 工作面示意图

应力集中区的范围与煤层厚度变化最大梯度方向是一致的。因此,认为煤层切眼附近高应力区($A$ 区域)的形成主要是由于煤层厚度在此处的较大变化造成的。对于煤层中部和切眼一侧的高应力区($B$ 区域和 $C$ 区域)呈条带状,与相应的小断层和煤厚变化最大梯度方向并不一致。因此,认为此两处的高速异常区的形成是由于区域应力集中造成的,是发生冲击矿压较危险的区域。因此,认为 16302C 工作面内所出现的应力集中区主要是由于两侧采空区、煤厚变化和断层构造造成的。

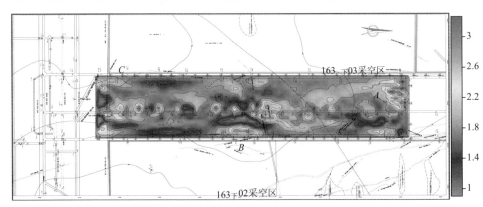

图 9-4-3　16302C 工作面反演速度分布

3）冲击危险区域划分

采用弹性波波速异常的冲击危险判别方法确定的冲击危险结果如图 9-4-4 所

示。煤层中的危险指标分布区域比较集中,在切眼附近和停采线区域都存在应力集中和波速异常。在工作面两侧附近都测到明显的波速负异常,显示顶板破碎,应力集中程度较低,即可以推断在16302C工作面相邻采空区影响下,顶板沿断层滑移并破断是造成附近波速较低的原因,但是在工作面内部的断层处存在高应力集中区。在联络巷附件及3煤变薄处存在明显的波速异常和应力集中现象,其中左侧等值线的变尖处体现得更加明显,说明在联通巷附近存在冲击危险性。

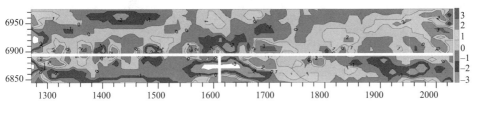

图 9-4-4　弹性波波速异常确定的冲击危险

　　根据以上分析结果及生产实际条件,确定三个冲击危险区域:停采线附近(C)、联通巷处(B)和切眼附近(A),如图9-4-5所示。

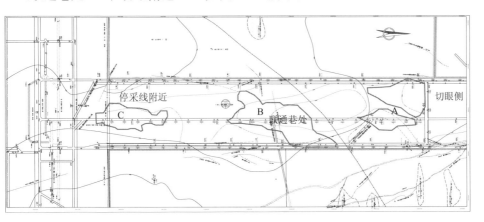

图 9-4-5　16302C工作面冲击危险区域确定

4) 冲击危险区域的微震监测检验

　　对于16302C工作面来说,其回采前不仅做了弹性波CT工作,还安装了矿井微震监测系统。因此,对于此工作面来说,可以将回采后所监测到的微震数据与弹性波CT透视预警结果相对比,从而相互验证其探测或监测的准确性。图9-4-6显示的是16302C工作面内监测到的能量大于$10^3$J的微震点分布图,对于震源点来说,震动主要位于工作面右半侧,即A和B区域内,这与这个区域内波速较高、波速异常比较明显具有很强的相关性,说明应力变化较大。据冲击矿压理论,能级越高的矿震点越易引发冲击矿压,同时高能级微震点的应力一般比较集中。从图中可以看出,能量 $E>10^4$J 的震动主要发生在工作面的 $A$ 和 $B$ 区域内,弹性波 CT 透视预警位置与微震监测结果一致性达 80% 以上。以上验证了弹性波 CT 透视确定工作面内高冲击危险区结果的有效性和可靠性。

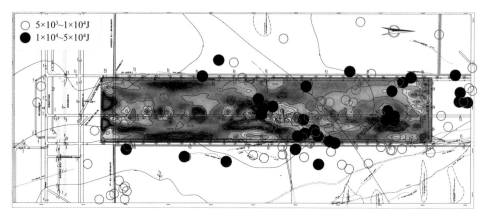

图 9-4-6　16302C 工作面微震点分布图

### 9.4.4.2　弹性波 CT 现场应用实例一

1) 23070 工作面概况

23070 工作面地表为钱大池村西北部的低山丘陵地带,煤系地层中下侏罗纪义马组。该面为 23 区东翼第二个综放工作面,采高达到 9.3m 左右,开采 2-1 煤层。地面标高 +523～+565m,工作面煤层标高 −175.0～−230.0m,可采走向上巷 1009m,下巷 1034m,平均 1021.5m。倾斜长 210m,面积 214 515m²。井下四邻位置:北为 23050 工作面(已采),南为 23090 工作面(已采),东为矿井边界煤柱,西为 23 区上山煤柱,如图 9-4-7 所示。

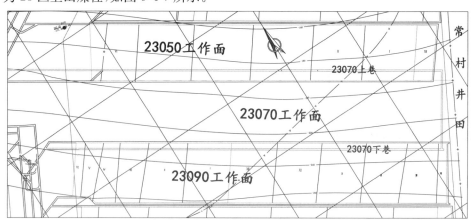

图 9-4-7　23070 工作面回采巷道布置

工作面煤层走向 116°～140°,倾向 206°～230°,倾角 10°～15°;平均 12°。煤层厚度 7.8～10.5m,平均厚度 9.3m,纯煤厚 7.2m,属缓斜特厚煤层。煤层含夹矸 1～5层(其中煤层中下部位的夹矸多呈煤矸互迭层),单层厚 0～1.3m,夹矸岩性一般为炭质或砂质泥岩,结构复杂。可采指数为 1,煤厚变异系数 23%。煤层赋存稳定,整体上沿走向东部厚西部薄,沿倾向上往东发育有增厚现象。煤层层理呈缓斜层理～斜层理,局部出现层间多变构造且层理紊乱。受构造影响,该区域自西向东穿过 F2304 断层构造,该断层只在 23070 上巷揭露,按一定的产状在空间展布,形成起伏较缓、构造简单。

伪顶为砂质泥岩,厚 0.2m 左右,局部夹石英砂岩,坚硬;直接顶为泥岩,厚 23m 左右,灰黑色块状易破碎,局部裂隙和节理发育;老顶以砂、砾岩为主,块状、灰白色,具含水性;直接底为泥岩,厚 6m 左右,深灰色,块状易碎,含粉砂岩条带。表 9-4-1 为煤层顶底板柱状。

**表 9-4-1　煤层顶底板特征**

| 顶底板名称 | 岩石名称 | 厚度/m | 坚固系数 $f$ | 岩性特征 |
|---|---|---|---|---|
| 老顶 | 砂岩、砾岩 | 105 | 7 | 浅灰色,成分石英砂岩、火成岩屑,弱含水性 |
| 1-2 煤 | 1-2 煤 | 0.9 | 3 | 黑色块状,含夹矸为炭质或砂质泥岩 |
| 直接顶 | 泥岩 | 23 | 4 | 灰黑色,具隐水平层理,裂隙和节理发育 |
| 直接底 | 泥岩、砂岩 | 6.0 | 4 | 深灰色,块状易碎,含粉砂岩条带 |

该面自西向东掘进过程在 3717 导线点前 40m 处揭露了 F2304。F2304 正断层,走向 240°～245°,倾向 330°～335°,倾角 62°～70°,断层 0.6～0.8m。该断层只是贯穿 23070 上巷,未在 23070 工作面下巷揭露,断距和牵引现象明显,影响范围大,顶板岩石破碎,节理发育,但位于设计停采线以外,对工作面回采影响不大。经工作面上、下巷揭露证实,该面整体煤层平缓,地质构造简单。区域上,西部有小构造,煤层有起伏;东部煤层缓下坡,对回采稍有影响。本区地压大,易底鼓、拘帮和冒顶。

2) 探测测线布置方案

针对 23070 工作面实际情况,设计如图 9-4-8 所示的测点布置图。由图可见,在上巷下帮布置炮点,炮点间距为 18m,共布置 66 个炮点;在下巷上帮布置检波器,间距为 9m(15 倍锚杆排距),共布置接收点 126 个。

3) 结果及对比分析

如图 9-4-8 所示,为 23070 工作面弹性波 CT 波速反演及可靠性分析图。从图中可以看出,高波速区主要集中在煤层合并区及停采线附近。

根据上面介绍的震动波 CT 技术,采用 23070 工作面掘进期间(2011-11-01～2012-06-07)的有效微震事件(图 9-4-9),反演计算了 23070 工作面的波速异常指数

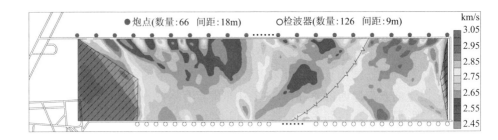

图 9-4-8　跃进煤矿 23070 工作面弹性波 CT 方案测点布置及反演成果图
图中阴影线部分表示射线覆盖不足的区域,此区域的反演结果可靠性不高,供参考

及波速变化梯度指数,如图 9-4-10 和图 9-4-11 所示。

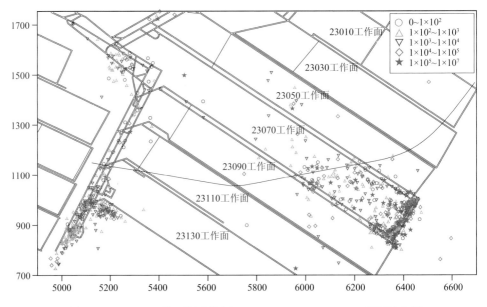

图 9-4-9　23070 工作面掘进期间(2011-11-01～2012-06-07)震源分布图

从图中可判断出 23070 工作面冲击危险区域有:煤层合并区,上下巷停采线附近遗留煤柱区,整个下山保护煤柱及下山巷道集中区。初步分析得出其影响因素为:煤层厚度变化影响,煤柱应力叠加影响,巷道集中影响。另外,对比弹性波 CT 反演(图 9-4-8)和震动波 CT 反演结果(图 9-4-10)可知,两种 CT 的反演结果基本上一致。

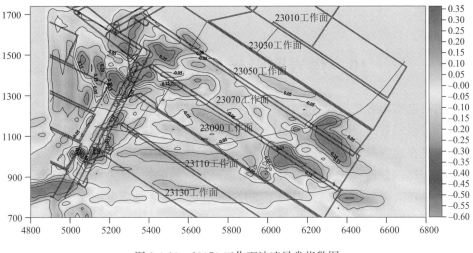

图 9-4-10　23070 工作面波速异常指数图

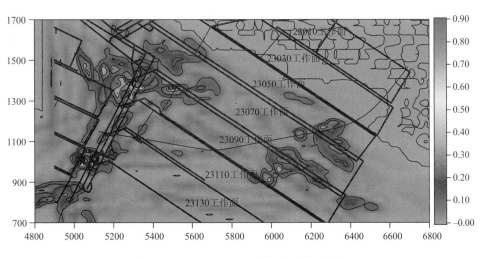

图 9-4-11　23070 工作面波速变化梯度图

# 10    煤岩变形破裂的电磁辐射

岩石电磁辐射是指岩石受载破裂过程中向外辐射电磁能量的过程或现象。岩石破裂电磁辐射的观测和研究是从地震工作者发现震前电磁异常后开始的。苏联和中国是在这方面开展研究较早的国家,还有日本和美国等国家也开展了这方面的研究工作。在近35~40年内岩石破裂电磁辐射效应的研究,无论是在理论研究方面还是在应用研究方面,都取得了飞速发展,特别是在地震方面用于预报地震。但是研究多限于大理岩、花岗岩和石英岩等坚硬岩石,而且大多数研究仅限于定性研究。从20世纪90年代开始,大量学者对载荷作用下煤体的电磁辐射特性及规律进行了较为深入的定性和定量研究,取得了很多成果(解北京等,2013;金佩剑等,2013;刘杰等,2013;宋大钊等,2012;孙强等,2012;王恩元等,2012,2009b,2007,2003,2002,2000,1998a,1998b;赵恩来等,2010;陆菜平等,2008a,2007;窦林名等,2007,2005,2001;撒占友等,2007,2006,2005a,2005b;王云海等,2007;王静等,2006;肖红飞等,2006,2004a,2004c;陆菜平等,2004;钱建生等,2004,1999;聂百胜等,2000;刘明举等,1995)。

## 10.1    煤岩破坏的电磁辐射现象

研究表明,电磁辐射是煤体等非均质材料在受载情况下发生变形及破裂的结果,是由煤体各部分的非均匀变速变形引起的电荷迁移和裂纹扩展过程中形成的带电粒子产生变速运动而形成的。

图 10-1-1 是某矿原煤的实验结果,实验过程中共记录到 67 个事件。图中只给出部分事件的记录结果,横坐标为时间 $t/s$,纵坐标为振幅,纵坐标边上的 1,2,…,16 为仪器的通道号 $nch$,采样速率为 2MHz。

### 10.1.1    煤样试验

图 10-1-2 为某矿 7 号煤的典型载荷-时间、电磁辐射(EME)脉冲数-时间和声发射-时间曲线图。图 10-1-3 为 9 号煤的典型载荷-时间、电磁辐射(EME)脉冲数-时间、电磁辐射幅值-时间和声发射-时间曲线图。

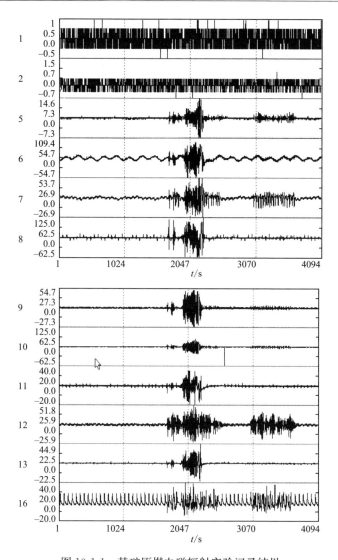

图 10 1-1　某矿原煤电磁辐射实验记录结果

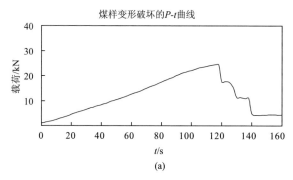

(a)

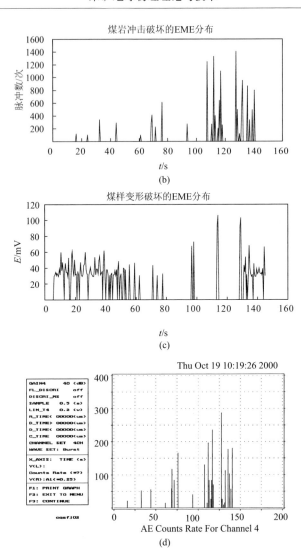

图 10-1-2　7 号煤的试验结果图

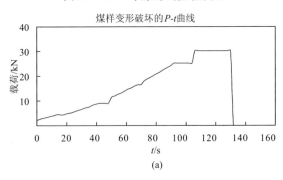

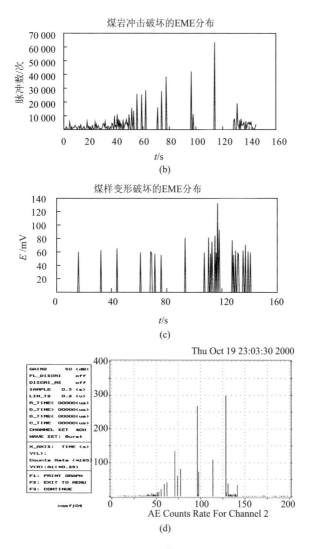

图 10 1 3　9 号煤的试验结果

## 10.1.2　泥岩和砂岩样试验

　　图 10-1-4 为泥岩的典型应力-时间、电磁辐射幅值-时间和声发射-时间曲线图。图 10-1-5 为砂岩的典型应力-时间、电磁辐射幅值-时间和声发射-时间曲线图。

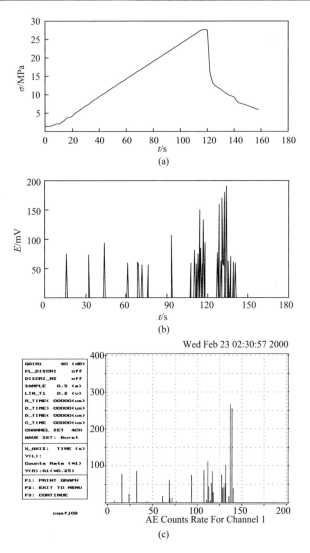

图 10-1-4 泥岩岩样的试验结果

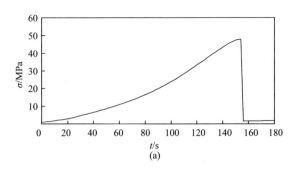

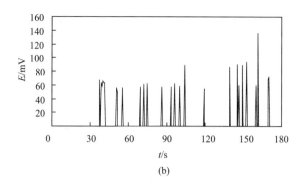

(b)

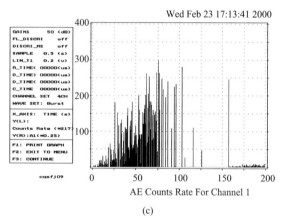

AE Counts Rate For Channel 1

(c)

图 10-1-5 砂岩岩样的试验结果

## 10.1.3 混凝土试样试验

图 10-1-6 为混凝土试样的典型应力-时间、电磁辐射幅值-时间曲线和声发射-时间关系图。

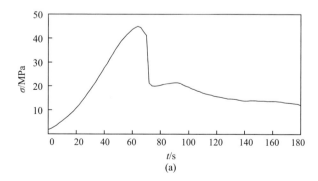

(a)

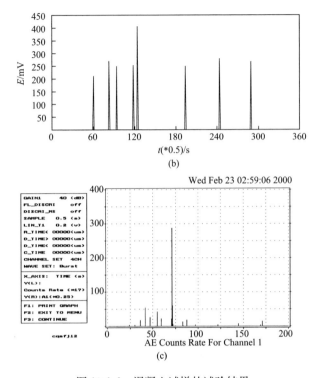

图 10-1-6　混凝土试样的试验结果

## 10.1.4　受载煤体的 Kaiser 效应

受载煤体电磁辐射具有 Kaiser 效应（撒占友等，2005b；刘明举等，1995），如图 10-1-7 所示。

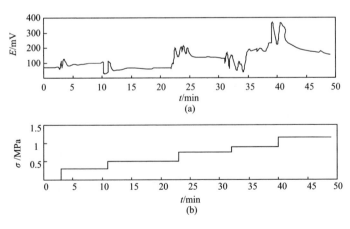

图 10-1-7　煤岩电磁辐射与载荷间关系

### 10.1.5 试验结果分析

从上述试验曲线分析,可得出如下结果:

不同类型的煤岩体在载荷作用下变形及破裂过程中都有电磁辐射信号产生。在煤体的受载变形破裂过程中,电磁辐射基本上随着载荷的增大而增强,随着加载及变形速率的增加而增强。试验过程中测得的声发射信号变化规律也基本上随着载荷的增大而增强,随着加载及变形速率的增加而增强。

从煤的变形破坏试验结果来看,煤试样在发生冲击性破坏以前,电磁辐射强度一般较小,而在冲击破坏时,电磁辐射强度突然增加。从试验的特定煤样看,在发生冲击性破坏以前,电磁辐射强度一般在 60mmV 左右,而在冲击破坏时,电磁辐射强度最大达 130mmV。

煤岩体电磁辐射的脉冲数随着载荷的增大及变形破裂过程的增强而增大。载荷及加载速率越高,煤体的变形破裂越强烈,电磁辐射信号也越强。

受载煤岩体电磁辐射具有 Kaiser 效应,即对受到反复加卸载的煤岩体而言,只有在加载至煤岩体曾受过的最大载荷后才会重新出现明显的电磁辐射现象。

## 10.2 煤岩变形破裂的电磁辐射机理

煤岩体的组成及结构相当复杂,包括许多矿物杂质,是典型的非均质材料。我们完全可以把煤岩体看成是由一些颗粒包裹体(简称单元)黏结在一起而组成的,不仅是颗粒包裹体与界面处胶结物的强度及变形特性不同,而且在颗粒包裹体之间在强度及变形方面也有显著的差异,因此煤岩体中的应力及应变分布相当不均匀。

### 10.2.1 受载煤岩材料的电磁辐射过程

任何岩石中都有自由的(电子)和束缚的(离子)电荷,煤体也不例外。当煤体发生不均匀应变时,压缩区域的自由电荷浓度升高,而低应力区或拉伸区域的自由电荷浓度降低,这必然使自由电荷由高浓度区向低浓度区扩散、运移。低速扩散过程中产生低频电磁辐射,并在试件表面积累表面电荷(王恩元等,2009a;何学秋等,2003)。

高应变区主要位于强度不同的颗粒界面处强度较低的单元内,煤岩体的破裂主要是沿着颗粒之间的界面而进行的。煤岩体颗粒之间的作用是通过电场或电荷来完成的。当相邻颗粒之间发生非均匀形变时,其界面处的电平衡被打破,产生局部激发,结果是受拉的界面处积累了自由电荷(主要是电子),而受压的颗粒内部积累了相反符号的电荷。从总体宏观上来看,在试样表面积累了电荷,形成库仑场

（或静电场）。当变形非常缓慢或匀速的情况下，自由电荷来得及消退以适应电平衡的变化，因而对外并不产生电磁（脉冲）辐射。当相邻颗粒之间发生非均匀变速形变时，这种局部激发就会对外产生电磁（脉冲）辐射，这也主要是低频电磁辐射。

在煤岩材料的变形阶段，由于颗粒之间的力学变形特性不同，必然发生颗粒之间的滑移，其结果是在滑移面发生强烈的激发，甚至在滑移面尖端形成带电粒子（主要是电子）发射，这种强烈的激发对外产生电磁辐射。

煤岩材料的破裂呈张拉或"剪切型"张拉形式。煤岩体的裂纹扩展时，处于裂纹尖端表面区域中的电子在裂隙尖端区域中大量电子形成的电场的作用下，向裂纹内部的自由空间区域发射，形成电子发射。同时，也可能产生带负电的碎屑粒子发射。同样，当发生剪切摩擦时，也会形成带正电的粒子发射。

裂纹扩展时，在裂纹表面受拉的区域出现表面电荷，极性为负的，在裂纹表面受压的区域出现正电荷。裂纹扩展时，在裂纹尖端形成了运动的偶极子群，在裂纹尖端的煤体受拉区域仍表现为负电荷，这就是产生电子加速电场的原因，而周围的压应力区带正电。

发射出来的这些低速运动带电粒子在电场的作用下加速，当带电粒子碰撞到周围环境介质的分子或原子，或碰撞到周围的煤岩体裂隙表面时会减速，在其变速运动过程中会产生电磁辐射。后者形成的电磁辐射也叫韧致辐射。由于可能形成了大量的带电粒子，因此会产生从低频电磁辐射到 X 光的宽频带电磁辐射。

从上述分析可以得出，煤岩体产生电磁辐射源于煤岩体的非均质性，是由应力作用下煤岩体中产生非均匀变速形变而导致的电荷加速迁移引起的。受载煤岩体中发生以下电荷（或带电粒子）运动过程：

煤岩材料变形及破裂时能够产生电磁场，有两种形式：一种是自由电荷，特别是试样表面积累电荷引起的库仑场（或准静电场）；另一种是由带电粒子做变速运动而产生的电磁辐射，是一种脉冲波。

在非均匀应力作用下非均质煤岩体各部分产生非均匀形变，由此引起电荷迁移，使原来自由的和逃逸出来的电子由高应力区向低应力区或拉应力区迁移，同时在试样表面也积累了大量的电荷，因此形成了库仑场（或准静电场），或低频电磁辐射。

裂纹形成及扩展前，裂纹尖端积累了大量的自由电荷（电子）；裂纹扩展时，发射电子，由于裂纹不是匀速扩展，这必然导致向外辐射电磁波；裂纹扩展过程中也会使应变能得到释放，形成振动（震动），从而同步产生电磁辐射与声发射。

裂纹扩展后，裂纹局域煤体卸载收缩，在卸载的瞬时，裂纹尖端两侧附近区域煤体中电子浓度较高，形成了库仑场，在该电场的作用下，发射出的电子产生加速运动，向外辐射电磁波。

由于摩擦等原因，裂纹表面电荷也会发生张弛，也可能产生带正或负电粒子，从而产生电磁辐射波。

运动的电荷碰撞周围介质分子或原子,使运动电荷减速,同时能使介质分子或原子发生电离,向外发射电磁波。

### 10.2.2　岩体中带电粒子运动激发的电磁场

麦克斯韦电场环路定理为

$$\oint_L \boldsymbol{E} \cdot \mathrm{d}\boldsymbol{L} = -\iint_S \frac{\partial \boldsymbol{B}}{\partial t} \cdot \mathrm{d}\boldsymbol{S} \tag{10-2-1}$$

式中,$\boldsymbol{E}$ 为电场矢量;$\boldsymbol{B}$ 为磁感矢量;$S$ 为以闭合回路 $L$ 为边界的曲面面积。

麦克斯韦磁场环路定理为

$$\oint_L \boldsymbol{H} \cdot \mathrm{d}\boldsymbol{L} = \boldsymbol{J}_f + \boldsymbol{J}_D \tag{10-2-2}$$

$$\boldsymbol{J}_d = \frac{\partial}{\partial t} \iint_S \boldsymbol{D} \cdot \mathrm{d}\boldsymbol{S} \tag{10-2-3}$$

式中,$\boldsymbol{J}_D$ 为位移电流;$\boldsymbol{D}$ 为电感矢量;$\boldsymbol{J}_f$ 为传导电流矢量。

由麦克斯韦电场环路定理式(10-2-1)可知,只要磁感矢量随时间的变化率不为零,即 $\dfrac{\partial \boldsymbol{B}}{\partial t} \neq 0$,那么在磁场变化的区域中就存在涡旋电场。另外,由麦克斯韦磁场环路定理式(10-2-2)可知,只要电感矢量随时间的变化率不为零,即 $\dfrac{\partial \boldsymbol{D}}{\partial t} \neq 0$,那么在电场发生变化的区域中,即使不存在传导电流也必然存在磁场。因此,若在空间某一区域中存在着变化电场,则在该区域的附近将建立起变化磁场,而这个变化磁场又将在它的邻近建立起变化电场。这种变化电场和变化磁场交替地产生,并且由近及远地传播开来,就形成了电磁波。

从物理学的角度看,产生电磁波的机制是多种多样的。但是,从微观上来说,电磁辐射是出电荷运动而产生的。

假设在外力作用下,煤岩体中带电粒子沿某一特定轨道运动,则煤岩体中任意运动带电粒子激发的电场和磁场为

$$\boldsymbol{E} = \boldsymbol{E}_1 + \boldsymbol{E}_2 = \left(1 - \frac{n^2 v^2}{c^2}\right) \frac{e\boldsymbol{r}}{4\pi\varepsilon \left[\left(1 - \frac{n^2 v^2}{c^2}\right)r^2 + \left(\frac{n\boldsymbol{v} \cdot \boldsymbol{r}}{c}\right)^2\right]^{3/2}}$$

$$+ \frac{n^2 e}{4\pi\varepsilon c^2 r} \frac{\boldsymbol{n} \times \left[\left(\boldsymbol{n} - \frac{n\boldsymbol{v}}{c}\right) \times \boldsymbol{v}'\right]}{\left(1 - \frac{n\boldsymbol{v} \cdot \boldsymbol{n}}{c}\right)^3} \tag{10-2-4}$$

$$B = B_1 + B_2 = \frac{n^2 v}{c^2} \times E_1 + \frac{n}{c} n E_2$$

$$= \left(1 - \frac{n^2 v^2}{c^2}\right) \frac{en^2 v' \times r}{4\pi\varepsilon c^2 \left[\left(1 - \frac{n^2 v^2}{c^2}\right)r^2 + \left(\frac{nv \cdot r}{c}\right)^2\right]^{3/2}} + \frac{en^3}{4\pi\varepsilon c^3 r} \frac{v' \times \left(n - \frac{nv}{c}\right)}{\left(1 - \frac{nv \cdot n}{c}\right)^3} \quad (10\text{-}2\text{-}5)$$

式中,$n$ 为煤岩体介质的折射率;$c$ 为真空中电磁波传播速度,即光速;$e$ 为粒子的电荷;$\varepsilon$ 为介质的绝对介电常数;$v$ 为粒子的速度;$v'$ 为粒子的加速度;$r$ 为粒子与观察点之间的距离;$n$ 为 $r$ 方向的单位矢量。

可见,煤岩体中任意带电粒子运动产生的电磁场包括两部分:第一部分是运动电荷的库仑场 $E_1$ 和与之相关的磁场 $B_1$;第二部分为辐射场,与加速度成正比。辐射场是横向场,即 $E_2$ 和 $B_2$ 都与 $n$ 垂直,并且 $E_2$ 和 $B_2$ 互相垂直。此外,辐射场与距离 $r$ 成反比。

从中可以看出,煤岩体变形及破裂过程中产生的电磁辐射与带电粒子的电量及其运动加速度成正比。当然,电磁辐射与带电粒子的密度有关,带电粒子数越多,电磁辐射的强度也越高;加载速率越高,变形及破裂过程越强烈,单位时间内形成的带电粒子数就越多,其运动速度也越高,因而煤岩变形及破裂时电磁辐射的强度越高,频率范围也越宽。

### 10.2.3　电磁辐射在煤岩介质中的传播

煤岩介质中电磁场是以波的形式存在的。电磁波在煤岩介质中传播时,随着传播距离的增加,电磁场幅值会发生衰减。电磁波在煤岩体中传播时,其电场强度和磁场强度分别为

$$E = E_0 e^{-bR} e^{i(\tilde{\omega} t - aR)}$$
$$H = H_0 e^{-bR} e^{i(\tilde{\omega} t - aR)} \quad (10\text{-}2\text{-}6)$$

式中

$$a = \tilde{\omega}\sqrt{\frac{\mu}{2}\left[\sqrt{\varepsilon^2 + \left(\frac{\sigma}{\tilde{\omega}}\right)^2} + \varepsilon\right]}$$

$$b = \tilde{\omega}\sqrt{\frac{\mu}{2}\left[\sqrt{\varepsilon^2 + \left(\frac{\sigma}{\tilde{\omega}}\right)^2} - \varepsilon\right]} \quad (10\text{-}2\text{-}7)$$

式中,$E$ 为电场强度;$H$ 为磁场强度;$b$ 为电磁波衰减系数;$a$ 为相位常数;$\varepsilon$ 为介电常数;$\mu$ 为介质的磁导率;$\sigma$ 为介质的电导率;$\omega$ 为电磁波的频率。

式(10-2-6)表示电磁波沿 $R$ 方向按负指数规律衰减。

从能量的观点看,电磁波衰减是由于电磁波在煤岩体介质中传播时,介质中带电质点在电磁场作用下产生往复振动,质点间的相互碰撞作用使电磁场能量变为

消耗性热能的结果,这种对电磁场能量的吸收造成电磁场强度随传播距离的增加而减小,因此衰减系数又称为吸收系数。

从式(10-2-7)可以看出,衰减系数 $b$ 与介质常数 $\varepsilon$、$\mu$、$\sigma$ 和 $\omega$ 有关。随着介质电阻率的减小,或随着介质导电率的增大,衰减系数增大。这是由于随着介质电阻率的减小,二次感应电流增加产生了更多消耗性热能的缘故。从式中还可以看出,吸收系数或衰减系数与电磁场频率的关系可近似地取直线关系,随着电磁场频率的增高,衰减系数将增大。

电磁辐射在煤岩介质中的传播速度即相速为

$$v_1 = \frac{\widetilde{\omega}}{a} = 1/\sqrt{\frac{\mu}{2}\left[\sqrt{\varepsilon^2 + \left(\frac{\sigma}{\widetilde{\omega}}\right)^2} + \varepsilon\right]} = c/\sqrt{\frac{1}{2}\left[\sqrt{\varepsilon_r^2 + \left(\frac{\sigma}{\widetilde{\omega}\varepsilon_0}\right)^2} + \varepsilon_r\right]}$$

$$(10\text{-}2\text{-}8)$$

式中,$c = 1/\sqrt{\varepsilon_0\mu} = 1/\sqrt{\varepsilon_0\mu_0}$,为光速;$\varepsilon_r$ 为煤岩介质的相对介电常数。

从上式中可以看出,电磁辐射在煤岩体介质中的传播速度与介质的介电常数、导电率(或电阻率)和电磁辐射频率有关。介质的介电常数越大,电磁辐射传播速度越慢;介质的导电率越低(或电阻率越高),传播速度越快;电磁辐射信号的频率越高,电磁辐射传播的速度越大。在真空(或空气)介质中,$\sigma = 0$,$\varepsilon_r = 1$,$v_1 = c$;在理想的绝缘介质中,$\sigma = 0$,$v_1 = c/\sqrt{\varepsilon_r}$;在导电介质中,$\sigma \neq 0$,$v_1 < c/\sqrt{\varepsilon_r}$。所以,在导电介质中电磁波传播速度要比在理想均匀绝缘介质中的要小。

如果定义煤岩体中电磁波的振幅减小 $e$(自然对数的底)倍的距离为有效传播距离 $L$,则有

$$L = \frac{1}{b} = 1/\sqrt{\frac{\mu\widetilde{\omega}^2}{2}\left[\sqrt{\varepsilon^2 + \left(\frac{\sigma}{\widetilde{\omega}}\right)^2} - \varepsilon\right]}$$

$$= 1/\sqrt{\frac{\mu\varepsilon\widetilde{\omega}^2}{2}\left[\sqrt{1 + \left(\frac{\sigma}{\widetilde{\omega}\varepsilon}\right)^2} - 1\right]}$$

$$(10\text{-}2\text{-}9)$$

$L$ 也称为趋肤深度(或穿透深度)。从式(10-2-9)可以看出。煤岩介质的电阻率越高(或电导率越低),则电磁辐射传播的距离越大;电磁辐射的频率越高,传播的距离越短。

介质的绝对介电常数 $\varepsilon = \varepsilon_r \cdot \varepsilon_0$,真空中的介电常数 $\varepsilon_0 = 8.85 \times 10^{-12} \mathrm{F/m}$。大多数造岩矿物的相对介电常数 $\varepsilon_r$ 很小,且变化范围不大,几乎全部非金属矿物的 $\varepsilon_r$ 值都在 4~13 变化。

关于岩石、矿石的相对磁导率,除极少数铁磁性矿物外,基本上等于1。认为是不随频率而变化的定值,即 $\mu = \mu_0 = 4\pi \times 10^{-7} \mathrm{H/m}$。

可见,根据煤岩体材料的电磁常数 $\varepsilon$、$\sigma$(或电阻率 $\rho$)就可确定有效距离 $L$ 与电磁波频率间的关系。对于现场煤岩体来说,当电磁场频率低于 1MHz 时,$\sigma/\omega\varepsilon \gg$

1。如果用频率 $f$ 和电阻率 $\rho$ 来表示,则通过简化可得 $L$、$f$ 和 $\rho$ 的关系为

$$L = \sqrt{\frac{\rho}{\pi \mu f}}, \qquad f = \frac{\rho}{\pi \mu L^2} \qquad (10\text{-}2\text{-}10)$$

煤体的电阻率 $\rho$ 一般在 $102\sim103\Omega \cdot m$ 变化。当选择接收频率上限为 $500\mathrm{kHz}$ 时,则监测范围(或趋肤深度)为 $7.12\sim22.5\mathrm{m}$。

因为实际监测距离远小于电磁辐射的波长,因此属于近区监测。需要特别指出的是,不论近区或远区,都同时有感应场和辐射场存在。但两者比较起来,在近区感应场很强,辐射场可忽略;在远区辐射场较强,感应场可忽略。因而近区主要表现出感应场的性质,远区主要表现出辐射场的性质。实际上,辐射场由近及远随着距离的增加而逐渐衰减,尽管在近区内辐射场比感应场弱,但仍比远区的辐射场大得多,否则就要得出离波源越远辐射场越强的错误结论。

### 10.2.4　电磁辐射能量

煤岩体受载破裂时向外释放电磁波,这也反映了煤岩受载破坏过程中释放能量。通过电磁辐射仪,可以测到煤岩体释放电磁辐射的强弱,并以电压的形式反映出来。

对电磁辐射仪来说,其能量分析是针对其输出信号进行的,瞬态信号的能量可定义为

$$W = \frac{1}{R} \int_0^\infty V^2(t) \mathrm{d}t \qquad (10\text{-}2\text{-}11)$$

式中,$V(t)$ 为随时间变化的电压;$R$ 为电压测量电信号的输入阻抗。采用数学处理方法,则取离散形式

$$W = \frac{\Delta t}{R} \sum_{t=0}^{m} V_i^2 \qquad (10\text{-}2\text{-}12)$$

式中,$V_i$ 为取样点的电压;$\Delta t$ 为取样点的时间间隔;$m$ 为样点数。

# 11 煤岩力电耦合及动力灾害监测预警

## 11.1 煤岩破坏的力电耦合模型

### 11.1.1 煤岩变形破裂电磁辐射的产生机理

在应力和孔隙流体(如瓦斯)的作用下,煤岩要产生变形及破裂,其本质是微裂纹的形成及扩展。在微裂纹的形成及扩展过程中,局部应力卸载,导致弹性应变能的释放,这就是声发射(AE)。在微裂纹的形成及扩展的同时,由于压电效应、摩擦起电效应、带电缺陷(如空位、线性位错、刃形位错等)的非平衡应力扩散、共价键断裂、EDA 键断裂和分子间作用力的消长等原因,微裂隙壁面上产生电荷分离,这是电磁辐射产生的基础和根本原因。

由应力诱导电场偶极子的瞬变、微裂隙边缘壁面上分离电荷随裂隙扩展做变速运动及壁面分离电荷的弛豫等机理产生电磁波,其由近及远的传播就是电磁辐射。由此可见,各断裂辐射形式不是孤立产生的,而是相互联系的。

高应变区主要位于强度不同的颗粒界面处强度较低的单元体内,而煤岩体的破裂主要是沿着颗粒之间的界面进行的,界面之间的作用则是通过电场或电荷来完成的。当相邻颗粒之间发生非均匀形变时,其界面处的电子平衡被打破,产生局部激发,结果是受拉的界面处积累了分离电荷(主要是电子),而受压的界面内积累了相反符号的电荷。从宏观上看,事件表面积累的电荷会形成静电场(库仑场),当变形非常缓慢或均匀情况下,分离电荷会及时消退以适应电平衡的变化,因而对外部辐射电磁波;当相邻颗粒之间发生非均匀快速变速形变时,局部激发会产生电磁辐射。

### 11.1.2 煤岩电磁辐射强度与加载应力的耦合关系

电磁辐射的产生从微观上来说,一方面是应力作用下内部裂纹的扩展和裂纹端部应力集中产生电荷分离,另一方面是由于产生的带电粒子变速运动,所以研究煤岩受载变形破裂过程中产生的电磁辐射及其变化规律必须从以下几个方面入手:①探讨应力大小或应力变化率与裂纹的扩展速度、裂纹数量之间的关系;②研究煤岩内部的损伤变化与裂纹的产生、扩展之间的关系(对于煤岩等脆性材料,即研究断裂力学与损伤力学之间的关系);③研究裂纹的扩展速度和裂纹数量与产生的电磁辐射信号(如强度、脉冲数)之间的关系;④构造应力场与电磁辐射信号(如强度)之间的耦合方程。

　　煤岩变形破裂时的电磁辐射现象与煤岩材料本身内部含有大量裂纹有密切的关系。煤岩材料是由许多晶粒组成的多晶体,其内部含有大量的宏观和微观缺陷。宏观缺陷有裂纹、孔隙、夹渣及各种矿物晶体间的接触面等,也称为 Griffith 缺陷,晶体中的位错等缺陷则称为微观缺陷。这些缺陷的存在导致真正的骨架接触面积大大减小,从而使受载时局部应力非常集中,当受外力作用时,会产生大量新的裂纹,从而产生电磁辐射。

　　根据脆性固体断裂力学理论,对于每一个产生的裂纹,在常力加载条件下煤岩破裂时裂纹扩展的速度为

$$\upsilon = \left(\frac{2\pi E}{k\rho}\right)^{1/2}(1 - c_0/c) \qquad (11\text{-}1\text{-}1)$$

式中,$\upsilon$ 为裂纹扩展的速度,cm/s; $E$ 为煤岩材料的杨氏弹性模量,N/cm²; $\rho$ 为煤岩材料的密度,kg/m³; $c_0$ 为裂纹的初始长度,cm; $c$ 为裂纹扩展时的长度,cm; $k$ 为常数。

　　当 $c$ 趋于无穷大时,可以求出裂纹扩展时的极限速度,即

$$\upsilon_c = \left(\frac{2\pi E}{k\rho}\right)^{1/2} \qquad (11\text{-}1\text{-}2)$$

对式(11-1-1)进行求导,通过式(11-1-2)变换后可以求得裂纹扩展的加速度

$$a = \upsilon_c^2 \frac{c_0}{c^2}\left(1 - \frac{c_0}{c}\right) \qquad (11\text{-}1\text{-}3)$$

而当煤岩变形破裂产生的电荷在变速运动时会在空间激发电磁辐射场,其近场和远场的强度由以下两式决定

$$B_1 = \frac{\mu}{4\pi}\frac{q\upsilon}{r^2}\sin\theta \qquad (11\text{-}1\text{-}4)$$

$$B_2 = \frac{q}{4\pi\varepsilon c^3}\frac{a}{r}\sin\theta \qquad (11\text{-}1\text{-}5)$$

式中,$q$ 为带电粒子的电荷量,C; $\mu$ 为煤岩介质的磁导率,H/m; $\varepsilon$ 为介质的绝对介电常数; $\upsilon$ 为带电粒子的速度; $a$ 为带电粒子的加速度; $r$ 为带电粒子与场点之间的距离; $B_1$、$B_2$ 为运动电荷产生的近场和远场磁场。

　　因此,从式(11-1-4)和式(11-1-5)可以明显地看出,对于煤岩内部微元体来说,电磁辐射产生的强度主要取决于裂纹端部产生的电荷量、裂纹扩展的速度和加速度的大小。而加载应力越大,煤岩变形破裂的速率就越快,裂纹端部电荷的运动速度和加速度也越大,同时产生的裂纹数也越多,因而煤岩向外辐射的电磁辐射强度也就越大,这样在加载应力与煤岩变形破裂过程产生的电磁辐射强度之间就建立起了耦合关系,二者成正相关的关系。

### 11.1.3　煤岩电磁辐射力电耦合模型

通过利用统计损伤力学建立受载煤岩体力电模型，可以得出，电磁辐射可以反映煤岩体的损伤程度。通过对实验结果进行拟合，发现该模型能较好地反映电磁辐射和应力应变的关系。

受载煤岩体电磁辐射是其在形变破裂过程中由于微破裂而向外辐射电磁波的一种现象。显然，微破裂是材料内部微损伤的结果，因此可以确定电磁辐射和煤岩的损伤之间有必然联系，即电磁辐射可以代表煤岩微损伤程度。

在煤岩材料中选取一个代表性体积单元，由于煤岩材料的内部构造不均质，可能存在强度不同的许多薄弱环节，各体元 $V$ 所具有的强度也就不尽相同，考虑到材料在加载过程中的损伤是一个连续过程，故假设：①无损伤煤岩体元的平均弹性模量为 $E$，在体元破坏前，服从胡克定律；②各体元的强度服从统计规律，且服从威布尔（Weibull）分布（徐卫亚等，2002；唐春安，1993）

$$\phi(\varepsilon) = \frac{m}{a}\varepsilon^{m-1}\exp\left(-\frac{\varepsilon^m}{a}\right) \tag{11-1-6}$$

式中，$a,m$ 是常数；$\phi(\varepsilon)$ 是材料在加载过程中体积单元损伤率的一种量度，它从宏观上反映了试样的损伤程度，即劣化。

由于损伤参量 $D$ 是材料损伤程度的量度，而损伤程度与各体元所包含的缺陷的多少有关，这些缺陷直接影响着体元的强度，因此，损伤参量 $D$ 与体元破坏的概率密度 $\phi(\varepsilon)$ 之间存在如下关系

$$\frac{\mathrm{d}D}{\mathrm{d}\varepsilon} = \phi(\varepsilon) \tag{11-1-7}$$

若初始损伤 $D_0 = 0$，当 $m = 1$，$a = \varepsilon_0$ 时，则得到

$$D = 1 - \exp\left(-\frac{\varepsilon}{\varepsilon_0}\right) \tag{11-1-8}$$

上式的物理意义在于，在变形初期，试样内伴随着少量体元的破坏（这些体元的强度较低）；在变形的后期，试样中仍有少量体元没有破坏（这些体元强度较大），并继续经受着变形和破坏；只有在变形的中期（也就是强度值附近），试样内的体元破坏量最大，宏观的破坏在此阶段最明显，因此损伤参量从总体上反映了损伤的积累。

根据损伤力学模型，煤岩材料的本构关系如下

$$\sigma = E\varepsilon(1-D) = E\varepsilon\exp\left(-\frac{\varepsilon}{\varepsilon_0}\right) \tag{11-1-9}$$

由于电磁辐射与材料内部微观破裂和变形直接相关，所以电磁辐射与煤岩材料的损伤参量、本构关系等有关。假设每一个体元的破裂都对电磁辐射有一份贡献，则可以得到结论：煤岩材料的损伤参量与电磁辐射之间存在着正相关关系，所以电磁

辐射反映了材料的损伤程度,与材料内部缺陷的产生及演化直接相关。由于电磁辐射的活动规律是一种统计规律,因此其与材料内部缺陷的统计分布规律一致。

根据实验研究,尤其是电磁辐射与煤岩材料的微观破坏的密切关系,有理由认为,电磁辐射是材料变形破坏的直接结果。因此,可以假设电磁辐射脉冲数 $\Delta N$ 损伤面积 $\Delta S$ 为正比,其比例系数为 $n$,即单位面积体元损伤时产生的电磁辐射脉冲数,则电磁辐射脉冲数 $\Delta N$ 由下式给出

$$\Delta N = n\Delta S \tag{11-1-10}$$

若整个截面面积为 $S_m$ , $S_m$ 全破坏的电磁辐射脉冲数累计为 $N_m$ ,则

$$\Delta N = \frac{N_m}{S_m}\Delta S \tag{11-1-11}$$

由体元的强度分布可知,当试件的应变增加 $\Delta\varepsilon$ 时,产生破坏的截面增量 $\Delta S$ 为

$$\Delta S = S_m\phi(\varepsilon)\Delta\varepsilon \tag{11-1-12}$$

由此得

$$\Delta N = N_m\phi(\varepsilon)\Delta\varepsilon \tag{11-1-13}$$

所以试件受载,应变增至 $\varepsilon$ 时的电磁辐射脉冲数累计为

$$\sum N = N_m\int_0^\varepsilon \phi(x)\mathrm{d}x \tag{11-1-14}$$

当 $\phi(\varepsilon)$ 服从 Weibull 分布时

$$\frac{\sum N}{N_m} = 1 - \exp\left(-\left(\frac{\varepsilon}{\varepsilon_0}\right)^m\right) \tag{11-1-15}$$

根据损伤力学理论和式(11-1-15),可以得出损伤因子与电磁辐射脉冲数累积量的重要关系

$$D = \frac{\sum N}{N_m} \tag{11-1-16}$$

由此可见,煤岩材料的电磁辐射脉冲数累积量与损伤量具有同样的性质,由此可以得出一维情况下电磁辐射脉冲数表示的煤岩材料本构关系,即

$$\sigma = E\varepsilon\left[1 - \frac{\sum N}{N_m}\right] \tag{11-1-17}$$

式(11-1-15)和式(11-1-17)构成煤岩电磁辐射的力电耦合模型(Wang et al.,2011;胡敬朋,2009;王恩元等,2009a;何学秋等,2007,2003;聂百胜等,2007;撒占友等,2006;肖红飞等,2004b,2004c)。

通过对试验数据的处理及电磁辐射频次、幅值等方面的分析,可以得出:在载荷作用下,煤岩体变形破坏过程中,电磁辐射的幅值及脉冲数按时间的累加值、电磁辐射幅值的最大值与时间之间呈三次多项式的关系,而且相关性非常好,而电磁辐射的脉冲数最大值与时间之间呈线性关系,煤岩体破坏前电磁辐射累计脉冲数

$\sum N$ 与应力也呈三次方的关系,并且相关系数在 0.9 以上,如图 11-1-1 所示。

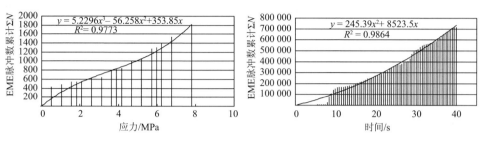

图 11-1-1　某矿原煤电磁辐射脉冲数与应力、时间拟合结果

可得电磁辐射指标与时间、应力的关系为

$$\begin{cases} E_s = at^3 + bt^2 + ct + d \\ \sum N = at^3 + bt^2 + ct + d \\ N_{max} = at + b \\ \sum N = a\sigma^3 + b\sigma^2 + c\sigma + d \end{cases} \tag{11-1-18}$$

式中, $E_s$ 为幅值累加值; $\sum N$ 为脉冲数累加值; $N_{max}$ 为脉冲数最大值; $\sigma$ 为煤岩体应力; $a,b,c,d$ 为系数。

通过分析可得出煤岩应力状态与电磁辐射的一般规律,即煤岩电磁辐射是煤岩体受载变形破裂过程中向外辐射电磁能量的一种现象,与煤岩体的变形破裂过程密切相关。电磁辐射强度主要反映了煤岩体的受载程度及变形破裂强度,脉冲数主要反映了煤岩体变形及微破裂的频次。

## 11.2　煤岩动力灾害的电磁辐射预警准则

利用煤岩电磁辐射进行冲击矿压、煤与瓦斯突出等矿井煤岩动力灾害预报时,电磁辐射预警临界值选取的准确性和可靠性是这一技术得以广泛推广应用的关键,也是现场安全生产管理人员最为关注的问题。由于矿井煤岩动力灾害的复杂性,在不同矿区、不同作业地点的煤岩动力灾害,煤岩电磁辐射所表现出的前兆特征不尽相同,这就使得煤岩电磁辐射预警临界值的确定比较困难。因此,研究合理、可靠的煤岩动力灾害电磁辐射预警临界值的确定准则具有重要的理论和现实意义。

目前,冲击矿压和煤与瓦斯突出电磁辐射预测主要采用强度和脉冲数两项指标。电磁辐射强度主要反映煤岩体的受载程度及变形破裂强度,脉冲数主要反映煤岩体变形及微破裂的频次。预测手段上一般采用临界值和趋势法进行综合评判,即根据某一矿区煤岩电磁辐射测试数据,参考常规预测方法的预测结果,进行统计分析,确定灾害危险性的电磁辐射临界值。当电磁辐射数据超过临界值时,认为有动力灾害危险;当电磁辐射强度或脉冲数具有明显增强趋势时,也表明有动力灾害危险;电磁辐射强度或脉冲数较高,当出现明显由大变小,一段时间后又突然增大,这种情况更加危险,应立即采取措施。这种预测预报方法,在现场煤岩动力灾害预测时得到较好的应用,但缺少一定的理论根据。由于不同灾害的前兆特征不同,对不同地点所采取的预测方法也不尽相同,给预报工作增加了一定的难度。下面具体分析电磁辐射预警临界值及动态趋势系数的确定方法。

### 11. 2. 1　煤岩动力灾害电磁辐射脉冲数预警准则

下面根据煤岩破坏的力电耦合模型和煤岩破坏过程规律推导煤岩动力灾害电磁辐射预警临界值的确定准则。

煤岩体宏观上的变形破坏最终都表现为组成煤岩体的微元变形破坏和位移。对于煤岩微元体,由损伤力学基本假设符合弹性变形关系

$$\varepsilon = \frac{\sigma}{E} \tag{11-2-1}$$

根据力电耦合模型,则

$$\Delta N = N_m \frac{m}{\sigma_0} \left( \frac{\sigma_1 - \frac{\sigma_3}{2}}{\sigma_0} \right)^{m-1} \exp\left[ -\left( \frac{\sigma_1 - \frac{\sigma_3}{2}}{\sigma_0} \right) \right] \Delta\sigma \tag{11-2-2}$$

此处 $\Delta N$ 为 $\Delta\sigma$ 的对应电磁辐射脉冲数。据此可以得到不同应力变化 $\Delta\sigma_1$、$\Delta\sigma_2$ 时的电磁辐射脉冲数分别为

$$\Delta N_1 = N_m \frac{m}{\sigma_0} \left( \frac{\sigma_1 - \frac{\sigma_3}{2}}{\sigma_0} \right)^{m-1} \exp\left[ -\left( \frac{\sigma_1 - \frac{\sigma_3}{2}}{\sigma_0} \right)^m \right] \Delta\sigma_1 \tag{11-2-3}$$

$$\Delta N_2 = N_m \frac{m}{\sigma_0} \left( \frac{\sigma_2 - \frac{\sigma_3}{2}}{\sigma_0} \right)^{m-1} \exp\left[ -\left( \frac{\sigma_2 - \frac{\sigma_3}{2}}{\sigma_0} \right)^m \right] \Delta\sigma_2 \tag{11-2-4}$$

式(11-2-4)除以式(11-2-3)得到

$$\frac{\Delta N_2}{\Delta N_1} = \left( \frac{\sigma_2 - \frac{\sigma_3}{2}}{\sigma_1 - \frac{\sigma_3}{2}} \right)^{m-1} \exp\left[ \left( \frac{\sigma_1 - \frac{\sigma_3}{2}}{\sigma_0} \right)^m - \left( \frac{\sigma_2 - \frac{\sigma_3}{2}}{\sigma_0} \right)^m \right] \frac{\Delta\sigma_2}{\Delta\sigma_1} \tag{11-2-5}$$

为了讨论方便,在此以单轴压缩为例进行计算,因此得到

$$\frac{\Delta N_2}{\Delta N_1} = \left( \frac{\sigma_2}{\sigma_1} \right)^{m-1} \exp\left( \left( \frac{\sigma_1}{\sigma_0} \right)^m - \left( \frac{\sigma_2}{\sigma_0} \right)^m \right) \frac{\Delta\sigma_2}{\Delta\sigma_1} \tag{11-2-6}$$

为了得到电磁辐射脉冲数的临界值准则,式(11-2-7)可变为

$$\frac{\Delta N_2/\Delta \sigma_2}{\Delta N_1/\Delta \sigma_1} = \left(\frac{\sigma_2}{\sigma_1}\right)^{m-1} \exp\left(\left(\frac{\sigma_1}{\sigma_0}\right)^m - \left(\frac{\sigma_2}{\sigma_0}\right)^m\right) \qquad (11\text{-}2\text{-}7)$$

这样，就得到单位应力的电磁辐射脉冲数与应力之间的关系，只要确定出煤岩流变-突变过程不同阶段应变之间的关系，即可得到煤岩流变-突变过程不同阶段电磁辐射脉冲数变化量的关系，从而求得电磁辐射的临界值。

设没有煤岩动力灾害时的应力为 $\sigma_w$，对应的电磁辐射脉冲数为 $\Delta N_w$，达到弱危险和强危险的应力分别为 $\sigma_r$、$\sigma_q$，对应电磁辐射脉冲数分别为 $\Delta N_r$、$\Delta N_q$，所以可以得到

$$K_{N_r} = \frac{\Delta N_r/\Delta \sigma_r}{\Delta N_w/\Delta \sigma_w} = \left(\frac{\sigma_r}{\sigma_w}\right)^{m-1} \exp\left(\left(\frac{\sigma_w}{\sigma_0}\right)^m - \left(\frac{\sigma_r}{\sigma_0}\right)^m\right) \qquad (11\text{-}2\text{-}8)$$

$$K_{Nq} = \frac{\Delta N_q/\Delta \sigma_q}{\Delta N_w/\Delta \sigma_w} = \left(\frac{\sigma_q}{\sigma_w}\right)^{m-1} \exp\left(\left(\frac{\sigma_w}{\sigma_0}\right)^m - \left(\frac{\sigma_q}{\sigma_0}\right)^m\right) \qquad (11\text{-}2\text{-}9)$$

式中，$K_{Nr}$、$K_{Nq}$ 分别为有弱危险和强危险时电磁辐射脉冲数的临界值系数。

这就得到了电磁辐射脉冲数的预警准则（He et al.，2011b；Wang et al.，2011；王恩元等，2009a；何学秋等，2003）。

### 11.2.2　煤岩动力灾害电磁辐射强度预警准则

受载条件下的煤岩体在变形破裂过程会向外辐射各种能量，包括弹性能、热能、声能、电磁能等。煤岩受到的载荷越大，变形越大，所具有的能量越高，向外辐射的电磁辐射能量也就越高。煤岩体在应力为 $\sigma$，应变为 $\varepsilon$ 时所具有的能量为

$$W = \sigma\varepsilon = \frac{\sigma^2}{E} \qquad (11\text{-}2\text{-}10)$$

假设电磁辐射能量与此能量成正比，则电磁辐射能为

$$W_e = a_e W = a_e \frac{\sigma^2}{E} = a\sigma^2 \qquad (11\text{-}2\text{-}11)$$

由电磁理论可以得到电磁辐射能量 $W_e$ 与电磁辐射幅值 $E'$ 存在以下关系

$$W = \int_V w_e \mathrm{d}V = \int_V \frac{1}{2} E' D \mathrm{d}V = \frac{1}{2}\varepsilon' E'^2 V \qquad (11\text{-}2\text{-}12)$$

式中，$w_e$ 为单位体积的电磁辐射能量密度；$E'$ 为电磁辐射幅值（强度）；$D$ 为电位移；$V$ 为煤岩体的体积；$\varepsilon'$ 为煤岩体的介电常数。

煤岩体的介电常数和体积变化不大，所以电磁辐射能量 $W_e$ 与电磁辐射幅值平方 $E'^2$ 成正比关系，即

$$W = bE'^2 \qquad (11\text{-}2\text{-}13)$$

式中，$b$ 为常数。

由式（11-2-11）和式（11-2-13）得到

$$E'^2 = k'\sigma^2 \qquad (11\text{-}2\text{-}14)$$

式中，$k'$ 为常数。因此

$$E' = k\sigma \tag{11-2-15}$$

式中，$k$ 为常数。所以电磁辐射强度与应力成正比关系。

设没有煤岩动力灾害时的电磁辐射强度为 $E_w$，达到弱危险和强危险的电磁辐射强度分别为 $E_r$、$E_q$，所以可以得到

$$K_{E_r} = \frac{E_r}{E_w} = \frac{\sigma_r}{\sigma_w}, \quad K_{Eq} = \frac{E_q}{E_w} = \frac{\sigma_q}{\sigma_w} \tag{11-2-16}$$

式中，$K_{Er}$、$K_{Eq}$ 分别为有弱危险和强危险时的电磁辐射强度预警临界值系数。

这就得到了电磁辐射强度的预警准则（He et al. ,2011b；Wang et al. ,2011；王恩元等，2009a；何学秋等，2003）。

### 11.2.3　电磁辐射预警临界值的确定

由上述分析可知，煤岩变形破裂过程产生的电磁辐射脉冲数和强度从理论上可以与应力建立联系。只要确定了煤岩变形破裂过程达到弱危险、强危险对应的应力值，就能够得到电磁辐射预测的临界值系数，这也是电磁辐射进行动态预测时所要采用的动态变化趋势系数。

根据上述确定的预测准则，结合大量的实验室和现场试验，可以确定煤与瓦斯突出电磁辐射脉冲数和电磁辐射强度预警临界值系数分别为

$$K_{N_r} = 1.5, K_{N_q} = 1.8; K_{E_r} = 1.3, K_{E_q} = 1.7 \tag{11-2-17}$$

冲击矿压的预警临界值系数为

$$K_{N_r} = 1.7, K_{N_q} = 2.3; K_{E_r} = 1.3, K_{E_q} = 1.7 \tag{11-2-18}$$

这样就得出了电磁辐射动态预测煤岩动力灾害的临界值系数（He et al. ,2011b；Wang et al. ,2011；何学秋等，2003；王恩元等，2009a）。根据预警临界值系数可以得出煤岩动力灾害电磁辐射预警的临界值和动态趋势的变化率，并根据具体矿区的煤岩层和采掘条件等因素，对临界值系数进行修正。

### 11.2.4　煤岩动力灾害电磁辐射预警技术

电磁辐射对煤岩动力灾害进行预测时，可以采用静态临界值方法和动态趋势方法相结合的方法进行预警。实际对某一矿区或某一采掘工作面进行监测预警时，首先测试巷道后方稳定区域的电磁辐射脉冲数和强度，并将此数值作为基准值 $N_w$、$E_w$，然后根据式（11-2-16）或式（11-2-17）确定电磁辐射静态预警的临界值和动态趋势预警方法的变化系数。表 11-2-1（He et al. ,2011b；Wang et al. ,2011；王恩元等，2009a；何学秋等，2003）为由此得到的煤与瓦斯突出和冲击矿压危险预测时，静态预警方法和动态趋势预警方法的判断方法。图 11-2-1 是根据预警方法绘制的三级预警三维图。表 11-2-1 中，动态趋势方法中 $KE$ 表示电磁辐射强度的动态变化系数，

$KN$表示电磁辐射脉冲数的动态变化系数,此变化系数在现场使用时,可以利用现场实际测试得到的电磁辐射数值与前面测试得到的数值的比率来计算。为了真实反映工作面前方煤岩破坏电磁辐射的统计规律,防止由于监测数据少而发生误报,应针对不同矿区的实际情况,确定出合理的监测数据域来进行预警。

**表 11-2-1　煤岩动力灾害危险电磁辐射预警方法及防治对策**

| | 煤与瓦斯突出 | | | 冲击矿压 | | |
|---|---|---|---|---|---|---|
| | 无危险 | 弱危险 | 强危险 | 强危险 | 无危险 | 弱危险 |
| 静态临界值方法 | $E<1.3E_W$ 且 $N<1.5N_W$ | $E\geq1.3E_W$ 或 $N\geq1.5N_W$ | $E\geq1.7E_W$ 或 $N\geq1.8N_W$ | $E<1.3E_W$ 且 $N<1.7N_W$ | $E\geq1.3E_W$ 或 $N\geq1.7N_W$ | $E\geq1.7E_W$ 或 $N\geq2.3N_W$ |
| 动态趋势方法 | $K_E<1.3$ 且 $KN<1.5$ | $K_E\geq1.3$ 或 $KN\geq1.5$ | $K_E\geq1.7$ 或 $KN\geq1.8$ | $K_E<1.3$ 且 $KN<1.7$ | $K_E\geq1.3$ 或 $KN\geq1.7$ | $K_E\geq1.7$ 或 $KN\geq2.3$ |
| 措施 | 不需要采取措施 | 需要采取措施 | 撤人或立即采取措施 | 不需要采取措施 | 需要采取措施 | 撤人或立即采取措施 |

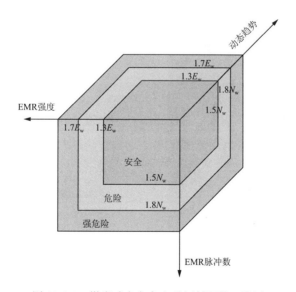

图 11-2-1　煤岩动力灾害电磁辐射预警三维图

# 11.3　冲击矿压灾害的电磁辐射预警技术

## 11.3.1　电磁辐射监测仪器

现场应用的电磁辐射监测仪有两种,一种是便携式的 KBD5 矿用本安型煤与瓦斯突出(冲击矿压)电磁辐射监测仪,另一种是 KBD7 在线式电磁辐射监测仪,如图 11-3-1 和图 11-3-2 所示。另外,随着煤岩动力灾害监测技术的发展,目前已经开发出一种能将多种信号进行综合监测的声电监测仪,如 GDD12 在线式声电监测仪,该仪器可同时监测电磁辐射信号、超低频电磁感应信号、声发射信号,如图 11-3-3 所示。

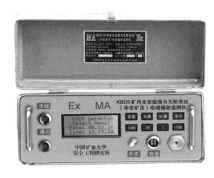

图 11-3-1　KBD5 矿用本安型煤与瓦斯突出(冲击矿压)电磁辐射监测仪

图 11-3-2　KBD7 在线式电磁辐射监测仪

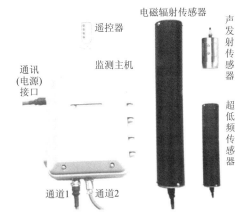

图 11-3-3　YDD16 监测仪实物图

### 11.3.1.1　KBD5 便携式电磁辐射监测仪

全套仪器包括:接收机(监测仪、下位机),高灵敏度宽频带定向接收天线,可伸缩可旋转天线支架,充电器,数据转换接口装置及数据处理软件。

主要功能:实现了非接触、定向、区域及连续预测;信号的采集、转换、处理、存储和报警由监测仪自动完成;监测仪具有人机对话、远程 PC 机(上位机)控制(或本地键盘控制)、定向接收、数据处理、数据存储、数据查询和报警等功能(中国矿业大学,1999)。

主要技术参数：

频率带宽：宽频带。

测试方式：非接触式定向测试。

在固定地点连续测试/按给定组数（或时间）或便携式多点测试。

控制方式：远程控制（小于10km）/键盘控制。

有效预测距离：7～22m。

报警方式：手动设置预警临界值，超限自动报警。

工作电压：(12±0.5)V。

电源：内置可充电电源，可工作8小时，电压不足（低于11V）时接收机会自动报警提示，也可使用外部电源。

工作电流：不大于500mA。

防爆型式：ExibI，矿用本安型。

数据保留时间：断电保持，直至复位格式化。

键盘：防尘防水触摸式。

测点的布置：

掘进工作面：布置在巷道迎头左前方、正前方和右前方。

回采工作面：布置在工作面和回采巷道煤帮，间距10～20m。

仪器使用：

监测天线开口向被测区域。

天线距煤壁0.6～1m。

因为采场周围的应力分布是不均匀的，有的地点应力集中程度小一些，而有些地点应力集中程度高一些。观测点的布置原则是既要监测工作面的区域又要监测两巷，而应力集中程度高的区域则是重点防治区域，对于重点区域，要多布置一些测点，故测线间距可定为10m，如图11-3-4所示，这样可覆盖全部危险区域。

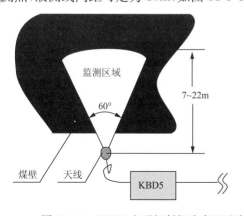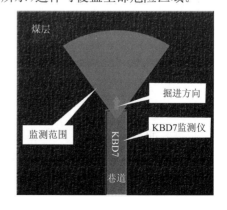

图11-3-4　KBD5电磁辐射探头布置示意图及掘进工作面KBD7监测布置方式

11.3.1.2　KBD7 在线式电磁辐射监测仪

KBD7 在线式电磁辐射监测仪主要功能:实现了非接触、定向、区域及连续预测,可与 KJ 系列煤矿安全监测系统进行挂接,实施不间断、连续监测预报;充分利用煤矿现有的信息传输资源,可自动完成信号的采集、转换、处理、报警和传送;具有人机对话、远程传送、本地遥控设置、定向接收、数据处理、报警、动态监测等功能,适用于对某一重点区域的煤岩动力灾害连续监测及预警。

主要技术参数:

频率带宽:宽频带。

测试方式:非接触式、定向、实时测试。

控制方式:无线遥控器控制。

有效预测距离:7~22m,最大 50m。

工作电压:12~21VDC。

电源:共用 KJ 监测系统分站电源。

键盘:防尘、防水、触摸式。

接收机外形尺寸:115mm×115mm×280mm。

天线外形尺寸:$\phi$70×300mm。

输出信号:1~5mA,4~20mA,200~1000Hz。

测点的布置:

KBD7 在线式电磁辐射监测仪可与 KJ 系列煤矿安全监测系统进行挂接,实施不间断、连续监测预报,充分利用煤矿现有的信息传输资源。利用 KBD7 在线式电磁辐射监测仪在危险区域进行实时监测,在掘进工作面的布置方式如图 11-3-4 所示。

## 11.3.2　电磁辐射监测的现场应用

采用 KBD5 便携式电磁辐射仪,监测分析了三河尖煤矿具有冲击矿压危险的 7204 工作面、9112 工作面和华丰煤矿的 2408 工作面的电磁辐射信号情况(窦林名等,2002a)。

11.3.2.1　正常开采的电磁辐射

在没有冲击危险、工作面和巷道处于正常情况下的观测结果如图 11-3-5、图 11-3-6 所示。从图中可以看出,正常情况下,电磁辐射的幅值都比较低,脉冲数也较少,变化小。

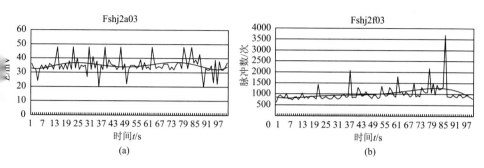

图 11-3-5　9112 工作面风巷观测结果之一

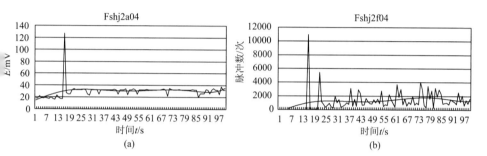

图 11-3-6　9112 工作面风巷观测结果之二

#### 11.3.2.2　实体煤内的电磁辐射

工作面前方煤体内不同位置处,测定的电磁辐射是不同的,由钻孔口向煤体深部,首先是电磁辐射越来越大,出现最大值后,又逐渐降低,整体上呈现一个与应力变化相类似的曲线形式(图 11-3-7)。

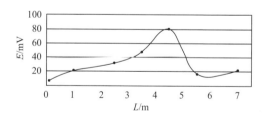

图 11-3-7　煤体内的电磁辐射变化规律

#### 11.3.2.3　工作面及周围巷道区域电磁辐射分布

在工作面不同区域,观测到的电磁辐射值是不同的,应力和冲击矿压危险性高的区域,电磁辐射值较高。图 11-3-8 是华丰煤矿 2408 工作面观测的电磁辐射值

（图中，上面一条曲线为最大值，下面一条曲线为平均值），实际表现为下平巷的冲击矿压危险性比上平巷的高。

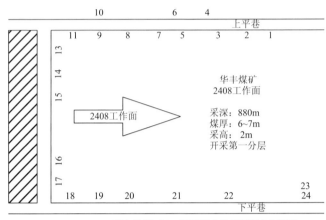

(a) 华丰煤矿2408工作面及电磁辐射测点布置图

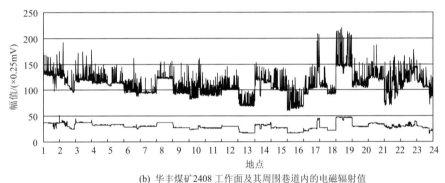

(b) 华丰煤矿2408工作面及其周围巷道内的电磁辐射值

图 11-3-8

#### 11.3.2.4　应力升高区的电磁辐射

在工作面前方煤壁内的应力升高区，测定的电磁辐射值强度高，脉冲数变化大，说明煤层内的应力高，而且煤层处于不断变形和破坏之中。图 11-3-9 为 9112 工作面在距材料道 15m 处工作面煤壁内测定的电磁辐射强度和脉冲数在 2min 内的变化规律。从图中可以看出，煤层中的应力处于不断变化之中。

#### 11.3.2.5　支承应力区的电磁辐射

在工作面前方支承应力高峰区，测定的电磁辐射值强度高，脉冲数变化大，同样说明了煤层内的应力高，而且煤层处于不断变形和破坏之中。图 11-3-10 为 9112 工作面前方 30m 处材料道内测定电磁辐射的结果。

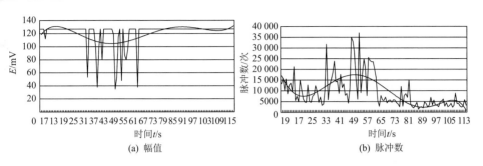

图 11-3-9　距材料道 15m 处工作面煤壁内的电磁辐射值

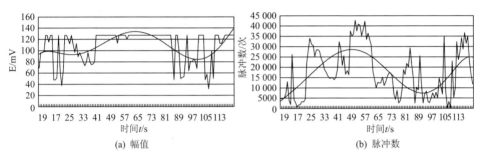

图 11-3-10　工作面前方 30m 处材料道内测定的电磁辐射值

#### 11.3.2.6　顶板运动规律与电磁辐射

电磁辐射的变化规律与顶板的运动规律相吻合。如在采面推进 42m、52m 和 62m 时,工作面周期来压。在来压期间,电磁辐射值同样增高,呈现与周期来压一致的周期性变化。图 11-3-11 为工作面在推进过程中,距采面 50～60m 风巷范围内电磁辐射幅值的变化规律。这与工作面周期来压规律是一致的。另外,巷道中在老顶断裂位置观测到的电磁辐射值也较高,如图 11-3-12 所示。

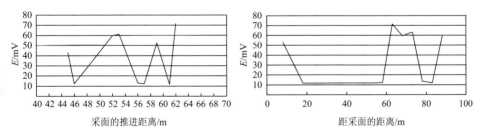

图 11-3-11　距采面 50～60m 风巷内电磁辐射　　图 11-3-12　巷道中老顶断裂处电磁辐射

#### 11.3.2.7　顶板断裂破坏的电磁辐射

工作面煤层顶板的断裂破坏,观测到电磁辐射幅值的剧烈变化,反映了顶板内聚集的弹性能的释放过程。图 11-3-13 为 7204 工作面在推进 57m、顶板断裂破坏至中部时观测的电磁辐射变化；图 11-3-14 为 7204 工作面顶板断裂破坏至中上部时观测的电磁辐射变化；而图 11-3-15 则为工作面中下部顶板垮落后 2 小时的电磁辐射变化规律，测到的电磁辐射值非常低，反映了工作面中下部顶板已经断裂，顶板内的弹性能已大量释放。

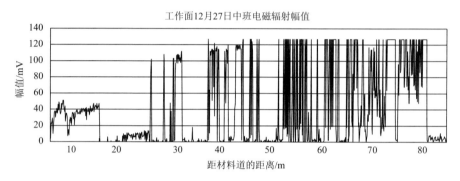

图 11-3-13　工作面中部顶板断裂破坏

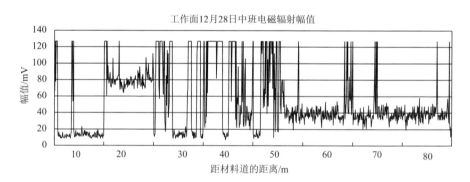

图 11-3-14　顶板断裂到中上部

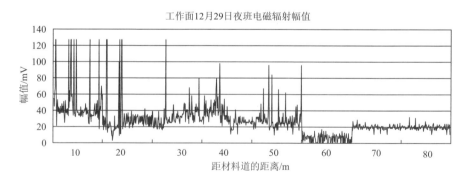

图 11-3-15　工作面中下部顶板垮落后 2 小时的电磁辐射

#### 11.3.2.8 冲击危险区域的电磁辐射

在冲击危险性和应力高的区域观测到的电磁辐射值也高,在冲击矿压危险性高的区域,电磁辐射的幅值变化不大,但整体水平高。例如,11 月 19 日中班,7204 工作面自材料道向下 60m 范围内的电磁辐射幅值较高,表明两材料道间的煤柱应力及冲击矿压危险性高。

在工作面没有进行采煤放炮、顶板没有垮落的区段,电磁辐射值非常高,而且其幅值变化较大。在进行了采煤放炮、顶板也已垮落的区域,电磁辐射幅值很低,两者相差近 4 倍,说明放炮和顶板垮落对煤体的应力起到了释放作用。图 11-3-16 为 7204 工作面各观测点的电磁辐射值,高峰处为工作面未进行放炮落煤的区域。

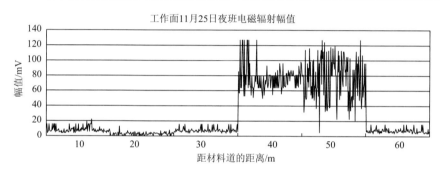

图 11-3-16　7204 工作面 11 月 25 日夜班各观测点的电磁辐射值

#### 11.3.2.9 矿震与电磁辐射

7204 工作面为高冲击矿压危险工作面,生产过程中矿震发生非常频繁。在采用电磁辐射法观测过程中,记录了大量矿震导致的电磁辐射变化峰值。如在监测过程中,出现一到几个突然增高的幅值,而其余的幅值变化比较平缓,周围又没有其他电气设备影响,则说明周围围岩内有矿震发生,引起了煤体内的应力产生瞬时增量。图 11-3-17 为电磁辐射仪观测、记录的矿震发生时的工作面煤层内的电磁辐射变化规律。

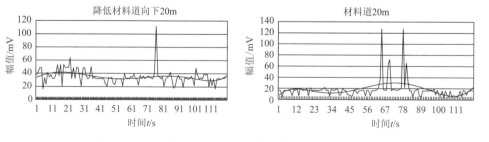

图 11-3-17　11 月 11 日中班测到的工作面上下部两次板炮

### 11.3.2.10　卸压爆破前后的电磁辐射

在工作面有冲击矿压危险区域内进行煤体爆破后,煤体内应力得到释放,故电磁辐射值应有明显的变化,因此可用电磁辐射方法检测煤体爆破的卸压效果。图11-3-19 和图 11-3-20 为卸压爆破前后电磁辐射的变化情况,图 11-3-18 则为同一地点卸压爆破前后钻屑量的变化趋势。通过对比爆破前后电磁辐射和钻屑量的变化规律,可知两者的观测结果具有一致性。

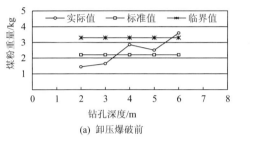
(a) 卸压爆破前

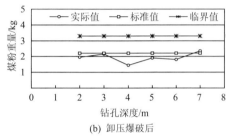
(b) 卸压爆破后

图 11-3-18　卸压爆破前后钻屑量的变化规律

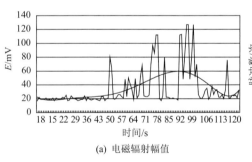
(a) 电磁辐射幅值

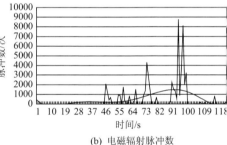
(b) 电磁辐射脉冲数

图 11-3-19　卸压爆破前电磁辐射值的变化规律

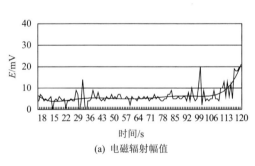
(a) 电磁辐射幅值

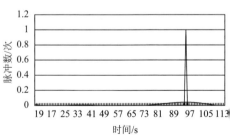
(b) 电磁辐射脉冲数

图 11-3-20　卸压爆破后电磁辐射值的变化规律

　　图11-3-21为7204工作面上部随工作面推进时的电磁辐射值变化规律。从图中可以明显地看出,大部分冲击危险区域在卸压爆破后,电磁辐射值有了明显的下降,特别是11月18日电磁辐射值下降幅度非常大。

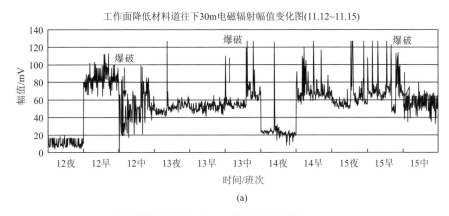

(a)

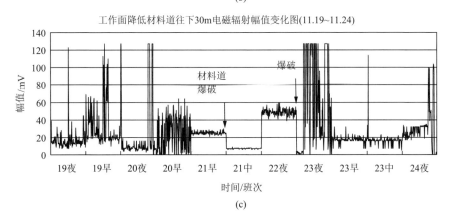

(b)

(c)

图11-3-21　推进过程中工作面中上部电磁辐射值变化规律

### 11.3.2.11　冲击矿压与电磁辐射

测试表明,在冲击矿压发生前,电磁辐射的幅值有较大幅度的增长。例如,在9112工作面上头距风巷120m处,在测量过后不到半分钟,曾发生过一次小型冲击,在发生冲击以前,电磁辐射仪测到了脉冲数和幅值的连续增长,反映了煤岩破坏发展、冲击发生的过程,如图11-3-22所示。

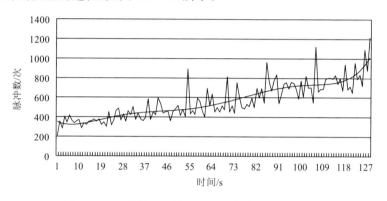

图11-3-22　煤炮发生前电磁辐射脉冲数的变化趋势

在7204工作面开采期间,通过放炮多次诱发了冲击矿压,同时也自然发生了两次较大规模的冲击矿压,其冲击地点和范围为材料道从工作面向外13m开始的13m长,工作面从材料道往下11m开始的22m长的煤壁。从诱发和发生的冲击矿压前后电磁辐射变化情况看,存在以下规律,即冲击矿压发生前的一段时间,电磁辐射值较高,之后有一段时间相对较低,但这段时间内,其电磁辐射值均达到、接近或超过临界值,之后发生冲击矿压。这说明了能量的聚集与释放的过程。图11-3-23和图11-3-24为冲击矿压发生前后工作面煤壁和降低材料道处的电磁辐射强度的变化规律,其中图11-3-23(b)和图11-3-24(b)表示电磁辐射能量的变化规律。

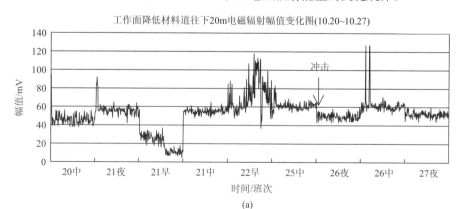

(a)

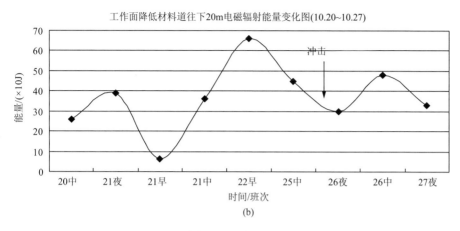

图 11-3-23 冲击前后工作面电磁辐射的变化

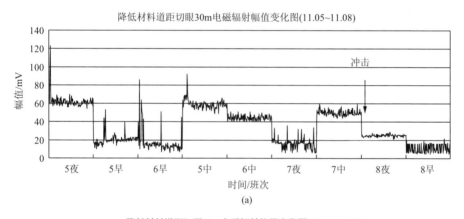

图 11-3-24 冲击前后巷道电磁辐射的变化

图 11-3-25 为 7204 工作面 12 月 16 日诱发冲击矿压前后电磁辐射的变化规

律,同样可以看出,冲击矿压发生前的一段时间,电磁辐射连续增长或先增长,然后下降,之后又呈增长趋势。

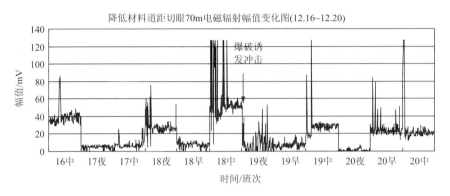

图 11-3-25　诱发冲击矿压前后电磁辐射变化规律

图 11-3-26 为 7204 工作面于 10 月 26 日、11 月 7 日冲击矿压发生前记录的电磁辐射信息变化规律。

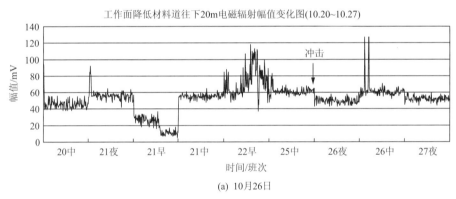

(a) 10月26日

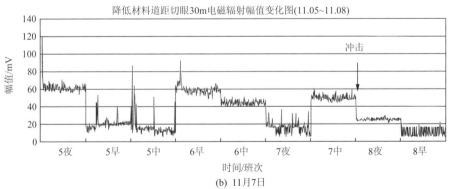

(b) 11月7日

图 11-3-26　冲击矿压前后工作面电磁辐射前兆信息的变化规律

从上述冲击矿压危险工作面的电磁辐射观测结果的分析来看,冲击矿压的发生与电磁辐射信号变化存在如下规律:

(a) 电磁辐射与煤岩体所受应力之间存在规律性关系,即煤岩体所受的应力越高,电磁辐射的强度就越大,特别是在工作面及巷道的支承应力影响区,电磁辐射的幅值明显高于非支承应力影响区。

(b) 电磁辐射可反映煤岩体的破坏程度。在煤岩体破坏剧烈的区域,即微裂隙形成和发展速率大的地方,不仅电磁辐射的脉冲数非常高,而且变化非常大。

(c) 电磁辐射信号能敏感反映出煤岩体的冲击破坏。在煤岩体发生冲击破坏前,电磁辐射的幅值突然升高,脉冲数也非常高,变化非常大。

(d) 电磁辐射可监测矿震的发生。发生矿震时,电磁辐射的幅值和脉冲数突然出现一到几个高峰值。

(e) 电磁辐射可反映工作面的来压规律。顶板断裂和老顶来压的信息通过煤体应力的变化反映到电磁辐射信号。在电磁辐射所测时间段内,若顶板处于断裂发展状态,则其幅值变化很大,由低到高呈强烈的振荡状态,在巷道中的顶板来压、断裂的区域,电磁辐射值明显高于其他区域。

(f) 电磁辐射可预测预报冲击矿压。从诱发和发生的冲击矿压前后电磁辐射变化情况来看,存在这样的规律,冲击矿压发生前的一段时间,电磁辐射连续增长或先增长,然后下降,之后又呈增长趋势,即冲击矿压发生前的一段时间,电磁辐射值较高,之后有一段时间相对较低,但这段时间内,电磁辐射值均达到、接近或超过临界值,之后发生冲击矿压。

(g) 电磁辐射可检验卸压爆破的效果。即在卸压爆破前电磁辐射幅值较高,卸压爆破后,电磁辐射值有明显下降,说明煤体应力降低,能量得到了释放;如果卸压爆破后电磁辐射值没有明显的变化,甚至有所上升,则说明煤岩体中的弹性能没有得到有效释放,爆破扰动反而促使煤体应力更加集中,这样的爆破可能诱发冲击矿压。

通过对大量监测的电磁辐射信息资料分析可以发现,如果电磁辐射值呈现剧烈变化,冲击矿压发生的频率则相对较高。

从以上现场测试与实际发生的冲击矿压结果可知,采用电磁辐射法评价及预测预报冲击矿压的危险性是可行有效的,根据电磁辐射监测分析结果可以确定冲击矿压可能发生的区域和地点,为及时采取相应的冲击矿压防治措施提供了依据。

图 11-3-27 为卸压爆破前后的电磁辐射信息变化规律,可以明显地看出绝大部分冲击危险区域在卸压爆破后,电磁辐射值有了明显的下降。图 11-3-28 反映了工作面进行卸压爆破过程中电磁辐射强度信息的变化情况,这几次爆破均相应地诱发了冲击矿压。

7204 工作面从 1999 年 10 月份开始回采以来,采面及巷道共发生冲击矿压现象 38 次,其中 34 次为卸压爆破诱发,4 次虽进行了卸压爆破,但由于爆破力度不

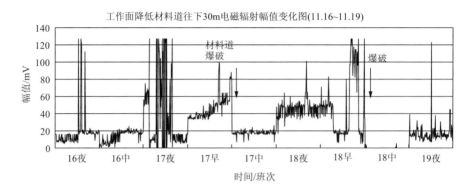

图 11-3-27　卸压爆破前后电磁辐射信息的变化规律

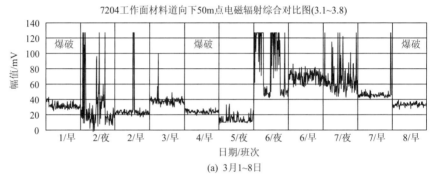

(a) 3月1~8日

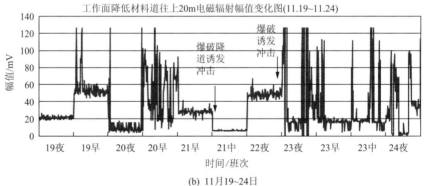

(b) 11月19~24日

图 11-3-28　卸压爆破诱发冲击矿压前后电磁辐射信息的变化规律

够,在落煤时诱发了冲击矿压现象。对于卸压爆破诱发冲击矿压和 4 次落煤诱发冲击矿压,在此之前均采用电磁辐射进行了预测预报。从电磁辐射预测的结果看,预测冲击矿压不发生的准确率达 100%,如果以发生的冲击矿压现象为标准,则预测冲击矿压发生的准确率达 80%以上。

# 12 煤岩变形破裂的红外温度场

## 12.1 热红外遥感的物理基础

自 19 世纪麦克斯韦尔证明光是一种电磁波以来,人类对不同波长范围内的各类电磁波的性质及其应用进行了卓有成效的研究,并建立了从 $\gamma$ 射线到极远红外线的连续波谱图,如图 12-1-1 所示。其中具有热效应的红外波长范围为:$0.75 \sim 1000\mu m$。从理论上讲,自然界中一切高于绝对温度 0K($-273℃$)的物体都向外辐射不同波段范围的电磁波(包括红外线),这种辐射是物体内电子振荡辐射电磁能的结果。根据斯蒂芬-玻尔兹曼定律,辐射强度与物体的辐射率及分子运动的绝对温度的四次方成正比,即

$$F = \int_0^\infty E(\lambda)\mathrm{d}\lambda = \varepsilon\delta T^4 \tag{12-1-1}$$

式中,$F$ 为单位面积上辐射到半球空间里的总能量,即辐射通量密度,$W/cm^2$;$\lambda$ 为辐射波波长,$\mu m$;$E(\lambda)$ 为光谱辐射度,$W/(cm^2 \cdot \mu m)$;$\varepsilon$ 为辐射系数,指灰体与黑体(理想辐射源,$\varepsilon=1$)辐射能量之比,$0<\varepsilon<1$,岩石一般为 0.7～0.95;$\delta$ 为斯蒂芬-玻尔兹曼常量,$5.6697\times10^{-12}W/(cm^2 \cdot K^{-4})$;$T$ 为物体的绝对温度,K。

由斯蒂芬-玻尔兹曼定律可以看出,相当小的温度变化都会引起辐射通量密度的很大变化。例如:一块辐射系数为 0.9 的岩石,当处于室温状态(300K 即 27℃)时,其所有波段辐射值总和大约是 413.3 $W/m^2$;若其温度升高 1K,则辐射值增加约 5.6 $W/m^2$。

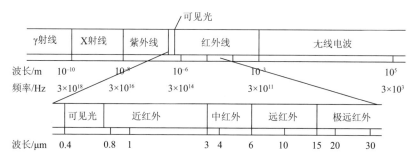

图 12-1-1　电磁波谱图

维恩位移定律进一步指出,对于同一物体,不同波段上的辐射通量密度是不一

样的,辐射通量密度-波长曲线是单峰形态;随温度升高,该辐射通量密度的峰值波长 $\lambda_{max}$ 向短波方向移动,如图 12-1-2 所示。用公式描述为

$$\lambda_{max} = \alpha / T \tag{12-1-2}$$

式中,$\alpha$ 为常数,$\alpha = 2897.8/\mu m \cdot K$。

式(12-1-1)和式(12-1-2)是红外辐射的基本定律,岩石毫无例外地遵守。

热红外辐射温度就是一定面域内物体辐射强度的平均值;热红外图像则是物体表面辐射能量场变化的一种视频显示。在灰度分割图像中,通常浅色调代表强辐射体,说明它的表面温度较高或辐射率较高;暗色调则代表弱辐射体,说明它的表面温度较低或辐射率较低。

随着遥感技术的发展,热红外遥感已成为遥感技术中一种新的方法。自 20 世纪 70 年代末、80 年代初以来,它已广泛应用于地质、地热、海洋、水利、电力、城市环境调查及自然灾害监测等方面,并显示出其独特的优越性。

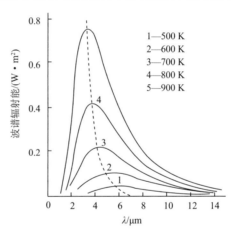

图 12-1-2　辐射强度与波长、温度的关系

对于地质体,其辐射率和表面温度的变化多是岩性差异的表现。地质体的辐射率主要取决于它的表面状态和物理性质(如岩石的粒度、密度、粗糙度、孔隙度、含水性和颜色等),一般表面粗糙、颜色较深的地质体具有较高的辐射率;表面光滑、颜色较浅的地质体具有较低的辐射率。地质体的表面温度主要取决于其自身的热学性质,如热传导率、热扩散率、热容量、热惯量等。对于组成岩体的岩石来讲,它们的温度变化主要取决于热惯量,大多数岩石的热惯量随岩石的密度增加而呈线性增加。

被测物体的辐射能量必须通过大气才能到达测温仪器。大气是一种非均匀的气体、液体和固体颗粒的三相混合物,由于电磁波穿过介质时必然受介质透射、反射及吸收 3 种作用,以及不同成分的物质分子对不同波段的电磁波具有不同的吸收作用,甚至一种气体有多个吸收波段(吸收峰),因此当辐射电磁波穿过大气时,

某些波长范围内的能量就会被吸收。

研究表明,大气中吸收红外线最强的气体主要有 $H_2O$、$CO_2$、$O_3$,其次是 $CH_4$、$NO$、$C_2H_4$、$CO$、$H_2S$、$SO_2$、$SO$ 等;大气中悬浮的微粒(如尘埃、雾、云、雪和雨水中的水滴与冰晶)会使红外线发生散射,尤其雾和云是很强的散射物质,雨则吸收红外辐射。因此,可探测到的红外线光谱不会是连续的。一般在 $0.75\sim15\mu m$ 的波段内有 6 个大气窗口可以透射红外线,如图 12-1-3 所示,这 6 个窗口所对应的红外线被大气吸收和散射均较少,因而是可选择的工作波段。

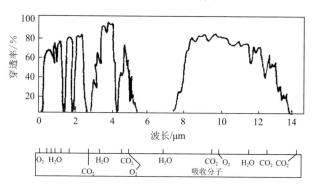

图 12-1-3 红外线大气吸收窗口

## 12.2 遥感岩石力学

热红外线图像在地质调查中主要用于区分岩性、研究地质构造、寻找某些矿产资源等。热红外图像在自然灾害调查中的应用包括:地下煤层、煤堆或矸石自燃、现代活火山活动,洪泛,冰冻,水库、堤坝与水渠渗漏及植物病虫害等。长期以来,遥感在地震研究中的应用主要是间接的地震地质背景的宏观定性分析,而在每一次特定的地震预报中,尚未能发挥作用。

近年来,强祖基等(2010;2009;2008;2006;2005;2000;1999;1998;1997a,b;1992a,b;1991a,b,c;1990)发现,许多强震震前及震后若干天内地表增温异常迹象在NOVA 等气象卫星的热红外图像上能够很好地显示出来(如1990 年 2 月 9 日江苏常熟发生的 5.1 级地震,1990 年 6 月 14 日中苏边境斋桑泊 7.3 级地震,1991 年 3 月 26日山西大同地区 5.8 级地震等)。地震的内在动力是地壳地应力场的变化。由于地应力的变化激发出了包括具有明显热效应在内的各类电磁辐射,于是人们很自然地联想到人类历史上记录到的多次"地震闪光"与"地震地火"现象,并思考:地震前地壳岩心受力是否会出现某种热红外前兆信息并被遥感仪器探测到?

带着这种疑问,耿乃光等(1997,1995,1994,1993,1992)对北京地区的 25 种岩石(包括沉积岩和火成岩)和 1 种济南辉长岩进行了单轴压缩和双轴压缩摩擦条件下加载至破坏过程的热红外辐射特性的探索性测试,同时还进行了钢板拉断实验的热红外图像测试,证实了试块热红外线辐射能量随所受应力变化而变化的现象和试块破断前兆信息的存在。耿乃光等(1995,1993,1992)进而开创性地提出了"遥感岩石力学"(或遥感岩石物理学)这样一个崭新的学科和术语,以期在地震预报、岩爆预报和岩体应力场量测领域中得到进一步的研究和应用。

1996 年以来,吴立新等(2006;2004a,b,c,d,e;1998;1997)进行了煤岩受力过程的热红外辐射探测实验探索研究,发现一些重要现象。

矿山实践表明,具有一定规模构造应力场或瓦斯突出现象的矿井也往往会造成矿井局部温度异常。例如,1986 年山东陶庄矿井下频繁发生应力集中和冲击矿压时,环境温度场高达 34℃;1970 年大同二矿 980 大巷靠近倒转褶皱的工作面常出现不明原因的高温;北票矿务局瓦斯突出时井温高达 38℃;四川省、贵州省的一些矿务局瓦斯突出时井温明显上升;在有些煤与瓦斯突出实例中,能见到突出煤的温度升高,如英国西恩海德赖-彭特赖马任尔矿井的一次突出,突出的煤温高达 60℃;而多数情况下,发生瓦斯突出时的无声预兆是煤壁温度或环境气温降低,如1951 年 12 月 22 日四川天府磨心坡矿发生煤和瓦斯突出前,工人感觉到工作面发冷,从煤面的裂缝内有冷气喷出,并有嘶嘶呼呼的响声。

煤柱承载直到屈服破坏是一个动力过程;煤爆、煤岩与瓦斯突出也是一个动力过程;煤层顶板运动破坏也是一个动力过程。它们在地应力和采动应力的共同作用下,产生移动变形,并会引起成岩物质内部结构的调整和某些物理化学变化,其中必然包括能量的转化和电子跃迁,如一部分机械能转化为热能,或一部分固有热能转化为机械能,并以电磁辐射的形式表现出来。

那么,作为电磁辐射之一的热红外辐射温度的特征变化必然反映上述物理化学过程,并提供一些前兆信息。若这些特征变化和前兆信息能被监测到,则有可能发展一种崭新的矿柱稳态监测和矿山岩爆、冲击矿压、煤与瓦斯突出的热红外遥感监测与预测预报技术,其中最有生命力的将是能反应场信息的热红外成像技术。

鉴于上述情况,选择了河北峰峰矿务局二矿大煤及其顶板砂岩和万年矿大煤进行单轴加载及单轴循环加载条件下的热红外辐射特征的实验研究。为与其他动力响应现象进行对比分析,同步进行了声发射、电阻率变化的监测与对比研究。

## 12.3　煤岩受压的红外热像特征

选取峰峰二矿肥煤、万年无烟煤和二矿大煤顶板砂岩制作煤岩试块,进行试块压缩过程的红外热像试验。试验结果表明,所有试块的红外热像特征可以分为三类:单调升温,低温前兆;缓慢升温,快速高温前兆;先降后升,低温前兆。

### 12.3.1　单调升温、低温前兆型

以试块 $E6$ 为例,其特点是:

(1) 当试块的应力平均达到其强度极限的 81.5%(10.9MPa)时,试块由单调升温(见图 12-3-1(a)、(b))开始转为降温,(见图 12-3-1(c));

(2) 当应力值平均达到其强度极限的 94.5%(12.3MPa)时,降温最为明显,(见图 12-3-1 (d));

(3) 当试块屈服破坏时(见图 12-3-1(e)、(f)),可见试块内部整体低于表面辐射温度 0.5~1℃,而局部位置由应力集中或摩擦效应引起局部辐射高温区,相当于全场平均辐射温度高出 1~2℃。

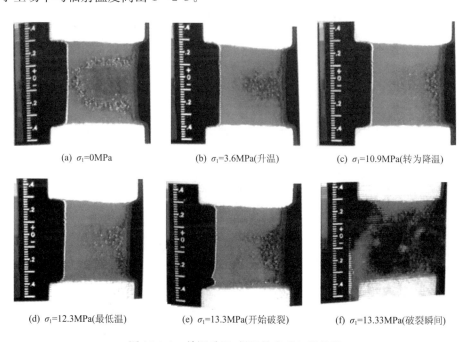

(a)　$\sigma_1$=0MPa　　　　(b)　$\sigma_1$=3.6MPa(升温)　　　　(c)　$\sigma_1$=10.9MPa(转为降温)

(d)　$\sigma_1$=12.3MPa(最低温)　　(e)　$\sigma_1$=13.3MPa(开始破裂)　　(f)　$\sigma_1$=13.33MPa(破裂瞬间)

图 12-3-1　单调升温、低温前兆型红外热像

### 12.3.2　缓慢升温、快速高温前兆型

以试块 $E7$ 为例,其特点是:

(1) 加载全过程,(如图 12-3-2(a)~(g)所示),试块表面辐射温度均随应力增大而上升,最终试样破坏照片如图 12-3-2(h)所示;

(2) 当应力值达到其强度极限的 97.3%(5.4MPa)时,辐射温度上升明显加快,如图 12-3-2(d)、(e)所示;

(3) 当应力达到其极限强度的 99.1%(5.55MPa)时,红外热像中清楚显现出

破裂处辐射低温带,如图 12-3-2(f)、(g)所示。

(a) $\sigma_1$=0MPa　　　　　　　　　(b) $\sigma_1$=1.8MPa(升温)

(c) $\sigma_1$=3.6MPa(升温)　　(d) $\sigma_1$=5.4MPa(加速升温)　　(e) $\sigma_1$=5.5MPa(最高温)

(f) $\sigma_1$=5.55MPa(开始破裂)　　(g) 破裂后降温　　(h) 破裂照片

图 12-3-2　缓慢升温、快速高温前兆型红外热像图

(a) $\sigma_1$=0MPa　　　　(b) $\sigma_1$=5.8MPa(降温)　　　(c) $\sigma_1$=23.4MPa(升温)

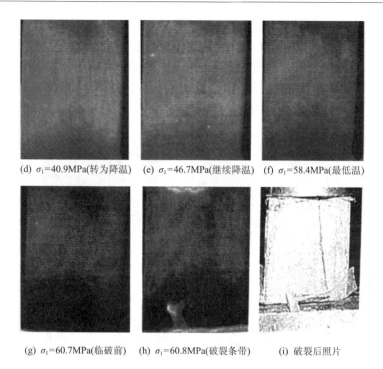

(d) $\sigma_1$=40.9MPa(转为降温)　(e) $\sigma_1$=46.7MPa(继续降温)　(f) $\sigma_1$=58.4MPa(最低温)

(g) $\sigma_1$=60.7MPa(临破前)　(h) $\sigma_1$=60.8MPa(破裂条带)　(i) 破裂后照片

图 12-3-3　先降后升、低温前兆型红外热像图

### 12.3.3　先降后升、低温前兆型

此类型对应顶板砂岩,其特点为:

(1)受力的初始阶段,辐射温度降低;当应力达到极限强度的 9.5%(9.5MPa)时,降温过程转为升温过程,此时全场平均辐射温度降低约 0.15℃,如图 12-3-3(b)所示。这一现象与崔承禹等人(1993)的试验结果是一致的,表明对于大多数岩石来说,受力初始阶段的辐射降温现象是一种普遍规律。

(2)当应力增加到极限强度的 67%(40.9MPa)时,试块辐射升温并恢复到接近初始辐射温度状态,如图 12-3-3(d)所示。

(3)此后又开始辐射降温,当应力达到极限强度的 96%(58.4MPa)时,辐射温度降到最低(相对于初始状态,全场平均辐射温度降低约 0.2℃),并且低温辐射条带显现即将破裂位置,如图 12-3-3(f)所示。

(4)再后,辐射温度基本无明显变化,直到试块开始破裂,并清楚显现出破裂位置为止,如图 12-3-3(h)所示。

### 12.3.4　应力转移与煤岩破裂前兆

煤岩受力过程中,煤岩变形和破裂导致的应力转移及其路径可以在红外动态图像中清晰地反映出来。图 12-3-4 所示为单轴强度为 6.34MPa 的肥煤受单轴压缩过程：当垂直应力达到 6.3MPa 时，试块左侧开始变形，与此同时试块中部的红外辐射增强，如图 12-3-4(a)；随后高温区逐渐向左侧转移(图 12-3-4(b))；然后，试块从左侧开始破坏，左侧辐射高温区逐渐消失(图 12-3-4(c))；最终试样破裂照片，见图 12-3-4(d)。

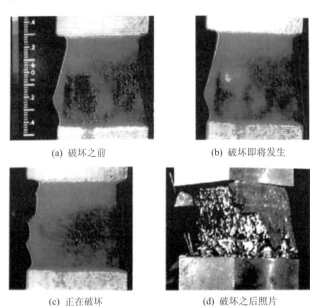

(a) 破坏之前　　　　　　　　　　(b) 破坏即将发生

(c) 正在破坏　　　　　　　　　　(d) 破坏之后照片

图 12-3-4　肥煤加载与破坏过程中应力转移

　　在热红外动态图像中，岩石或矿石试块的断裂位置以高温条带或低温条带两种方式出现先兆。高温条带通常缘由局部应力集中或剪切或摩擦作用，如图 12-3-5(a)、(b)所示；而低温条带通常缘由岩石中的高岭土、方解石或石英等软弱夹层或矿脉等引起的局部应力释放，如图 12-3-5(c)所示。

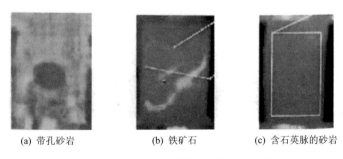

(a) 带孔砂岩　　　　　　(b) 铁矿石　　　　　　(c) 含石英脉的砂岩

图 12-3-5　岩石破裂装置的热红外前兆

## 12.4　煤岩受压的红外辐射温度特征

采用红外辐射测温技术非接触式测量物体表面的红外辐射通量密度,由于响应速度快、精度高,在煤矿中正受到越来越广泛的重视。近几年来,煤炭科学研究总院合肥研究所已在这方面开展研究,开发了 RID 8801 和 RID 5501 本安型矿用测温仪,并已在煤矿供电系统及电气设备运行监测、顶板离层与围岩破碎检测、矿山火区探测、透水区探测等方面获得应用。

经过前人的大量工作,已取得了矿山各类常见材料的辐射系数 $\varepsilon$。如井下煤壁 $\varepsilon=0.95$,大巷喷浆壁及岩巷壁 $\varepsilon=0.92\sim0.94$,顶板一般为 $\varepsilon=0.95$。

陈健民(1995)也曾从"光的本质"和"物质结构"的角度出发对地应力作用下岩体红外辐射现象进行了初步讨论,并预言地应力作用下岩体红外辐射现象能为矿山冲击矿压、瓦斯突出、构造破坏等矿压和矿井地质灾害预报提供有价值的红外信息。

本节介绍进行煤岩受压过程中的红外辐射实验结果。实验发现,红外辐射温度的变化提供了十分明显的煤岩屈服前兆信息,分为 3 种类型:低温前兆型、高温前兆型和持续高温前兆型。

### 12.4.1　辐射低温前兆型

该类型的特征是:试块临屈服前,辐射温度经过不同程度的波动,辐射温度曲线上明显出现一个低温谷点;该谷点的出现时刻为应力达到试块极限强度的 $82.8\%\sim90.0\%$,平均为 $86.2\%$;此时谷点的温度相对于加载前初始辐射温度低 $0.1\sim1.1℃$,平均低 $0.5℃$。如图 12-4-1 所示。

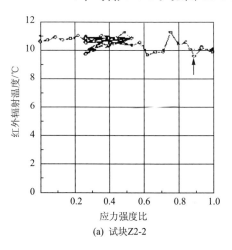

(a) 试块Z2-2

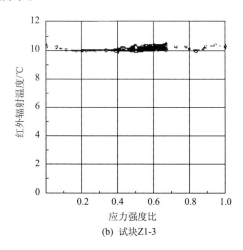

(b) 试块Z1-3

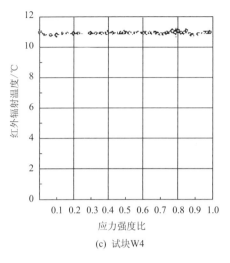

(c) 试块W4

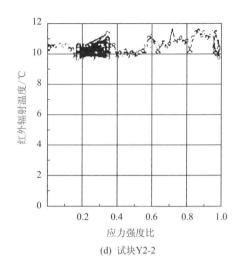

(d) 试块Y2-2

图 12-4-1　低温前兆型辐射温度曲线

### 12.4.2　辐射高温前兆

该类型的特征是:试块在临屈服或破裂之前,辐射温度经过不同程度波动之后,辐射温度曲线上出现一段持续高温区或一个高温峰值;高温峰点出现时刻为应力达到试块极限强度的 82%~95%,平均为 86.7%;此时峰点的辐射温度相对于加载前初始辐射温度高 0.1~0.3℃,平均高 0.2℃。如图 12-4-2 所示。

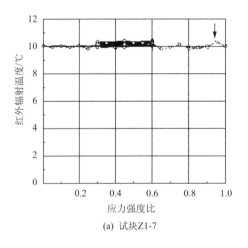

(a) 试块Z1-7

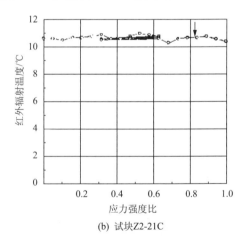

(b) 试块Z2-21C

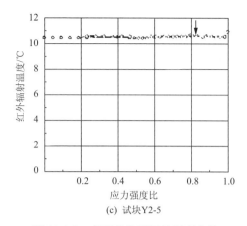

(c) 试块Y2-5

图 12-4-2　高温前兆型辐射温度曲线

### 12.4.3　持续辐射高温前兆型

该类型的特征是:当应力达到极限强度的 65% 时,辐射温度曲线上出现高温;温度高出初始辐射温度 0.2～0.3℃,而且一直持续到试块发生爆裂型破坏,如图 12-4-3 所示。

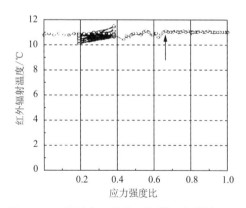

图 12-4-3　持续高温前兆型辐射温度曲线($W_3$)

该试块发生爆裂时,几乎所有碎块均飞溅出压机加载平台,飞溅距离达 5m。这一实例说明,具煤爆倾向的煤块或煤体具有持续辐射高温前兆。

### 12.4.4　循环加载过程的辐射温度特征

按预先估计的试块强度,选择应力为 1/3～2/3 强度范围进行循环加载,循环次数为 3～23 次。实验结果可分为 3 类:恒温型、高端低限型和高端中值型。

恒温型:在循环过程中,各应力点时刻的红外辐射温度没有或仅有极微弱变化。该类型包括试块 W4 和 Y2-5,如图 12-4-1(c) 和图 12-4-2(c) 所示。

高端低限型:在循环过程中,各应力点时刻的红外辐射温度有上下波动,波动幅度 0.3~1.3℃;但循环结束时的辐射温度则是该应力点各循环时刻的最小值,即辐射温度曲线在高端以低限伸出。该类型包括试块 Z2-2 和 Z2-21C,如图 12-4-1 (a)和图 12-4-2(b)所示。

高端中值型:在循环过程中,各应力点时刻的红外辐射温度有上下波动,波动幅度 0.5~1.5℃;循环结束时的辐射温度位于该应力点各循环时刻之辐射温度值的中间。该类型包括试块 Z1-7、Z1-3、Y2-2 和 W3,如图 12-4-2(a)、图 12-4-1(b)、图 12-4-1(d)和图 12-4-3 所示。

对于后两类,还有如下两个共同特点:

(1) 循环低端的辐射温度在循环过程中均低于低端的初始辐射温度,即分别低 0.1~1.0℃;仅第三类的个别试块在个别循环时刻,该点辐射温度相对于低端初始辐射温度略有上升,如试块 Z1-7 的第 4 次、5 次、8 次、11 次循环分别上升 0.1℃。

(2) 循环结束后,随应力继续增加,红外辐射温度均表现为先降低后上升的趋势,降低幅度达 0.4℃,如试块 Z1-7、Z2-21C 和 W3;或先略有上升(约 0.2℃),然后大幅度下降(0.8~1.0℃),如试块 Z2-2、Y2-2。

# 12.5  红外前兆的相关比较

为了研究热红外探测用于矿山压力及其灾害监测与预测预报的准确性,以及热红外探测所提供的预测预报前兆信息的实践意义,有必要将实验研究所获得的红外前兆信息与同步进行的声发射、电阻率监测所获得的前兆信息进行对比分析,进而研究确定前述 3 种技术的相关性及其优劣与推广应用价值。

## 12.5.1  红外前兆与声发射前兆的比较

如图 12-5-1(a)所示,当应力增加到 $0.92\sigma_c$($t=386s$,$\sigma=18.4MPa$)时,轴向应变和体应变发生突降,而周向应变呈现缓慢波动现象;曲线前半部分表明,当应力达到 $0.1\sigma_c$ 时,声发射能量开始稳步增加;当应力达到 $0.53\sigma_c$($t=314s$,$\sigma=10.7MPa$)时,声发射能量释放急剧增加,然后下降,此时体积应变开始出现异常,该阶段预示着煤体宏观破裂时不稳定裂纹的萌生与扩展;当应力超过 $0.89\sigma_c$($t=382s$,$\sigma=18.0MPa$)时,声发射传感器在应力突然达到峰值后脱落失效,因此定义该应力水平为煤体失稳破坏的声发射前兆。

如图 12-5-1(b)所示,A 区域的红外辐射平均温度(AIRT)呈现下降的特点,并伴随着煤体破裂的低温前兆异常;B 区域的 AIRT 也呈现下降的特点,但伴随着煤体破裂的高温前兆异常;C 区域的 AIRT 呈现上升的特点,并伴随着煤体破裂的高温前兆异常。实验结果发现,不同监测区域的 AIRT 特点和破裂前兆各不相同,这主要是由于煤体不同区域的原始温度、内部结构和应力分布存在差异。然而,为了找出显而易见的前兆信息,应充分比较接触区域的应力应变实验结果,从而找出最敏感区域的 AIRT-时间曲线。最终,选取大多数异常与应力应变异常一致的 $C$ 区域 AIRT-时间曲线作为 AIRT 前兆异常判别曲线。

如图 12-5-4(a)所示,煤样整体表面的 AIRT 先下降,然后上升,最后再次下降。其中拐点异常分别出现在 299.895s($0.45\sigma_c$)和 388.854s($0.93\sigma_c$)。388.854s 处的高温异常对应了煤样突然破坏和内部能量的耗散。

如图 12-5-2(a)所示,当应力达到 $0.23\sigma_c$($t=165s$,$\sigma=2.4$MPa)时,应变曲线出现波动,表明密集裂纹开始萌生;在第四次循环加载($t=434s$,$\sigma=12.1$MPa)时,应变片脱落失效,该阶段引起了破坏碎片的脱落;声发射模式与 $Kaiser$ 效应一致,值得注意的是,每个加载循环峰值出现前,普遍存在声发射现象,且优先于煤样损伤破坏前相对短的时间发生;当应力达到 $0.8\sigma_c$($t=424s$,$\sigma=11.6$MPa)时,声发射能量急剧增加到最大,此时试样也瞬间破坏,依此定义为破裂前兆。

如图 12-5-2(b)所示,AIRT 的特征可分为三种类型:①AIRT 逐渐下降,并伴随着低温前兆异常($A$ 区域);②AIRT 由上升转换为下降,并伴随着低温前兆异常($B$ 区域);③AIRT 由上升转换为下降,然后再上升,并呈现出低温前兆异常($C$ 区域)。该特征与单轴加载实验结果类似。如图 12-5-3 所示为单轴循环加载实验中应力与 $D$ 区域 AIRT 的关系。值得一提的是,应力变化之前,AIRT 出现异常。更重要的是,AIRT 波动表现出先下降后上升的特点。

如图 12-5-4(b)所示,煤样整体表面的 AIRT 呈现出下降趋势,然后转换为上升,最后再次下降。其中拐点异常分别出现在 $0.23\sigma_c$ 和 $0.82\sigma_c$。

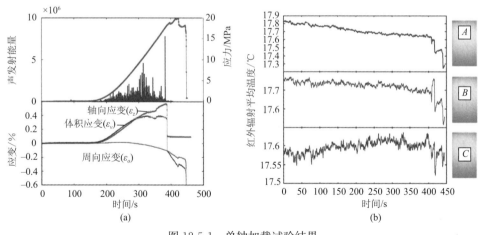

图 12-5-1　单轴加载试验结果

(a)轴向应变、周向应变、体积应变、声发射及载荷随时间的变化曲线;(b)三个不同区域 $A$、$B$、$C$ 对应的红外辐射平均温度随时间的变化曲线(Zhao et al.,2010)

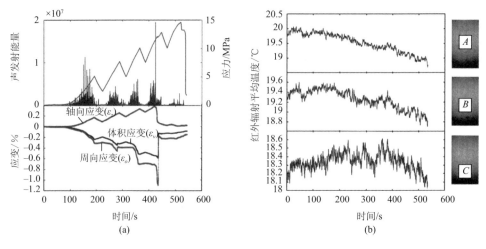

图 12-5-2　单轴循环加载试验结果

(a)轴向应变、周向应变、体积应变、声发射及载荷随时间的变化曲线；(b)三个不同区域 $A$、$B$、$C$ 对应的红外
辐射平均温度随时间的变化曲线(Zhao et al.，2010)

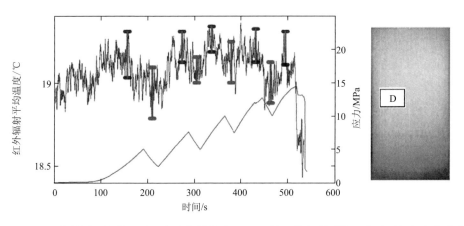

图 12-5-3　单轴循环加载试验下应力与煤体表面 $D$ 区域红外辐射平均温度随时间的变化曲线
(Zhao et al.，2010)

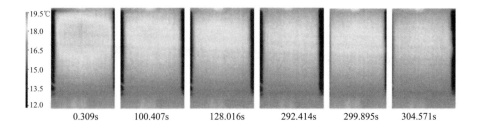

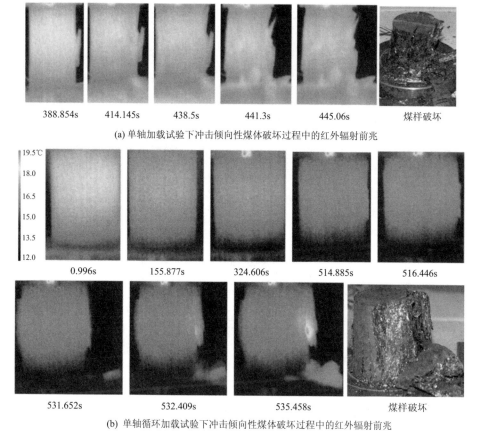

388.854s　　414.145s　　438.5s　　441.3s　　445.06s　　煤样破坏

(a) 单轴加载试验下冲击倾向性煤体破坏过程中的红外辐射前兆

0.996s　　155.877s　　324.606s　　514.885s　　516.446s

531.652s　　532.409s　　535.458s　　煤样破坏

(b) 单轴循环加载试验下冲击倾向性煤体破坏过程中的红外辐射前兆

图 12-5-4　冲击倾向性煤体破坏过程中的红外辐射前兆(Zhao et al.,2010)

## 12.5.2　红外前兆与电阻率前兆的比较

为了比较煤岩单轴循环受压过程中电阻率和红外辐射温度变化的关系,将具辐射低温前兆的试块 W4、Y2-2 及具持续高温前兆的试块 W3 的辐射温度曲线与电阻率曲线,以垂向载荷应力为共同坐标轴分别绘于同一图中,以便对比,如图 12-5-5 所示。

从曲线变化的形态来比较,有如下特点:

(1) 试件 W4 和 Y2-2 的辐射温度曲线与电阻率曲线变化趋势是近似一致的,如循环之后曲线的峰值数,只是前者的峰值要比后者的对应峰值约晚 0.1 个强度应力点出现;

(2) 电阻率曲线变化复杂且幅度大,不利于捕捉前兆信息,而辐射温度曲线变化比较平稳,容易发现温度异常前兆信息。

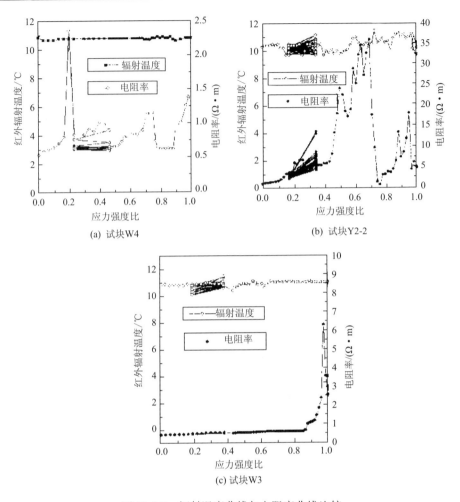

图 12-5-5 辐射温度曲线与电阻率曲线比较

从前兆应力点的位置来比较,如表 12-5-1 所示,有以下特点:

**表 12-5-1 煤岩屈服破坏辐射温度与电阻率前兆应力点比较**

| 辐射温度前兆类型 | 低温前兆 | | 高温前兆 | 持续高温前兆 | 平均值 |
|---|---|---|---|---|---|
| 试块 | W4 | Y2-2 | Y2-5 | W3 | — |
| 温度前兆点 $\sigma_t/\sigma_c$ | 0.90 | 0.828 | 0.82 | 0.65 | 0.80 |
| 电阻率前兆点 $\sigma_e/\sigma_c$ | 0.88 | 0.76 | 异常 | 0.86 | 0.83 |
| 两者之差 $(\sigma_t-\sigma_e)/\sigma_c$ | +2.3% | +8.9% | — | −24.4% | — |
| 平均差 | 5.6% | | — | −24.4% | −3.6% |

(1)辐射低温型试块的温度前兆应力比电阻率应力前兆晚约 0.02~0.05 个强度应力,准确性更好;

（2）持续高温型（即岩爆型）试块 W3 的辐射温度前兆比电阻率前兆早 0.19 个强度应力，有利于提前发现岩爆或突出倾向。

### 12.5.3 各类前兆信息的统计平均比较

对煤岩（包括顶板砂岩）声发射、电阻率、红外热像及红外辐射温度的前兆信息的种类差异不作区分，分别对其所测试的试块总数与前兆应力点进行统计平均，列于表 12-5-2 进行比较。通过比较，可以得到如下重要结论：

（1）热红外前兆与声发射前兆和电阻率前兆之间是可比的；

（2）从统计的角度，按前兆信息出现的早晚排序，依次为声发射、电阻率和热红外遥感；

（3）0.79 强度应力点可以作为热红外遥感、声发射和电阻率监测与预测预报的"应力警戒区"。

**表 12-5-2　煤岩屈服破坏前兆总平均应力点比较**

| 监测技术 | 声发射 | | 电阻率 | 热红外遥感 | |
|---|---|---|---|---|---|
| | 峰值前兆 | 谷值前兆 | | 热像 | 温度 |
| 试块总数 $N$ | 9 | 9 | 7 | 6 | 4 |
| 前兆应力点 $\sigma_i/\sigma_c$ | 0.747 | 0.780 | 0.791 | 0.82 | 0.80 |
| 平均值 | 0.764 | | 0.791 | 0.812 | |
| 总平均值 | | | 0.79 | | |

## 12.6　基于熵和能量守恒原理的热红外辐射机理

尽管目前还不能从理论上圆满解释煤岩动力响应热红外遥感与声发射、电阻率变化规律及屈服破坏前兆信息之间的共性与异性，也不能定量确定应力所做的功到底有多少转化为电磁波辐射能，以及其中热红外辐射能到底占多大比例，但可以尝试从熵与能量守恒的角度进行一些定性的机理探讨。

按熵的观点，自然界中一切现象的物理化学过程都遵守能量守恒定律，煤岩受力过程中所发生的各种机械功、热及电磁现象也不例外。因此，可以将试块、压机压头及周围空气（或工程岩体、围岩及大气）看成一个封闭系统，将试块或工程岩体（如煤柱）看成一个孤立系统。根据孤立系统熵向极大方向发展的规律，可用下式描述煤岩受压过程中发生的能量变迁，即

$$W_p + E_0 = E_c + E_e + E_{f1} + E_{f2} + E_a + E_{g1} + E_{g2} + E_{g3} + E_t + E_{ch}$$

$$(12\text{-}6\text{-}1)$$

式中，$W_p$ 为外加载荷所做的功（与载荷大小和累计位移量有关，对应单轴压缩的

位移量即为试块的压缩量,循环加载时为试块循环压缩量之和),J;$E_0$为试块与外界环境(包括空气、压机压头)的热量交换(与试块及环境的温度变化、试块、压机压头及空气的热传导率有关),吸热为正,散热为负,J;$E_c$为矿物晶格发生变化所消耗或释放的能量,消耗为正,释放为负,J;$E_e$为试块发生弹性变形所积累的弹性应变能,J;$E_{f1}$为试块损伤产生时所消耗的能量,即新生裂缝表面能,J;$E_{f2}$为试块裂隙闭合所消耗的能量,J;$E_a$为试块损伤产生及裂缝闭合时声发射所消耗的能量,J;$E_{g1}$为试块中孔隙气体解吸所消耗的能量(与孔隙气体成分、吸附状态及其含量有关),J;$E_{g2}$为试块中孔隙气体溢出时快速膨胀所需吸收的能量(与孔隙气体成分、压力状态有关),J;$E_{g3}$为由于试块压缩导致孔隙气体压缩所消耗的能量(与孔隙密度、孔隙气体压力有关),J;$E_t$为试块自身温度升降所吸收或放出的热量(与试块热容量、温度升降量有关),升温为正,降温为负,J;$E_{ch}$为试块内部发生化学变化时所消耗或释放的能量(若存在),消耗为正,释放为负,J。

将上式作变换即得到试块温度变化的判据

$$E_t = (W_p + E_0) - (E_c + E_e + E_{f1} + E_{f2} + E_a + E_{g1} + E_{g2} + E_{g3} + E_{ch})$$

$$(12\text{-}6\text{-}2)$$

式(12-6-2)中右边第一项为试块从外界所获得的总能量,即机械功与热能;第二项为试块内部发生各类物理化学过程所消耗的能量。载荷所做的机械功$W_p$是可量测可计算的,试块与外界进行的热量交换$E_0$是由系统状态(温差与热流、热传导)所决定的,因而也是可量测可计算的;在断裂力学中,裂缝表面能$E_{f1}$和裂缝闭合能$E_{f2}$在理论上也是可计算的;在声学理论中,声发射能$E_a$是可量测可计算的;在煤层气与瓦斯突出理论中,孔隙气体解吸能$E_{g1}$、孔隙气体膨胀能$E_{g2}$和孔隙气体压缩能$E_{g3}$也是可计算的。因此,如果矿物晶格变化能$E_c$和弹性应变能量$E_e$可以计算出来,且忽略试块内部的化学反应能量$E_{ch}$,则试块自身温度升降所吸收或放出的热量$E_t$是可以按照式(12-6-2)计算出来的。试块自身温度升降在任意时刻的升降,都将按公式(12-6-1)的形式十分敏感地被红外辐射温度变化反映出来。

由此可见,试块在加载过程中的红外辐射温度变化是有着深刻的物理化学意义的。因而,考虑到不同组试块间的试块物理化学性质的整体差异性,并考虑到同组中不同试块间物理化学性质的局部差异性以及加载过程中由于边界条件和自身性质的不同导致不同试块间发生物理化学变化的差异性,也就不难理解各试块加载全过程的红外热像变化与辐射温度曲线变化的差异性。

# 13 煤岩变形破裂的地电变化

采矿电法是利用岩石电特征的变化来解决顶板、地质及采场技术的问题。其应用范围很广。

电法分为稳定的电流和变化的电流两种。第一种是考虑在岩石介质中,电流传导的稳定性和亚稳定性,主要是考虑岩体的电阻特性 $\rho$。变化的电流法主要是研究电磁波的传播规律。而电磁波在岩石中的传播特征除电阻外,还有电介常数 $\varepsilon$,磁通量 $\mu$ 等(何继善,1997;张赛珍等,1994)。

考虑煤矿井下巷道中存在大量的金属,故电流变化方法没有得到广泛的应用。而应用较广泛的是雷达法(王兆磊等,2007;邓世坤等,1993)。

井下地电法主要用来解决如下问题:

(a) 认识顶底板岩层的地质条件。

(b) 自然灾害评价(震动、冲击矿压、火灾、水的危害等)。

(c) 评价支架与围岩的相互作用,特别是井筒。

(d) 监测开拓巷道和回采巷道的应力应变状态。

(e) 应当确定,在煤矿井下条件下,地电的测量非常困难。因此,应预先进行实验研究,确定其测定结果与岩体物理特性之间的关系。

## 13.1 地电测量的物理基础

### 13.1.1 电阻法

在电阻法中,主要是测量岩体的电阻及其随时间变化的规律。岩体中的电场由物理定律来描述,常用:

(1) Kirchoffa 差分定律描述的连续方程,说明影响任意体积段的电流量等于影响电流量。

(2) 欧姆定律

$$I = \frac{E}{\rho} \tag{13-1-1}$$

(3) 拉普拉斯方程(laplace 方程)描述的电势,可以分析任意点电势的分布。

在均质,无限半平面点源的情况下,可得到 $m$ 点的电势为

$$V_m = \frac{I\rho}{2\pi r} \tag{13-1-2}$$

式中，$I$ 为从点源到介质的影响电流强度；$\rho$ 为电阻；$r$ 为从点源到观察点 $M$ 的距离。

在实际中，介质中不可能只用一个极，根据叠加原则（电势总和），对于符号相反的 $AB$ 两极

$$V_M = V_{AM} + V_{BM} = \frac{+I\rho}{2\pi r_{AM}} + \frac{-I\rho}{2\pi r_{BM}} = \frac{I\rho}{2\pi}\left(\frac{1}{r_{AM}} - \frac{1}{r_{BM}}\right) \tag{13-1-3}$$

而对于相邻两点的 $MN$ 来说

$$\begin{aligned}
V_{MN} &= V_M - V_N = V_{AM} + V_{BM} - (V_{AN} + V_{BN}) \\
&= \frac{I\rho}{2\pi}\left(\frac{1}{r_{AM}} - \frac{1}{r_{BM}} - \frac{1}{r_{AN}} - \frac{1}{r_{BN}}\right)
\end{aligned} \tag{13-1-4}$$

从上式可见，如果已知电源极的布置方式（加电极）和测量点（测量极）的布置以及测量其中的电流和电压 $V_{MN}$，就可以确定地质介质中的电阻。

$$\rho = k\frac{V_{MN}}{I} \tag{13-1-5}$$

这样，测量电阻可以获得开采影响下岩体结构及变化的信息，特别是应力应变过程形成的分层、裂隙、湿度的变化及其他变化。图 13-1-1 为电阻法应用的测量系统简图，实际常用的是电桥系统，表 13-1-1 中为矿井中常用的岩石的电阻。

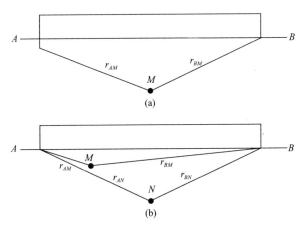

图 13-1-1　测量系统简图

关于电阻关系式，一方面可广泛应用；而另一方面，因结果有多种解释而受到限制。例如，采用电阻法来监测煤层中的应力应变状态，其依据是实验结果（$A$、$B$、$C$、$D$ 为脆性崩裂的阶段），如图 13-1-2 所示，而应力应变的状态与电阻之间的关系在矿井测量中有明显的不同，如图 13-1-3 所示（Marcak et al.，1994）。

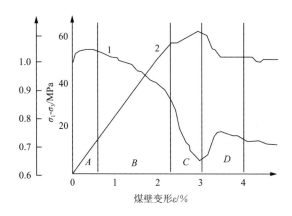

图 13-1-2　围压 20MPa 时电阻与应力差和变形之间的关系

1—电阻曲线；2—应力差曲线

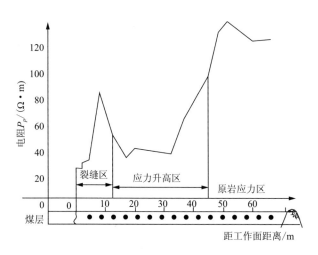

图 13-1-3　工作面前方的电阻测量结果

表 13-1-1　各类岩石的电阻值

| 岩石种类 | 电阻/Ω |
| --- | --- |
| Anhydrty 硬石膏 | $8 \times 10^3 \sim 1 \times 10^6$ |
| Baralty 玄武岩 | $5 \times 10^2 \sim 1 \times 10^5$ |
| WapiemeZbite 石灰岩 | $5 \times 10^2 \sim 5 \times 10^3$ |
| Zlepierice 砾岩 | $1 \times 10^2 \sim 2 \times 10^3$ |
| PiusnowxeLwine 松散砂岩 | $5 \times 10^{-1} \sim 5 \times 10^1$ |
| PiaohowxeZbite 坚硬砂岩 | $2 \times 10^1 \sim 1 \times 10^3$ |
| LuplciIlaste 页岩 | $3 \times 10 \sim 1 \times 10^2$ |

| 岩石种类 | 电阻/$\Omega$ |
|---|---|
| SolLeamiemia 石盐 | $1\times10^4\sim1\times10^6$ |
| Wggle-Antracyty 硬煤 | $1\times10^{-3}\sim1\times10$ |
| Wggle-Uamiemry-Chudy 瘦煤 | $1\times10^1\sim5\times10^2$ |
| Wggle-Uamiemry-Thrsty 烟煤 | $1\times10^2\sim1\times10^4$ |
| Wggle-Laurnatny 褐煤 | $1\times10^4\sim2\times10^2$ |

### 13.1.2　地质雷达法

雷达法是属于电磁波传播的方法之一。其物理基础是利用电磁波传播速度和阻尼与岩体结构和性能之间的关系。这种波的传播就像地震波的传播过程一样。总的来说,雷达波的传播速度与介质的电介常数 $\varepsilon$ 及其湿度、空隙率紧密相关。事实表明,对于电磁波来说,水和空气是两个界面。相对于材料而言的[$v_r = (0.33 \sim 3) \times 10^5 \mathrm{km/s}$],在岩体中电磁波的传播特性为

$$v_r = \frac{c}{\sqrt{\varepsilon}} \tag{13-1-6}$$

式中,$c$ 为电磁波传播速度;$\varepsilon$ 为电介常数。

导电材料和岩石的常数值为 $1\sim81$,对于煤系岩层,砂岩 $3\sim8$,砂页岩 $5\sim15$,煤为 $4\sim12$。

雷达法的测量深度取决于岩石特性以及发射接收的强度、频率。频率越低,磁通量越大,范围越大。

若电磁波在传播途中遇到电介质不同的边界,会出现反射,形成反射波。反射波传回的时间在已知传播速度的情况下,可对边界定位,如岩体结构中的断层、裂隙、水平等。

## 13.2　地电测量方法

在矿井条件下,将电极(加电极和测量级)安装在钻孔平底(深度 $0.5\sim2.0\mathrm{m}$),进行测量。

电阻法可采用以下方式。

(1)剖面法:剖面可布置在顶底板或巷道边帮。

(2)差值法常用在顶板。

(3)钻孔。

(4)或在煤帮,或在钻孔中的站式测量。

（5）测量系统：是在常电流情况下岩石的电阻变化，常采用对称桥式布置。

## 13.3　地电测量参数

1）电阻法

$$\rho = 4\pi \frac{V}{\left(\dfrac{1}{AM} - \dfrac{1}{AN} - \dfrac{1}{BM} + \dfrac{1}{BN}\right)I} \tag{13-3-1}$$

如图 13-3-1 所示，用具体的测量数据来表现煤壁附近裂隙区域对电阻值的影响。在距巷道壁 0～6m 的距离内，电阻值比平均值低。巷道帮附近低电阻值异常是由于巷道边裂隙水的增加以及该区域破断的影响。

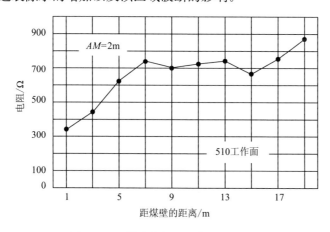

图 13-3-1　煤壁内部电阻值的变化规律

2）雷达法

确定边界的埋藏深度

$$D = \frac{vt}{2} \tag{13-3-2}$$

确定反射系数

$$K = \frac{\sqrt{\varepsilon_2} - \sqrt{\varepsilon_1}}{\sqrt{\varepsilon_2} + \sqrt{\varepsilon_1}} \tag{13-3-3}$$

定阻尼系数

$$A = \frac{1635\sigma}{\sqrt{\varepsilon}} \tag{13-3-4}$$

定波长

$$L = \frac{1000c}{f\sqrt{\varepsilon}} \tag{13-3-5}$$

式中，$\varepsilon$ 为电介常数；$t$ 为材料中波传播时间，ms；$\sigma$ 为介质电通量，s/m；$f$ 为频率，MHz。

## 13.4　采矿应用实例

（1）确定岩像。在地质钻孔中，采用地电法测井，确定岩像的变化。

（2）确定岩体的裂隙性。可采用电剖面法、雷达法确定岩体的裂隙性，如图13-4-1所示，为顶板钻孔电阻剖面的结果。在距顶板 5m，42m，58m 处出现很高的电阻异常，说明顶板离层。根据振幅超过原背景值的大小，可确定裂隙的高度为1.0～4.5m（Marcak et al.，1994）。

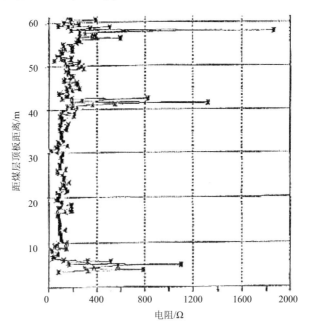

图 13-4-1　顶板岩层的电阻特征

（3）震动危险评价

根据电阻的变化，可预报震动频次。裂隙的压缩与张开，较好地估计了应力应变过程，如图 13-4-2 所示（Marcak et al.，1994）。

（4）识别停采线的影响区域

如图 13-4-3 所示，在停采线影响下 507 煤层的电阻分布。采用电阻剖面技术，测量距离较小（$A_0 < 10\mathrm{m}$）。图 13-4-4 表示煤层电阻与标准电阻之比与距工作面距离之间的关系。图 13-4-5 表示断层区域边界的电阻变化（Marcak et al.，1994）。

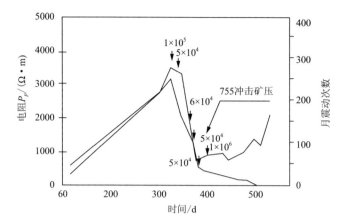

图 13-4-2 电阻与震动能量冲击矿压之间的关系

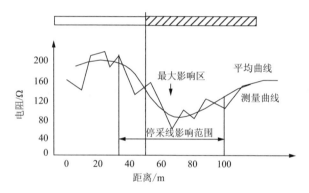

图 13-4-3 停采线影响下电阻分布规律

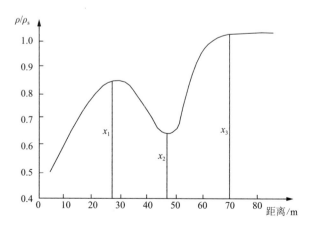

图 13-4-4 煤层电阻与标准电阻之比与距工作面距离之间的关系

$x_1$—裂缝压密边界;$x_2$—扩展边界;$x_3$—弹性边界

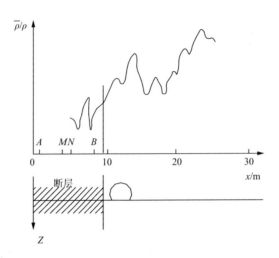

图 13-4-5　断层区域边界电阻变化

（5）雷达法地质研究

雷达法可解决多种矿井问题：研究井壁的厚度和状态（如井壁损坏、裂缝、破裂、脱落等）；井壁向外变形压出，空间、风量等变小；揭露井筒和巷道的含水层。

# 14    开采引起的重力场

开采引起的重力场通过重力法进行观测。重力法是一种地球物理方法，它是根据地层中岩石介质质量分布的不均匀性来测量重力的异常变化。重力的变化取决于地层的尺寸、形式、埋藏深度以及该地层与周围岩层之间的密度差异。

测量仪器和测量方法的发展，促进了重力法广泛应用。测量仪器的高精密度（$2 \times 10^{-9}\,\mathrm{m/s^2}$）可使其广泛用于小结构，岩相变化的测量以及由于采矿引起的密度分布变化。

目前，采矿重力法主要应用于开采引起的岩体体积变化，地层震动的预测，小范围内煤层构造的变化，局部空洞的定位（Casten et al.，1993；Casten et al.，1989；Fajklewicz et al.，1989）。

## 14.1    物体间的引力

根据牛顿定律，物体之间的引力是密度、大小、形状及距离的函数，即

$$\mathrm{d}F = \frac{G\mathrm{d}m}{r^2} \tag{14-1-1}$$

式中，$\mathrm{d}F$ 为单元的引力；$G$ 为引力常数 $G = 6.67 \times 10^{-11}\,\mathrm{N \cdot m^2/kg^2}$；$\mathrm{d}m$ 为单元质量；$r$ 为单元距测量点的距离。

由于岩石介质密度分布的不均匀性，可以测量重力的变化。重力（法向）与地理宽度的变化可用下式表示

$$\gamma_0 = \gamma_a(1 + \beta \mathrm{Sin}^2\varphi - \beta_1 \mathrm{Sin}2\varphi) \tag{14-1-2}$$

式中，$\gamma_0$ 为法向重力值；$\gamma_a$ 为考虑相对平面的法向重力值；$\beta$、$\beta_1$ 为系数；$\varphi$ 为地理宽度。

## 14.2    井下测量重力的递减法

为了同一平面观测到的重力进行相互比较，采用 Bouger 递减法，如图 14-2-1 所示。假设巷道的观测点处于所取平面的最低高度。

$$\begin{aligned}\Delta g_{BB} &= \frac{2g_0}{R}(h_\mathrm{d} + h_\mathrm{s}) - 2\pi G\rho h_\mathrm{d} + 2\pi G\rho h_\mathrm{g} + \Delta g_\mathrm{t} + \Delta g_\mathrm{g} \\ &= 0.3086(h_\mathrm{d} + h_\mathrm{s}) + 0.04187(\rho_\mathrm{g}h_\mathrm{g} - \rho_\mathrm{d}h_\mathrm{d}) + \Delta g_\mathrm{t} + \Delta g_\mathrm{g}\end{aligned} \tag{14-2-1}$$

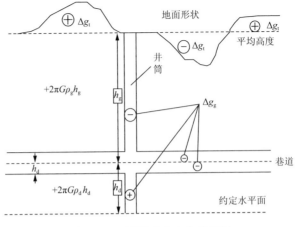

图 14-2-1 测量重力变化示意图

式中,$g_0$ 为地球表面的平均重力值;$R$ 为地球的平均半径(6370m);$G$ 为引力常数;$h_d$ 为测量点距约定水平的高度;$h_s$ 为测量仪器的高度,精确到 0.01m;$h_g$ 为从地表平均高度起距测量点的深度;$\rho_g$,$\rho_d$ 为岩层 $h_g$ 和 $h_d$ 的平均密度;$\Delta g_t$ 为地表重力修正值;$\Delta g_g$ 为井下井巷中观测点的重力修正值。

在重力差法的测量中,地表的重力修正值 $\Delta g_t$ 是个常数,而实际岩石的平均密度值为 $2.6 \times 10^3 \text{kg/m}^2$,因此,所测点的 Bouger 递减的微重力异常为

$$\Delta g = \Delta g_0 + \Delta g_{BB} - \gamma_0 \qquad (14\text{-}2\text{-}2)$$

重力微异常为差的异常,计算第 $i$ 次测量与第一次测量之差($\Delta g_i - \Delta g_1$)或相邻二次之差($\Delta g_i - \Delta g_{i-1}$)或第 $i$ 次与所选的某次之差($\Delta g_i - \Delta g_k$),式中 $1 < k \leqslant i$。

## 14.3 多水平重力剖面

对于地层中的上下两层岩层,由于其密度不同,且在各分层边界面不平的情况下,则在该边界的上下形成重力异常,如图 14-3-1 所示。

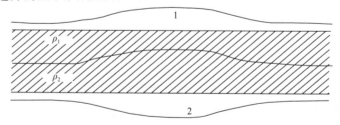

图 14-3-1 密度分布不均边界 $\rho_2 > \rho_1$ 的重力异常 $\Delta g$

1—复合层上部的重力异常曲线;2—复合层下部的重力异常曲线

实际中,对于两水平来说,可用重力异常来揭露测量水平之间的地质情况;研究开采引起的岩层密度的变化;揭露岩体引力升高的影响下膨胀过程的发展。

## 14.4　重力测量方法与观测仪器

重力法进行测量时,重力仪布置在危险区域附近,测量巷道的倾角不大于 $10°$,测量巷道最好在观测区域的上部和/或下部,最好是石门穿过 2 个以上的煤层。测量点的间距一般为 $10\sim 50\text{m}$,测点的高度精确到 $0.01\text{m}$。

测量仪器有美国公司 Worden,LaCwta-Romberg 和加拿大公司 Scintex 生产的重力仪。重力仪主要测量重力值的变化,其灵敏度很高($10^{-7}\sim 10^{-8}$重力值)。其原理如图 14-4-1 所示,这种情况下,重力的微小变化将使其产生较大的倾斜度。

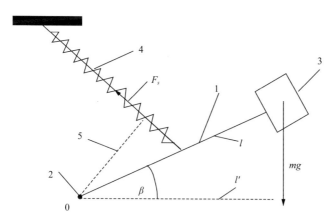

图 14-4-1　重力仪原理示意图

1—系统臂长;2—回转轴;3—质量;4—弹簧;5—弹性作用臂;$\beta$—平衡状态时与平面的夹角;$mg$—重力

## 14.5　冲击矿压的重力法监测预警

重力法广泛用于矿山震动与冲击矿压的预测预报之中,主要是确定在有冲击矿压危险的区域,微重力异常曲线 RBGA 趋向性的变化特征。一般情况下,在发生震动与冲击矿压前,岩体的体积将会增加,从而使岩体的密度降低,微重力异常值 RBGA 将发生变化。其变化趋势为 $T$,该趋势的斜率估计量为 $A$,如图 14-5-1 所示。

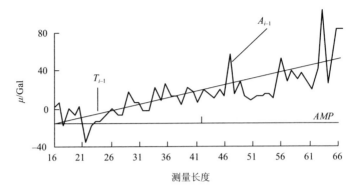

图 14-5-1　微重力异常的趋势及变化幅度

$$\tan A = \frac{AMP}{L} \qquad (14\text{-}5\text{-}1)$$

$AMP_{i-1}$ 定义为 $T_{i-1}$ 的振幅度。它是 RBGA 曲线的梯度值,其变化对应着岩石密度梯度的变化,与岩层开采引起的应力变化具有简单的关系。$AMP_{i-1}$ 增加时对应着压力的集中,可以提前预计观测区域内岩层释放的能量。$AMP_{i-1}$ 减小时,对应岩层应力释放,卸压。

波兰与德国的研究结果表明,$AMP(t)$ 和 $E(t)$ 存在着如下关系

$$AMP_S(\textstyle\sum E) = D(\textstyle\sum E) + \mathrm{Rez}(\textstyle\sum E) \qquad (14\text{-}5\text{-}2)$$

式中,$AMP_S(\sum E)$ 为研究内能量总和对应的 $AMP_{i-1}$ 增加总和;$D(\sum E)$ 为经验趋势,实际中 $D(\sum E)$ 按最小二乘法确定 $D = A\sum E + B$;$\mathrm{Rez}(\sum E)$ 为正态分布的随机变量。

采用观测站的形式,可以用以前的 $AMP_S$ 为基础,根据当前最大的 $AMP_S(t)$ 来预测将来岩体内释放的能量值 $E$。

根据测量重力变化,可以确定应力集中区域,对冲击矿压及震动危险区域进行定位。如 14-5-2 所示为 STASZIC 矿观测的重力异常 $RBGA_{i-1}$ 与趋势 $T_{i-1}$ 的分布图(Marcak et al. ,1994)。

由图可见,在 $33\sim37$ 存在 $AMP_{i-1}$ 的异常变化,说明该部分是卸压区。在第 8 系列,$AMP$ 出现了较大的增长,说明压力迅速增长,发生能量为 $E = 8\times10^7$ J 的震动。而 $AMP_{9-1}$ 和 $AMP_{10-1}$ 表明震动发生后产生的压力降。而后在 $AMP_{11-1}$ 表明,压力又回到原来的水平。$AMP_{14-1}$ 和 $AMP_{16-1}$ 的压力跳动是两次破坏顶板和放卸压振动炮的结果。其后高应力保持 3 周到第 17 循环的 $AMP_{17-1}$。

# 14.6　揭露老巷及其充填程度

地下的老巷和采空区对地表建筑物及工业区有很大的威胁。根据老巷与采空

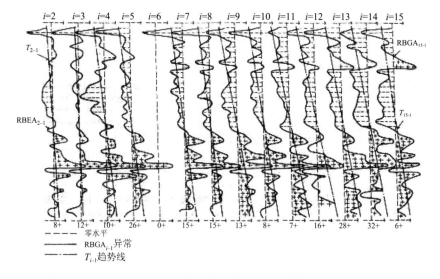

图 14-5-2　STASZIC 矿观测的重力异常 $RBGA_{i-1}$ 与趋势 $T_{i-1}$ 的分布图

区上方重力场中的密度与周围岩体的密度之差，可以采用重力垂直梯度的分布确定其位置。

重力垂直梯度的分布定义为

$$\frac{\partial g}{\partial z} = \frac{\Delta g}{\Delta h} = \Delta W_{zzw} \qquad (14-6-1)$$

式中，$z$ 为垂直方向；$\Delta h$ 为重力测量水平之高；$W_{zzw}$ 为重力垂直梯度的导数，单位为 etwesz(E)。

图 14-6-1 为两条巷道上方重力垂直梯度的分布，根据曲线 $\Delta W_{zzw}$ 的极小值，可以很好地确定巷道的位置。

图 14-6-2 表示在地表测量的巷道上方重力垂直梯度 $\Delta W_{zzw}$ 的分布。这些巷道距地表 13.5m。从图上可以清楚的看到，巷道上方的 $\Delta W_{zzw}$ 出现最小值。

图 14-6-3 表示保护煤柱上方重力垂直梯度的变化情况。$\Delta W_{zzw}$ 出现的最大值的情况与压力分布以及煤柱的破裂区域联系在一起。

根据 Fajlclewicz 的研究，$\Delta W_{zzw}$ 的负振幅与巷道中非充填部分的体积成比例关系，这样就可以计算开采后充填的程度。

# 14.7　揭露井筒周围岩层条件及变形

确定井筒周围岩层密度的方法称为重力垂直剖面法 PPGR（某个岩层的重力是 5 倍厚上覆岩层重力的叠加）

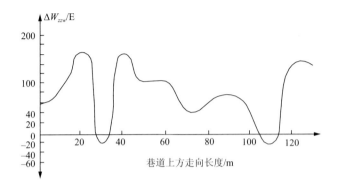

图 14-6-1　巷道上方 12.0m 处的重力垂直梯度分布

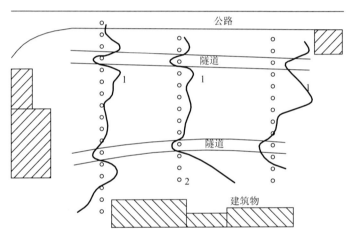

图 14-6-2　地下巷道的定位(其中 1 为重力异常曲线,2 为测点)

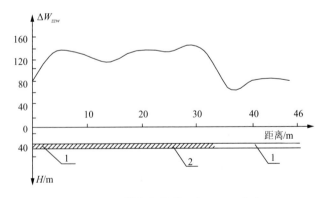

图 14-6-3　煤柱与巷道上方 $\Delta W_{zzw}$ 分布

图 14-7-1 介绍了密度变化的五层岩层模型在有井筒的情况下密度的变化。

其中 $C$ 部分中有空洞 $P$ 环绕井筒周围,井筒半径为 3.5m。$S$ 为该模型的垂直重力曲线。在这种情况下,空洞形成了曲线 $S$ 的异常。井筒周围的空洞是岩石压出的根源,因此可以借助于 PPGR 的异常关系来确定和研究井筒周围的空洞的分布。经验表明,压出过程中 PPGR 的负异常将增加其幅度,因此 $PPGR_{i+1} - PPGR_i (i=1,2,3,\cdots)$ 是研究的基础。在同一点测量 PPGR 值。PPGR 曲线之差可以给出井筒附近压凸出的具体数量的程度。$PPGR_{i-1}(i>1)$ 曲线及垂直坐标轴的面积与岩石压出量成比例。

$$M_{i-1} = \frac{Y \int_0^b PPGR_{i-1} dz}{2\pi G} \tag{14-7-1}$$

式中,$G$ 为引力常数;$z$ 为积分段(垂直方向);$Y$ 为出现压出过程的区域宽度(未知);$M_{i-1} = \rho_i Y$ 为 $i$ 次测量与第一次测量之间压出的岩石量,$\rho_i$ 为线密度。

或用两个量相比,求出其压出量的相对增长率。

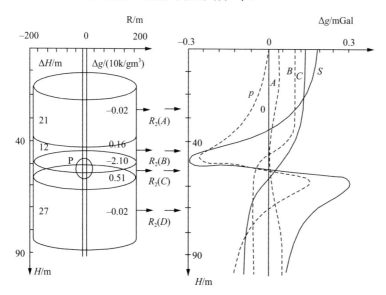

$$R_2(P) = R_1(C) = 18.5m \quad R_1(A、B、D、P) - 3.5m$$

图 14-7-1　井筒的模拟研究

图 14-7-2 为 Maciej 井的研究情况,井深 199m,剖面为第四纪,三叠纪和石炭纪。第四纪,三叠纪为近水平,石炭纪为 75°SE,在 30～49m 和 57～78m 有水的影响。

测了四个系列的 PPGR,时间间隔为 6～9 个月。从地表到 81m,每隔 3m 设一个测点,深部每 9～15m 设一个例点,采用 WordenMaster 重力仪,均方差控制在 $0.16\mu/ms^2$。从 $PPGR_{2-1}$ 的曲线分布可以注意到,岩石的压出集中在第四纪和

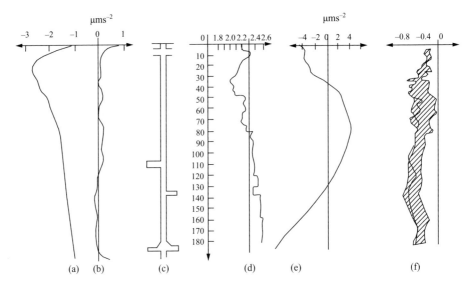

图 14-7-2  Maciej 井垂直重力剖面测量结果

(a)井壁周围表面影响的地形重力修正值;(b)井筒支护、邻近巷道影响的采矿重力修正值;(c)地质剖面;
(d)各层密度与平均密度;(e) Bouger 重力异常分布;(f) PPGR 随时间异常差的变化

三叠纪,深度从地表到 50m。$PPGR_{3-1}$ 表明,压出很可能既在垂直也在水平方向上出现。考虑压出量的增加,则

$$\frac{M_{3-2}}{M_{2-1}} = 1.30 \qquad (14\text{-}7\text{-}2)$$

上式表明,在第二、三测量段压出量比上一段增加了 30%。同样,在第四纪和三叠纪一、二测量段,其值为 400%。

第四纪的压出强度为 50%,而 $PPGR_{3-1}$ 表示,该动力过程只出现在下部分。但 $PPGR_{4-1}$ 表明,在第四次测量时压出活动已降低。

# 参 考 文 献

波兰矿山研究总院采矿地球物理研究所."SOS"微震监测系统用户手册.徐州:中国矿业大学科技发展总公司.

蔡武,窦林名,韩荣军,等.2011a. 基于损伤统计本构模型的煤层冲击倾向性研究.煤炭学报,36(S2):346-352.

蔡武,窦林名,李许伟,等.2011b. 基于分区监测的矿震时空强演化规律分析.煤矿安全,(42)12:130-133.

曹安业.2009. 采动煤岩冲击破裂的震动效应及其应用研究.中国矿业大学.

曹安业.2011. 采动煤岩冲击破裂的震动效应及其应用研究.煤炭学报,36(1):177-178.

曹安业,窦林名.2008. 采场顶板破断型震源机制及其分析.岩石力学与工程学报,27(A02):3833-3839.

曹安业,窦林名,江衡,等.2011. 采动煤岩不同破裂模式下的能量辐射与应力降特征.采矿与安全工程学报,28(3):350-355.

曹安业,范军,牟宗龙,等.2010. 矿震动载对围岩的冲击破坏效应.煤炭学报,35(12):2006-2010.

陈炳瑞,冯夏庭,李庶林,等.2009. 基于粒子群算法的岩体微震源分层定位方法.岩石力学与工程学报,28(4):740-749.

陈国祥,窦林名,乔中栋,等.2008. 褶皱区应力场分布规律及其对冲击矿压的影响.中国矿业大学学报,37(6):751-755.

陈国祥,郭兵兵,窦林名.2010a. 褶皱区工作面开采布置与冲击地压的关系探讨.煤炭科学技术,38(10):27-30.

陈国祥,郭军杰,窦林名,等.2010b. 褶皱区冲击矿压的发生原因分析及防治探讨.煤炭工程,(5):62-64.

陈健民.1995. 地应力与岩体红外辐射现象理论初探.煤炭学报,20(3):256-259.

崔若飞,岳建华.1994. 煤田地球物理导论.徐州:中国矿业大学出版社.

邓世坤,王惠濂.1993. 探地雷达图像的正演合成与偏移处理.地球物理学报,36(4):528-536.

董陇军,李夕兵,唐礼忠.2013. 影响微震震源定位精度的主要因素分析.科技导报,31(24):26-32.

董陇军,李夕兵,唐礼忠,等.2011. 无需预先测速的微震震源定位的数学形式及震源参数确定.岩石力学与工程学报,30(10):2057-2067.

窦林名.2012. 矿震监测与冲击矿压预警技术—微震法.中国矿业大学矿震冲击分析研究中心,徐州.

窦林名,谷德钟.1999a. 采矿地球物理方法的应用前景//第六届全国采矿大会论文.

窦林名,何学秋.2001. 冲击矿压防治理论与技术.徐州:中国矿业大学出版社.

窦林名,何学秋.2002a. 采矿地球物理学.中国科学文化出版社.

窦林名,何学秋.2002b. 声发射监测隧道围岩活动性.应用声学,21(5):25-29.

窦林名,何学秋.2004. 煤岩冲击破坏模型及声电前兆判据研究.中国矿业大学学报,33(5):14-18.

窦林名,何学秋.2007. 煤矿冲击矿压的分级预测研究.中国矿业大学学报,36(6):717-722.

窦林名,蔡武,巩思园,等.2014. 冲击危险性动态预测的震动波CT技术研究.煤炭学报,39(2):238-244.

窦林名,何学秋,Drzezla B. 2000. 冲击矿压危险性评价的地音法.中国矿业大学学报,29(1):85-88.

窦林名,何学秋,王恩元,等.1999b. 冲击矿压与震动的机理及预报研究.矿山压力与顶板管理,4(3):199-203.

窦林名,何学秋,王恩元,等.2001. 由煤岩变形冲击破坏所产生的电磁辐射.清华大学学报(自然科学版),41(12):86-88.

窦林名,田京城,陆菜平,等.2005. 组合煤岩冲击破坏电磁辐射规律研究.岩石力学与工程学报,24(19):

143-146.

窦林名, 王云海, 何学秋, 等. 2007. 煤样变形破坏峰值前后电磁辐射特征研究. 岩石力学与工程学报, 26(5): 908-914.

杜涛涛. 2010. 坚硬顶板定向水力致裂防冲原理研究 [D]. 徐州, 中国矿业大学.

高明仕. 2006. 冲击矿压巷道围岩的强弱强结构控制机理研究 [D]. 徐州, 中国矿业大学.

高明仕, 窦林名, 张农, 等. 2007. 岩土介质中冲击震动波传播规律的微震试验研究. 岩石力学与工程学报, 26(7): 1365-1371.

高永涛, 吴庆良, 吴顺川, 等. 2013. 基于 D 值理论的微震监测台网优化布设. 北京科技大学学报, 35(12): 1538-1545.

耿乃光. 1994. 从遥感岩石力学的最新成果展望 21 世纪的地震监测. 国际地震动态, (12): 6-9.

耿乃光, 崔承禹, 邓明德. 1992. 岩石破裂实验中的遥感观测与遥感岩石力学的开端. 地震学报, 11(S1): 645-652.

耿乃光, 崔承禹, 邓明德, 等. 1993. 遥感岩石力学及其应用前景. 地球物理学进展, 8(4): 1-7.

耿乃光, 邓明德, 崔承禹, 等. 1997. 遥感技术用于固体力学实验研究的新成果. 力学进展, 27(2): 42-49.

耿乃光, 樊正芳, 籍全权, 等. 1995. 微波遥感技术在岩石力学中的应用. 地震学报, 17(4): 482-486.

巩思园. 2010. 矿震震动波波速层析成像原理及其预测煤矿冲击危险应用实践. 中国矿业大学.

巩思园, 窦林名, 曹安业, 等. 2010a. 煤矿微震监测台网优化布设研究. 地球物理学报, 53(2): 457-465.

巩思园, 窦林名, 何江, 贺虎, 等. 2012a. 深部冲击倾向煤岩循环加卸载的纵波波速与应力关系试验研究. 岩土力学, 33(1): 41-47.

巩思园, 窦林名, 马小平, 等. 2010b. 提高煤矿微震定位精度的最优通道个数的选取. 煤炭学报, 35(12): 2017-2021.

巩思园, 窦林名, 马小平, 等. 2012b. 煤矿矿震定位中异向波速模型的构建与求解. 地球物理学报, 55(5): 1757-1763.

巩思园, 窦林名, 马小平, 等. 2012c. 提高煤矿微震定位精度的台网优化布置算法. 岩石力学与工程学报, 31(1): 8-17.

巩思园, 窦林名, 徐晓菊, 等. 2012d. 冲击倾向煤岩纵波波速与应力关系试验研究. 采矿与安全工程学报, 29(1): 67-71.

何继善. 1997. 电法勘探的发展和展望. 地球物理学报, 40(S1): 308-316.

何江. 2013. 煤矿采动动载对煤岩体的作用及诱冲机理研究. 中国矿业大学.

何学秋, 王恩元, 聂百胜, 等. 2003. 煤岩流变电磁动力学. 科学出版社, 北京.

何学秋, 王恩元, 魏建平, 等. 2007. 煤岩电磁辐射的力-电耦合模型. 科技导报, 25(17): 46-51.

贺虎. 2012. 煤矿覆岩空间结构演化与诱冲机制研究. 中国矿业大学出版社, 徐州.

贺虎, 窦林名, 巩思园, 等. 2010. 覆岩关键层运动诱发冲击的规律研究. 岩土工程学报, 32(8): 1260-1265.

贺虎, 窦林名, 巩思园, 等. 2011. 冲击矿压的声发射监测技术研究. 岩土力学, 32(4): 1262-1268.

胡敬朋, 2009. 三维煤岩力电耦合的损伤力学模型研究. 金属矿山, (11): 14-17.

江衡, 2010. 采场上覆岩层破断运动诱发矿震的规律研究. 中国矿业大学.

金佩剑, 王恩元, 宋大钊, 等. 2013. 单轴循环加载煤岩电磁辐射规律实验研究. 煤矿安全, 44(5): 46-48.

金振民, Bai Q., D. L., K., 金淑燕, 1994. 氧分压对橄榄石单晶体高温蠕变影响的试验研究. 地质科学, 29(1): 19-28.

李会义, 姜福兴, 杨淑华. 2006. 基于 Matlab 的岩层微地震破裂定位求解及其应用. 煤炭学报, 31(2): 154-158.

李铁, 蔡美峰, 蔡明. 2006. 采矿诱发地震分类的探讨. 岩石力学与工程学报, (z2): 3679-3686.

李铁, 张建伟, 吕毓国, 等. 2011. 采掘活动与矿震关系. 煤炭学报, 36(12): 2127-2132.

李许伟, 窦林名, 蔡武, 等. 2011. 褶皱附近微震活动规律分析. 煤矿安全, 42(11): 115-118.

李志华, 窦林名, 管向清, 等. 2009. 矿震前兆分区监测方法及应用. 煤炭学报, 34(5): 614-618.

李志华, 窦林名, 陆菜平, 等. 2010. 断层冲击相似模拟微震信号频谱分析. 山东科技大学学报(自然科学版), 29(4): 51-56.

刘杰, 王恩元, 李忠辉, 等. 2013. 煤样破裂表面电位多重分形特征. 煤炭学报, 38(9): 1616-1620.

刘明举, 何学秋, 李大伟. 1995. 断裂电磁辐射 Kaiser 效应的实验研究. 焦作矿业学院学报, 14(4): 89-96.

陆菜平. 2008. 组合煤岩的强度弱化减冲原理及其应用. 中国矿业大学.

陆菜平, 窦林名. 2004. 煤岩体电磁效应的影响因素. 矿山压力与顶板管理, 21(1): 83-85, 111-118.

陆菜平, 窦林名, 郭晓强, 等. 2010a. 顶板岩层破断诱发矿震的频谱特征. 岩石力学与工程学报, 29(5): 1017-1022.

陆菜平, 窦林名, 王耀峰, 等. 2010b. 坚硬顶板诱发煤体冲击破坏的微震效应. 地球物理学报, 53(2): 450-456.

陆菜平, 窦林名, 吴兴荣. 2007. 组合煤岩冲击倾向性演化及声电效应的试验研究. 岩石力学与工程学报, 26(12): 2549-2555.

陆菜平, 窦林名, 吴兴荣. 2008a. 组合煤岩试样的冲击破坏效应及其应用. 煤矿支护, (3): 1-8.

陆菜平, 窦林名, 吴兴荣, 等. 2008b. 煤岩冲击前兆微震频谱演变规律的试验与实证研究. 岩石力学与工程学报, 27(3): 519-525.

陆菜平, 窦林名, 吴兴荣, 等. 2005. 岩体微震监测的频谱分析与信号识别. 岩土工程学报, 27(7): 772-775.

陆菜平, 窦林名, 谢耀社, 等. 2004. 煤样三轴围压钻孔损伤演化冲击实验模拟. 煤炭学报, 29(6): 659-662.

吕进国, 姜耀东, 赵毅鑫, 等. 2013. 基于稳健模拟退火-单纯形混合算法的微震定位研究. 岩土力学, 34(8): 2195-2203.

聂百胜, 何学秋, 王恩元. 2000. 煤体变形破裂电磁辐射的初步实验研究. 煤矿安全, 31(4): 38-41.

聂百胜, 何学秋, 王恩元, 等. 2007. 煤岩力电耦合模型及其参数计算. 中国矿业大学学报, 36(4): 505-508.

潘一山, 赵扬锋, 官福海, 等. 2007. 矿震监测定位系统的研究及应用. 岩石力学与工程学报, 26(5): 1002-1011.

逢焕东, 姜福兴, 张兴民. 2004. 微地震的线性方程定位求解及其病态处理. 岩土力学, 25(z1): 60-62.

平健, 李仕雄, 陈虹燕, 等. 2010. 微震定位原理与实现. 金属矿山, (1): 167-169.

齐庆新, 窦林名. 2008. 冲击地压理论与技术. 中国矿业大学出版社, 徐州.

齐庆新, 陈尚本, 王怀新, 等. 2003. 冲击地压、岩爆、矿震及其数值模拟研究. 岩石力学与工程学报, 22: 1852-1858.

钱建生, 王恩元. 2004. 煤岩破裂电磁辐射的监测及应用. 电波科学学报, 19(2): 161-165.

钱建生, 刘富强, 陈治国, 等. 1999. 煤岩破裂过程电磁波传播特性的分析. 煤炭学报, 24(4): 58-60.

钱鸣高, 石平五. 2010. 矿山压力与岩层控制. 徐州: 中国矿业大学出版社.

强祖基. 2000. 卫星遥感热红外异常 Yu 地震短临预报. 城市防震减灾, (1): 13-15.

强祖基, 孔令昌, 王弋平, 等. 1992a. 地球放气、热红外异常与地震活动. 科学通报, 2259-2262.

强祖基, 赁常恭. 1992b. 青海共和 7 级地震卫星热红外临震增温前兆. 现代地质, 6(3): 297-300.

强祖基, 王恒礼. 2005. 地震和海啸卫星热红外早期预警系统//中国自然辩证法研究会地学哲学委员会第十届学术会议.中国北京.

强祖基,杜乐天,杨巍然,等.2006.卫星热红外探测技术是短临地震预报和现今构造运动研究的有效途径//构造地质学新理论与新方法学术研讨会,中国北京.

强祖基,孔令昌,郭满红,等.1997a.卫星热红外增温机制的实验研究.地震学报,19(2):87-91.

强祖基,孔令昌,郑兰哲,等.1997b. An experimental study on temperature increasing mechanism of satellitic thermo-infrared. Acta Seismologica Sinica (English Edition),10(2):101-106.

强祖基,赁常恭,李玲芝,等.1998.卫星热红外图像亮温异常——短临震兆.中国科学(D辑:地球科学),28(6):564-574.

强祖基,赁常恭,李玲芝,等.1999. Satellitic thermal infrared brightness temperature anomaly image—short-term and impending earthquake precursors. Science in China(Series D:Earth Sciences),42(3):313-324,337.

强祖基,马蔼乃,曾佐勋,王杰,2010.卫星热红外地震短临预测方法研究.地学前缘,17(5):254-262.

强祖基,徐秀登,赁常恭.1990.卫星热红外异常——临震前兆.科学通报,(17):1324-1327.

强祖基,徐秀登,赁常恭.1991a. Impending-earthquake satellite thermal infrared and ground temperatureincrease anomalies. Chinese Science Bulletin,1894-1900.

强祖基,徐秀登,赁常恭.1991b.利用卫星热红外异常作地震预报.世界导弹与航天,(4):9-10.

强祖基,徐秀登,赁常恭.1991c.卫星热红外遥感在地震预测中的应用——以中苏边界附近的斋桑泊1990年两次地震为例.遥感信息,(3):25-26.

强祖基,姚清林,魏乐军,等.2009.从震前卫星热红外图像看中国现今构造应力场特征.地球学报,30(6):873-884.

强祖基,姚清林,魏乐军,等.2008.震前卫星热红外环形应力场特征.地球学报,29(4):486-494.

撒占友,王恩元.2007.煤岩破坏电磁辐射信号的短时分形模糊滤波.电波科学学报,22(2):191-195,211.

撒占友,何学秋,王恩元.2006.煤岩变形破坏电磁辐射记忆效应的力电耦合规律.地球物理学报,49(5):1517-1522.

撒占友,何学秋,王恩元.2005a.煤岩破坏电磁辐射记忆效应特性及产生机制.辽宁工程技术大学学报,24(2):153-156.

撒占友,何学秋,王恩元,等.2005b.煤岩变形破坏电磁辐射记忆效应实验研究.地球物理学报,48(2):379-385.

宋大钊,王恩元,刘晓斐,等.2012.煤岩循环加载破坏电磁辐射能与耗散能的关系.中国矿业大学学报,41(2):175-181.

孙强,刘晓斐,薛雷.2012.煤系岩石脆性破坏临界电磁辐射信息分析.应用基础与工程科学学报,20(6):1006-1013.

唐春安.1993.岩石破裂过程中的灾变.北京:煤炭工业出版社.

田玥,陈晓非.2002.地震定位研究综述.地球物理学进展,17(1):147-155.

万天丰.2004.中国大地构造学纲要.北京:地质出版社.

王恩元,何学秋.2000.煤岩变形破裂电磁辐射的实验研究.地球物理学报,43(1):131-137.

王恩元,何学秋,李忠辉,等.2009a.煤岩电磁辐射技术及其应用.北京:科学出版社.

王恩元,何学秋,刘贞堂.1998a.煤岩变形及破裂电磁辐射信号的R/S统计规律.中国矿业大学学报,27(4):19-21.

王恩元,何学秋,刘贞堂.1998b.煤岩变形及破裂电磁辐射信号的分形规律.辽宁工程技术大学学报(自然科学版),17(4):343-347.

王恩元，何学秋，刘贞堂，等．2002．受载岩石电磁辐射特性及其应用研究．岩石力学与工程学报，21(10)：1473-1477．

王恩元，何学秋，刘贞堂，等．2000．煤岩变形破裂的电磁辐射规律及其应用研究．中国安全科学学报，10(2)：38-42，88．

王恩元，何学秋，刘贞堂，等．2003．受载煤体电磁辐射的频谱特征．中国矿业大学学报，32(5)：21-24．

王恩元，贾慧霖，李楠，等．2012．煤岩损伤破坏ULF电磁感应实验研究．煤炭学报，37(10)：1658-1664．

王恩元，李忠辉，刘贞堂，等．2009b．受载煤体表面电位效应的实验研究．地球物理学报，(5)：1318-1325．

王恩元，赵恩来．2007．岩土单轴压缩过程的电磁辐射特性实验研究．辽宁工程技术大学学报，26(1)：56-58．

王国瑞，窦林名，王利利，等．2010．工作面过褶曲时微震活动规律研究．煤炭工程，(3)：71-74．

王静，王恩元，魏建平．2006．煤岩电磁辐射信号时间序列混沌特性分析．防灾减灾工程学报，26(3)：300-304．

王书文，毛德平，杜涛涛，等．2012．基于地震CT技术的冲击地压危险性评价模型．煤炭学报，37(S1)：1-6．

王云海，何学秋，窦林名．2007．煤样变形破坏声电效应的演化规律及机理研究．地球物理学报，50(5)：1569-1575．

王兆磊，周辉，李国发．2007．用地质雷达数据资料反演二维地下介质的方法．地球物理学报，50(3)：897-904．

吴建星，刘佳．2013．矿山微震定位计算与应用研究．武汉科技大学学报，36(4)：308-310，320．

吴立新，王金庄．1997．煤岩受压屈服的热红外辐射温度前兆研究．中国矿业，6(6)：42-48．

吴立新，王金庄．1998．煤岩受压红外热象与辐射温度特征实验．中国科学(D辑：地球科学)，28(1)：41-46．

吴立新，刘善军，吴育华，等．2004a．遥感-岩石力学(Ⅰ)——非连续组合断层破裂的热红外辐射规律及其构造地震前兆意义．岩石力学与工程学报，23(1)：24-30．

吴立新，刘善军，吴育华，等．2004b．遥感-岩石力学(Ⅱ)——断层双剪粘滑的热红外辐射规律及其构造地震前兆意义．岩石力学与工程学报，23(2)：192-198．

吴立新，刘善军，吴育华，等．2004c．遥感-岩石力学(Ⅳ)——岩石压剪破裂的热红外辐射规律及其地震前兆意义．岩石力学与工程学报，23(4)：539-544．

吴立新，刘善军，许向红，等．2004d．遥感-岩石力学(Ⅲ)——交汇断层粘滑的热红外辐射与声发射规律及其构造地震前兆意义．岩石力学与工程学报，23(3)：401-407．

吴立新，吴育华，刘善军，等．2004e．遥感-岩石力学(Ⅶ)——岩石低速撞击的热红外遥感成像实验研究．岩石力学与工程学报，23(9)：1439-1445．

吴立新，吴育华，钟声，等．2006．岩石撞击的热红外成像探测研究进展与方向．岩石力学与工程学报，25(11)：2180-2186．

肖红飞，何学秋，冯涛，等．2004a．基于力电耦合煤岩特性对煤岩破裂电磁辐射影响的研究．岩土工程学报，26(5)：663-667．

肖红飞，何学秋，冯涛，等．2004b．基于力电耦合冲击矿压电磁辐射预测法的研究．中国安全科学学报，14(4)：90-93．

肖红飞，何学秋，冯涛，等．2004c．单轴压缩煤岩变形破裂电磁辐射与应力耦合规律的研究．岩石力学与工程学报，23(23)：3948-3953．

肖红飞，何学秋，王恩元．2006．受压煤岩破裂过程电磁辐射与能量转化规律研究．岩土力学，27(7)：1097-1100．

解北京，杨威，付玉凯，等．2013．煤体破裂过程中电磁信号低频特性研究．煤矿安全，44(12)：46-48，53．

谢兴楠，叶根喜，姜福兴，等．矿山尺度下微震定位精度及稳定性控制初探．岩土工程学报，36（5）：899-904.

徐卫亚，韦立德．2002.岩石损伤统计本构模型的研究．岩石力学与工程学报，21（6）：787-791.

徐学锋，窦林名，曹安业，等．2011.覆岩结构对冲击矿压的影响及其微震监测．采矿与安全工程学报，28（1）：11-15.

徐学锋，张银亮．2010.爆破诱发冲击矿压的原因及微震信号的波谱分析．煤矿安全，（9）：123-125.

杨圣奇，徐卫亚，韦立德，等．2004.单轴压缩下岩石损伤统计本构模型与试验研究．河海大学学报（自然科学版），32（2）：200-203.

袁振明，马羽宽，何泽云．1989.声发射技术及其应用．北京：机械工业出版社．

张明伟，窦林名，王占成，等．2010.深井巷道过断层群期间微震规律分析．煤炭科学技术，38（5）：9-12，16.

张赛珍，王庆乙，罗延钟．1994.中国电法勘探发展概况．地球物理学报，37（A01）：408-424.

张少泉．1988.地球物理学概论．北京：地震出版社．

张少泉，张诚，修济刚，等．1993a.矿山地震研究述评．地球物理学进展，8（3）：69-85.

张少泉，张兆平，杨懋源，等．1993b.矿山冲击的地震学研究与开发．中国地震，9（1）：1-8.

赵恩来，王恩元，刘贞堂，等．2010.煤岩单轴压缩过程电磁辐射的数值模拟研究．中国矿业大学学报，39（5）：648-651.

中国矿业大学．1999.KBD5煤和瓦斯突出（冲击矿压）电磁辐射仪说明书．

祝萍，2009.地球科学概论．北京：煤炭工业出版社．

朱权洁，姜福兴，王存文，等．2013.微震波自动拾取与多通道联合定位优化．煤炭学报，38（3）：397-403.

Boyce G，McCabe W，Koerner R．1981. Acoustic emission signatures of various rock types in unconfined compression. Acoustic Emissions in Geotechnical Engineering Practice，ASTM SIP 750：142-154.

Brace W，Byerlee J．1970. California earthquakes：Why only shallow focus? Science，168（3939）：1573-1575.

Brady B H，2004. Rockmechanics：For underground mining. Springer.

Casten U，Fajklewicz Z．1993. Induced gravity anomalies and rock-burst risk in coal mines：a case history. Geophysical prospecting，41（1）：1-13.

Casten U，Gram C．1989. Recent developments in underground gravity surveys. Geophysical prospecting，37（1）：73-90.

Cui Chengyu，Deng Mingde，Geng Naiguang．1993. Rock spectral radiation signatures under different pressures. Chinese Science Bulletin，38（16）：1377-1382.

Dou Linming，Drzezla B．1998. Zmodyfikowana kompleksowa metoda oceny stanu zagrozenia tapaniami wkopalniach wegla kamiennego. PrzegladGorniczy，11.

Dou Linming．1998. Modyfikacja klasyfikacji stanow zagrozania tapaniami wkopalniach wegla.［Praca Doktorska］，Poland：University Silesia.

Dou L，Chen T，Gong S，et al．2012. Rockburst hazard determination by using computed tomography technology in deep workface. Saf. Sci，50（4）：736-740.

Drzezla B，Garus A，Kaczmarczyk A，et al．1987. Proba ujecia ilosciowych zaleznosci pomiedzy stanem naprezen a aktywnosci_ sejsmiczna_ gorotworu. ZN AGH s. Gornictwo z. 129，Krakow.

Drzezla B，Kolodziejczyk P．1990. Problem niejednoznacznosci lokalizacji ognisk wstrzasow gorotworu. ZN Pol. Sl. s. Gornictwo，Z. 188.

Drzezla B．1994. Zasady projektowania konfiguracji sieci sejsmometrow. Przeglad Gorniczy，Nr. 11.

Drzezla B，Bialek J，Jaworski A．1990. Prognozowanie stanow deformacyjno- energetycznych gorotworu dla oceny sejsmicznosci metoda porownawcza. Konferencja n/t Nowoczesne metody oceny stanu zagrozenia i zwalczania tapan，GIG，Katowice.

Drzezla B. 1993. Warunki niejednoznacznosci zadania lokalizacji ognisk wstrzasow i niektore aspekty praktyczne z nia zwiazane. Materialy Szkoly Eksploatacji Podziemnej '93，Ustron 1-5 marca.

Drzęźla B，Dubiński J. 1995. Location of seismic events inmines. //Biblioteka Szkoly Eksploatacji Podziemnej. Kraków.

Dubinski J，Konopko W. 1995. Kierunki zwiekszenia efektywnosciprofilaktyki tapaniowej. Przeglad Gorniczy，4.

Dubinski J，Konopko W. 2000. Tapnia-ocena，prognoza，zwalczanie. Poland：Glowny Instytut Gornictwa，Katowice

Eberhart-Phillips D，Han D H，Zoback M D. 1989. Empirical relationships among seismic velocity，effective pressure，porosity，and clay content in sandstone. Geophysics，54(1)：82-89.

Fajklewicz Z，Jakiel K. 1989. Induced gravity anomalies and seismic energy as a basis for prediction of mining tremors. Seismicity in Mines. Springer：535-552.

Friedel M，Scott D，Williams T. 1997. Temporal imaging of mine-induced stress change usingseismic tomography. Eng. Geol，46(2)：131-141.

Friedel M J，Jackson M J，Scott D F，et al. 1995. 3-D tomographic imaging of anomalous conditions in a deep silver mine. Journal of Applied Geophysics，34(1)：1-21.

Gallant A R，2009. Nonlinear statistical models. John Wiley & Sons.

Ge M. 2003. Analysis of source location algorithms part II：iterative methods. Journal of Acoustic Emission，21：29-51.

Gibowicz S J，Kijko A，Gibowicz S，et al. 1994. An introduction to mining seismology. Academic Press San Diego.

Gibowicz S J，Kijko A. 1996. 矿山地震学引论．修济刚，译．北京：地震出版社．

Gilbert P. 1972. Iterative methods for the three-dimensional reconstruction of an object from projections. Journal of Theoretical Biology，36(1)：105-117.

Glazer S，Lurka A. 2007. Application of passive seismictomography to cave mining operations based on experience at Palabora Mining Company，South Africa，Proceedings of The Southern African Institute of Mining and Metallurgy，1st International Symposium on Block and Sub-Level Caving，Cape Town，South Africa，369-388.

Glowny Instytut Gornictwa，1996. zasady i zakres stosowania kompleksowejmetody oceny stanu zagrozenia tapaniami w zakladach gorniczychwydobywajacych wegiel kamienny. Katowice

Gutenberg B，Richter C F，1944. Frequency of earthquakes in California. Bulletin of the Seismological Society of America，34(4)：185-188.

He H，Dou L，Li X，et al. 2011a, Active velocity tomography for assessing rock burst hazards in a kilometer deep mine. Mining Science and Technology (China)，21(5)：673-676.

He X Q，Chen W X，Nie BS，et al. 2011b. Electromagnetic emission theory and its application to dynamic phenomena in coal-rock. Int. J. Rock Mech. Min. Sci，48(8)：1352-1358.

Hosseini N，Oraee K，Shahriar K，et al. 2012a. Passive seismic velocity tomography and geostatistical simulation on longwall ming panel. Arch. Min. Sci. 57(1)：139-155.

Hosseini N，Oraee K，Shahriar K，et al. 2012b. Passive seismic velocity tomography on longwall mining panel based on simultaneous iterative reconstructive technique (SIRT). Journal of Central South University，19(8)：2297-2306.

Hosseini N，Oraee K，Shahriar K，et al. 2013. Studying the stress redistribution around the longwall mining panel using passive seismic velocity tomography and geostatistical estimation. Arabian Journal of Geosciences，6(5)：1407-1416.

Hounsfield G. 1973. Computerized transverse axial scanning (tomography)：Part I. Description of system.

Iannacchione A T，Batchler T，Marshall T. 2004. Mapping hazards with microseismic technology to anticipate roof falls-a case study，Proceedings of the 23rd International Conference on Ground Control in Mining，3-5.

Jackson M J，Tweeton D R，1996. 3DTOM，Three-dimensional Geophysical Tomography. US Department of the Interior，Bureau of Mines.

Jaeger J C，Cook N G，Zimmerman R. 2009. Fundamentals of rock mechanics. John Wiley & Sons.

Kijko A. 1977a. An algorithm for the optimum distribution of a regional seismic network—Ⅰ. pure and applied geophysics，115(4)：999-1009.

Kijko A. 1977b. An algorithm for the optimum distribution of a regional seismic network—Ⅱ. An analysis of the accuracy of location of local earthquakes depending on the number of seismic stations. pure and applied geophysics，115：1011-1021.

Konopko W. 1994. Doswiadczalne podstawy kwalifikowania wyrobisk gorniczych w kopalniach wegla kamiennego do stopni zagrozenia tapaniami. Katowice，Poland：Prace Naukowe w GIGu，795.

Kornowski J. 1994. Podstawy aktywnych sejsmoakustycznych metod oceny zagrozenia lokalnym zniszczniem gorotworu. Katowice，Poland：Prace Naukowe w GIG，793.

Kornowski J，Kurzeja J. 2012. Prediction of rockburst probability given seismic energy and factors defined by the expert method of hazard evaluation (MRG). Acta Geophys，60(2)：472-486.

Lu C P，Dou L M，Wu X R，et al. 2010. Case study of blast-induced shock wave propagation in coal and rock. Int. J. Rock Mech. Min. Sci. ，47(6)：1046-1054.

Lu C P，Dou L M，Liu B A，et al. 2012. Microseismic low-frequency precursor effect of bursting failure of coal and rock. Journal of Applied Geophysics，79(4)：55-63.

Lu C P，Dou L M，Zhang N，et al. 2013. Microseismic frequency-spectrum evolutionary rule of rockburst triggered by roof fall. Int. J. Rock Mech. Min. Sci. ，64(12)：6-16.

Luo X，King A，Van de Werken M. 2009. Tomographic Imaging of Rock Conditions Ahead of Mining Using the Shearer as a SeismicSource-A Feasibility Study. IEEE Trans. Geosci. Remote Sensing，47(11)：3671-3678.

Lurka A. 2008. Location of high seismic activity zones and seismic hazard assessment in Zabrze Bielszowice coal mine using passive tomography. Journal of China University of Mining and Technology，18(2)：177-181.

Luxbacher K，Westman E，Swanson P，et al. 2008. Three-dimensional time-lapse velocity tomography of an underground longwall panel. Int. J. Rock Mech. Min. Sci. ，45(4)：478-485.

Luxbacher K D，2008. Time-Lapse Passive Seismic Velocity Tomography of Longwall Coal Mines：A Comparison of Methods. Virginia Polytechnic Institute and State University，Blacksburg，Virginia.

Marcak H，Zuberek W M. 1994. Geofizyka gornicza. SWT，Katowice.

Meglis I，Chow T，Martin C，et al. 2005. Assessing in situ microcrack damage using ultrasonic velocity tomography. Int. J. Rock Mech. Min. Sci. ，42(1)：25-34.

Mendecki A J，1997. Seismic monitoring in mines. Springer.

Mitra R，Westman E. 2009. Investigation of the stress imaging in rock samples using numerical modeling and laboratory tomography. International Journal of Geotechnical Engineering 3(4)：517-525.

Nur A，Simmons G. 1969. Stress-induced velocity anisotropy in rock：An experimental study. Journal of Geophysical Research, 74(27): 6667-6674.

Parasnis D S. 1984. Mining geophysics. Elsevier.

Reid H F. 1911. Remarkable earthquakes in central New Mexico in 1906 and 1907. Bulletin of the Seismological Society of America, 1(1): 10-16.

Tang C, Chen Z, Xu X, et al. 1997. A theoretical model for Kaiser effect in rock. pure and applied geophysics, 150(2): 203-215.

Wang E Y, He X Q, Wei J P, et al. 2011. Electromagnetic emission graded warning model and its applications against coal rock dynamic collapses. Int. J. Rock Mech. Min. Sci. , 48(4): 556-564.

Westman E, Haramy K, Rock A. 1996. Seismic tomography for longwall stress analysis. Rock Mechanics Tools and Techniques, 397-403.

Westman E, Luxbacher K, Schafrik S. 2012. Passive seismic tomography for three-dimensional time-lapse imaging of mining-induced rock mass changes. The Leading Edge, 31(3): 338-345.

Westman E C, 2004. Use of tomography for inference of stress redistribution in rock. Industry Applications, IEEE Transactions on, 40(5): 1413-1417.

Zhao Y, Jiang Y. 2010. Acoustic emission and thermal infrared precursors associated with bump-prone coal failure. Int. J. Coal Geol, 83(1): 11-20.

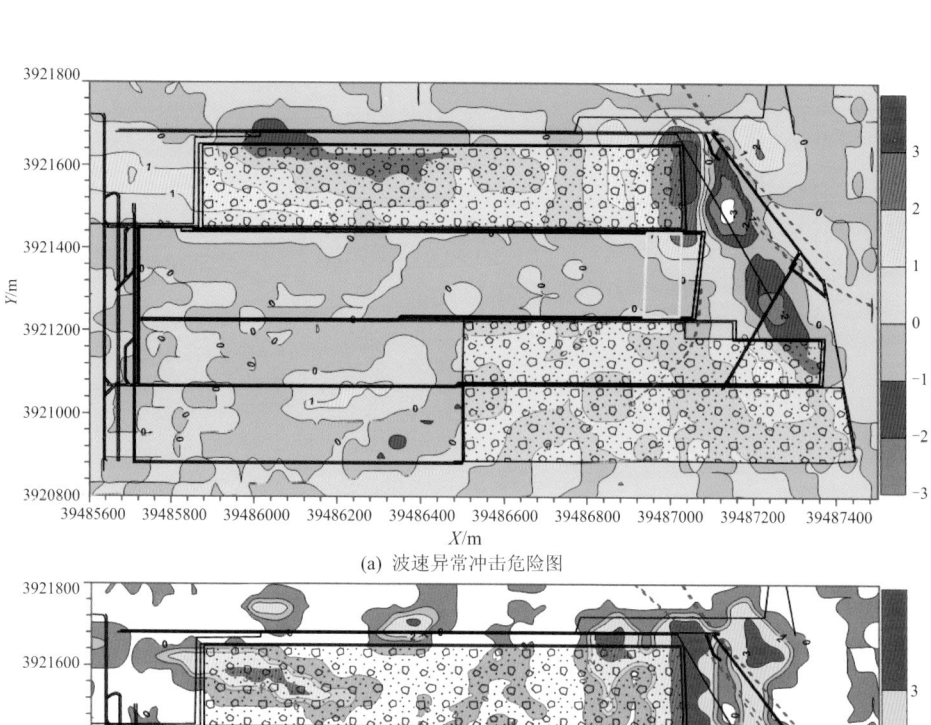

(a) 波速异常冲击危险图

(b) $VG$异常变化冲击危险图

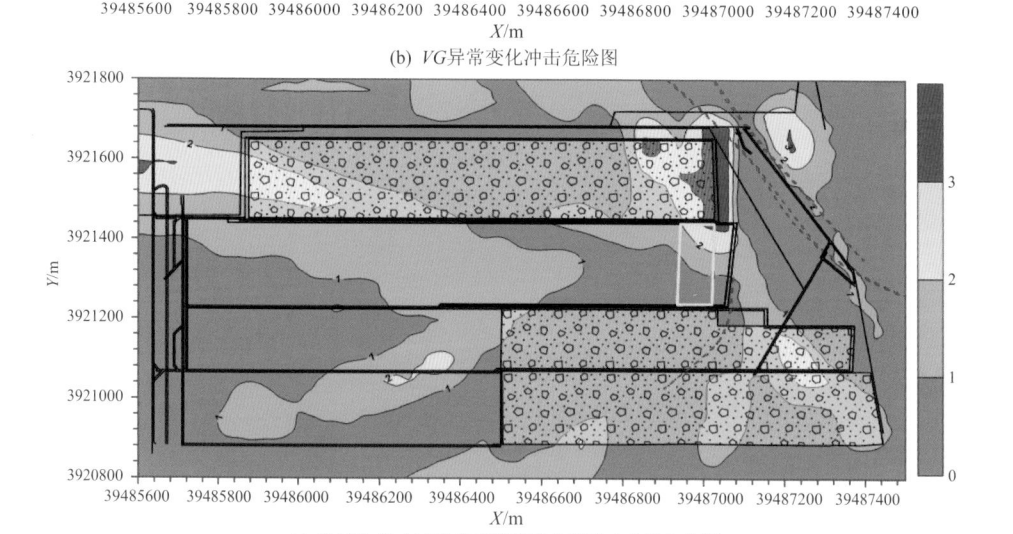

(c) 波速与应力试验关系模型确定的冲击危险分布图

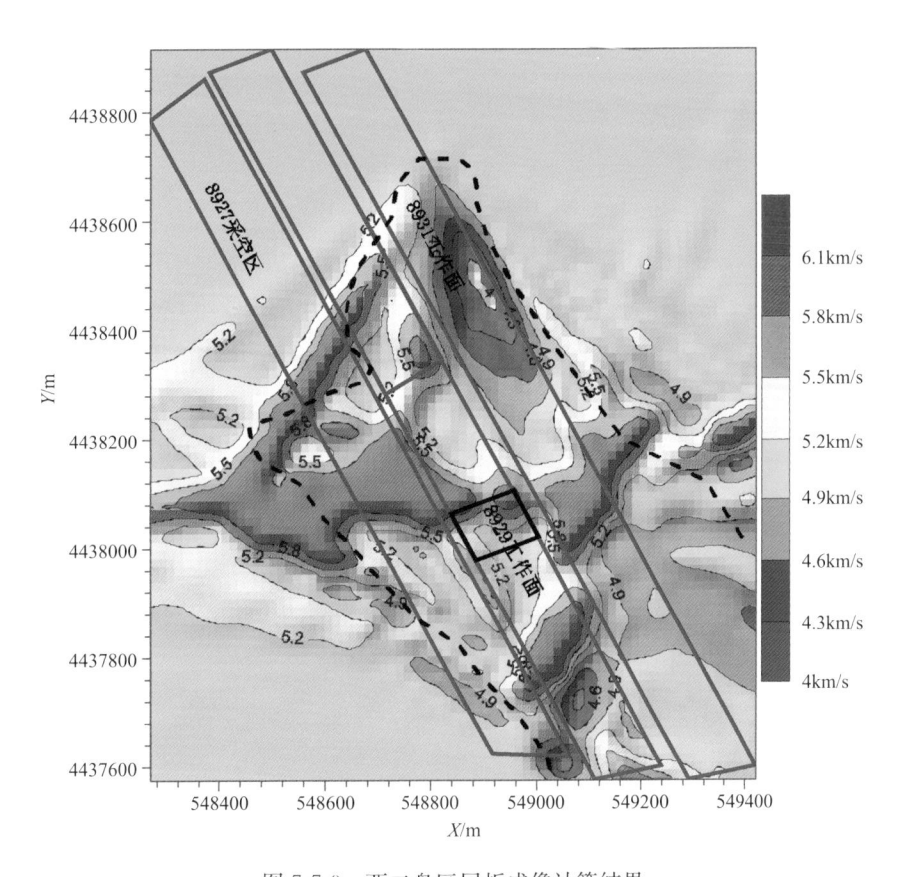

(d) 冲击危险区域及8月份较大矿震分布

图 7-7-7　十采区矿震震动波 CT 成像反演得到的冲击危险分布图

图 7-7-9　西二盘区层析成像计算结果

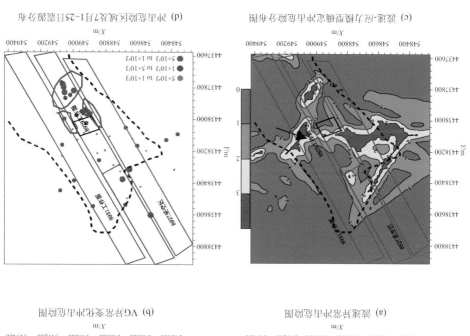

(a) 溶蓬异常分布及污染区范围图

(b) VG异常变化及污染区范围图

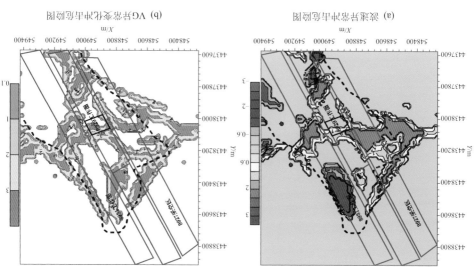

(c) 溶蓬-压力模型数据及污染区分布图

(d) 污染防控区及录取点7月1~25日监测分布

图 7-7-10　2008年5月17日~6月30日前二段区初步监测动态后污染区演示图

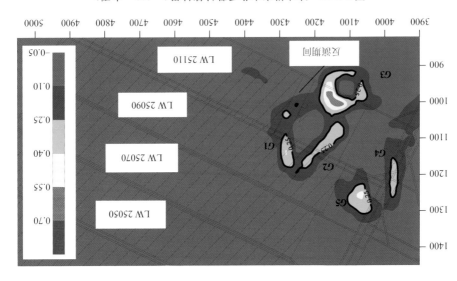

图 7-7-15 底板损伤度变化系统计算结果（−400m 水平）

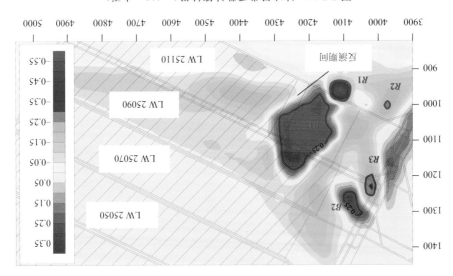

图 7-7-14 底板岩柱变形系统计算结果（−400m 水平）

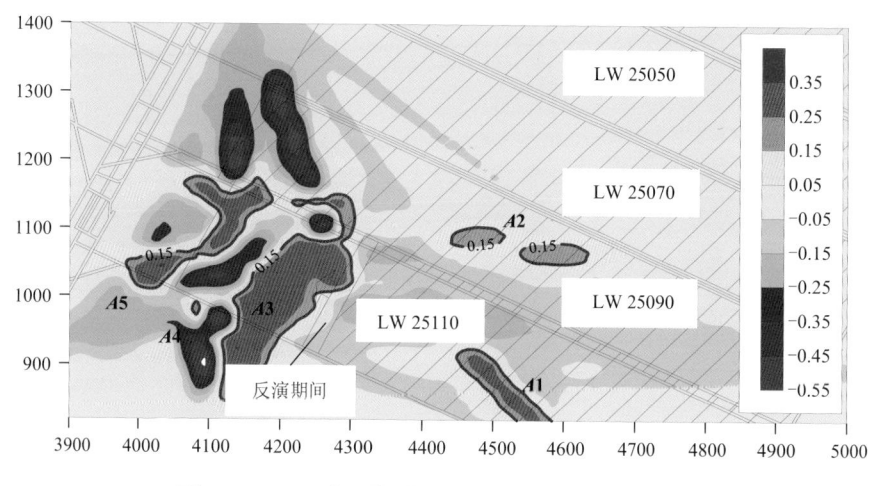

图 7-7-17 CT 探测评价结果（20120416～20120508）

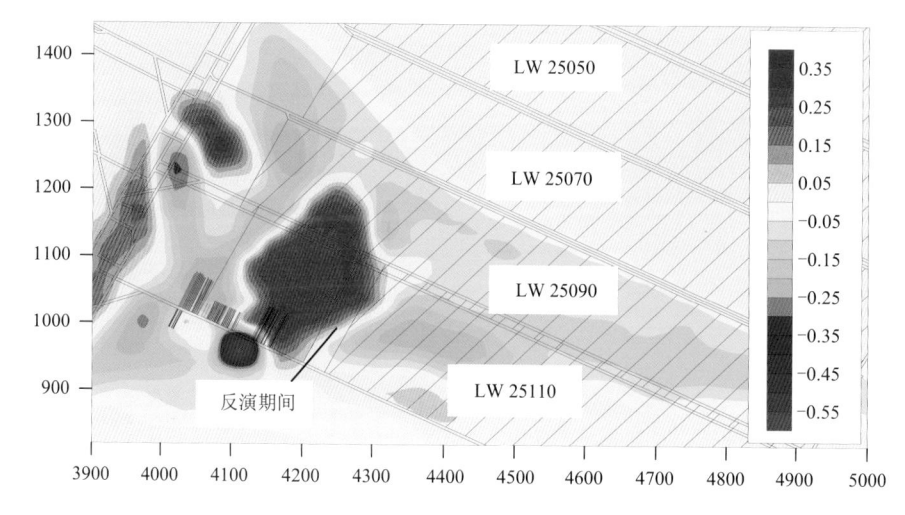

图 7-7-18 卸压措施实施方案及实施后波速异常系数分布图

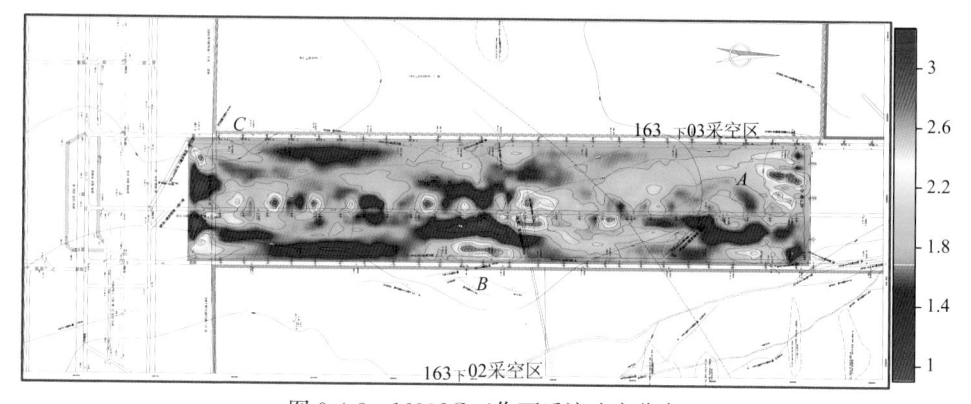

图 9-4-3 16302C 工作面反演速度分布

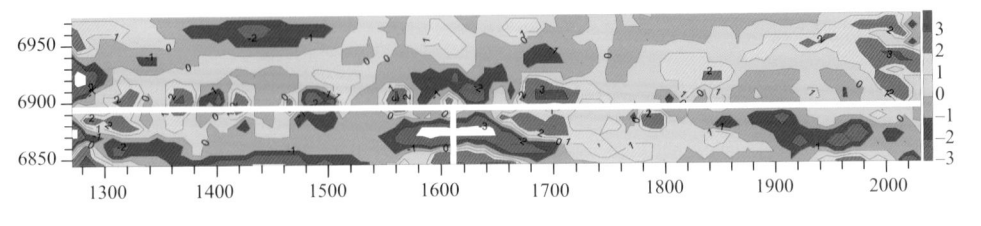

图 9-4-4　弹性波波速异常确定的冲击危险

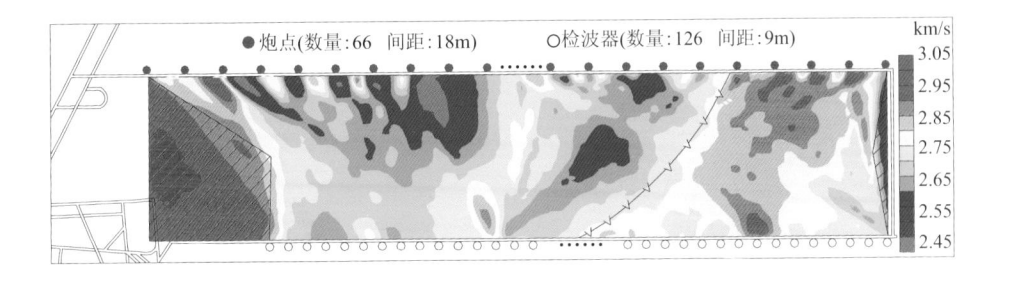

图 9-4-8　跃进煤矿 23070 工作面弹性波 CT 方案测点布置及反演成果图
图中阴影线部分表示射线覆盖不足的区域，此区域的反演结果可靠性不高，供参考

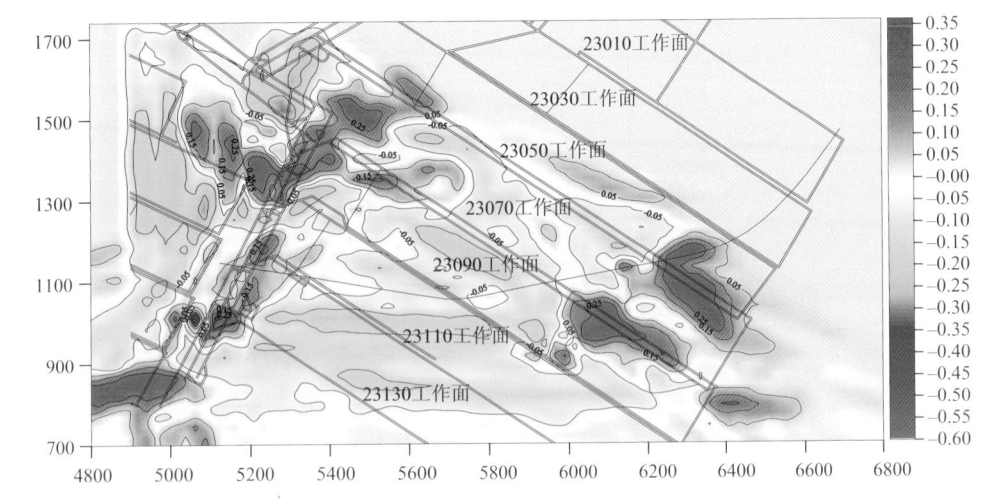

图 9-4-10　23070 工作面波速异常指数图